国家出版基金资助项目

俄罗斯数学经典著作译丛

复变函数论

[苏] B.Л.冈恰洛夫 著

越民义 译

哈尔滨工业大学出版社

内 容 简 介

本书的俄文版曾经作为俄罗斯的师范学院数学系的教学参考书. 该书共分为九章, 作者从复变函数论的基础讲起, 由浅入深, 并在后两章中分别讲述了奇点、复变函数论在代数和分析上的应用以及保角映象、复变函数论在物理问题中的应用等.

本书适合大学生、高等数学研究人员参考使用.

图书在版编目(CIP)数据

复变函数论/(苏)B. Л. 冈恰洛夫著;越民义译
. —哈尔滨:哈尔滨工业大学出版社,2024.1
(俄罗斯数学经典著作译丛)
ISBN 978 - 7 - 5767 - 1212 - 4

Ⅰ.①复⋯   Ⅱ.①B⋯ ②越⋯   Ⅲ.①复变函数论
Ⅳ.①O174.5

中国国家版本馆 CIP 数据核字(2024)第 030536 号

策划编辑　刘培杰　张永芹
责任编辑　刘春雷
封面设计　孙茵艾
出版发行　哈尔滨工业大学出版社
社　　址　哈尔滨市南岗区复华四道街 10 号　邮编 150006
传　　真　0451 - 86414749
网　　址　http://hitpress.hit.edu.cn
印　　刷　辽宁新华印务有限公司
开　　本　787 mm×1 092 mm　1/16　印张 16　字数 287 千字
版　　次　2024 年 1 月第 1 版　2024 年 1 月第 1 次印刷
书　　号　ISBN 978 - 7 - 5767 - 1212 - 4
定　　价　78.00 元

目录

复　　数

第　一　章

§1　复　数　集

无疑,读者们已经不止一次遇到过复数. 最初讲授复数还是初等代数课程里的事.

在复变函数论这一课程中,我们首先必须系统地来讲授一下复数. 在实变函数论中,自变量和因变量的值都取自实数集,复变函数论则不然,其中自变量和因变量的值则都取自复数集[①].

在数学分析的各个分支以及一些别的数学学科中,可以采取这一种("实的")观点,也可以采取另一种("复的")观点. 比如说,除了(通常在学校中所讲授的)"实"解析几何之外,还存在"复"解析几何,它所讨论的是一次和二次方程的性质,这些方程的变量和系数都假定取的是复数值,同样的说法也适用于(高次)代数曲线论,当引进复数值时,这门理论与"代数函数论"可以对比. 对于微分几何,情形也是如此. 除了这些例子之外,我们现在再举出微分方程论的例子,它在搬到复数域之后,就变成了"微分方程的解析理论".

---

①　在这里有意识地略去两小段原文,即在俄文中将"ТФДП"这一简写符号表示为"实变函数论","ТФКП"这一简写符号表示为"复变函数论",因这两个简写符号在中文里并无意义,故不译出.
　——译者注

1

形如

$$z = x + iy \qquad (1.1)$$

这样的结合叫作复数,这里的 x 和 y 是实数,i 则是规定好了的一个数学符号,叫作"虚数单位". 符号 i 的特性下面即将谈到:该项特性和复数四则运算的定义密切相关. 在 i 的性质尚未说明,复数的运算尚未定义之前,复数也同样没有定义,在这样的情况之下,复数无疑是一对实数 (x,y). 给了一个复数 z,在这样的情况之下,就表示给了两个实数:x 和 y.

x 名为 z 的实部,y 名为 z 的虚部.

记号

$$x = \mathrm{Re}\, z, y = \mathrm{Im}\, z \qquad (1.2)$$

甚为通用.

于是,对于任意一个复数 z,我们可以用

$$z = \mathrm{Re}\, z + i\mathrm{Im}\, z \qquad (1.3)$$

来代替式(1.1).

表示"实部"的符号 Re 和表示"虚部"的符号 Im 分别是拉丁字 realis(实的)和 imaginarins(虚的)的缩写. 从后面一个字,我们可以看出符号 i 的起源.

例 $\qquad \mathrm{Re}\{2 + 3i\} = 2, \mathrm{Im}\{2 + 3i\} = 3$

$\mathrm{Re}\, z$ 和 $\mathrm{Im}\, z$ 这两个式子显然都是复变量 z 的实函数.

我们简写 x 代替 $x + i0$,这样一来,我们就把复数 $x + i0$ 和实数 x 等同看待. 于是,所有的实数都可看作虚部为 0 的复数. 虚部不为 0 的复数叫作虚数.

同样,我们将 $0 + iy$ 简写为 iy,这种形式的复数叫作纯虚数.

特别,$0 + i0$ 写作 0(零).

等式 两个复数当且仅当它们的实部和虚部分别相等的时候,才被认为相等.

换句话说,假若 z 表示复数 $x + iy$,z' 表示复数 $x' + iy'$,那么,等式

$$z = z' \qquad (1.4)$$

就相当于两个等式

$$x = x' \qquad (1.5)$$

和

$$y = y' \qquad (1.6)$$

因此,一个复等式相当于两个实等式.

必须正确地理解上面所说的等式. 这就是说,我们不仅认为从一对等式(1.5)和(1.6)可以推出等式(1.4),而且也认为从等式(1.4)可以推出一对

等式(1.5)和(1.6)①.

例如 2 + 3i 和 2 + 5i 就不相等,2 + 3i 和 1 + 3i 也不相等,事实上,3 不等于 5,2 不等于 1.

下列关于复等式的两个性质乃属显而易见,无须详细解释:

(1) 若 $z = z'$,则 $z' = z$.

(2) 若 $z = z'$,又 $z' = z''$,则 $z = z''$.

不等式 记号"≠"在运用于复数时,是用作等号的否定. 换句话说,关系

$$z \neq z'$$

乃是表示:等式(1.5)和(1.6)中至少有一个不成立.

显而易见,关系 $z' \neq z$ 和 $z \neq z'$ 相当.

记号"<"(小于) 和 ">"(大于) 不直接用于虚数.

复数的几何表示

复数 $z = x + iy$ 和实数对 (x, y) 成一一对应. 而实数对 (x, y),正如我们在解析几何中所知道的,又与坐标平面 xOy 上的点成一一对应. 于是可以推知,复数 $z = x + iy$ 与坐标平面 xOy 上的点成一一对应.

我们就说:数 $z = x + iy$ 由平面 xOy 上的点 (x, y) "表出".

反过来,数 $z = x + iy$ 有时叫作这点 (x, y) 的附标. 但这个术语已经陈旧,很少用到. 容易看出,实数由 Ox 轴上的点表出;纯虚数由 Oy 轴上的点表出;复数 (同时也是实数)0 由坐标系的原点 O 表出.

虚数由平面 xOy 上不在 Ox 轴上的点表出(图1).

在复变函数论中,Ox 轴也叫作实轴,Oy 轴也叫作虚轴. 把"坐标系的原点"简称为"原点";把"表示复数 z 的点"说成"点 z";把"坐标平面"说成"复平面".

我们现在看出,坐标平面以及它上面的点已经被选来作为一个几何模型,用以表示两组不同的对象:一方面是实数对,另一方面则是复数. 坐标平面这样的双重用法,它本身并不会引起矛盾,但是对于那些

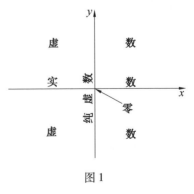

图 1

---

① 我们要注意,在数学中有时会把两个不完全一样的东西看作相等. 例如两个向量,假若它们平行,且有同样的长度和同样的指向,有时就把它们看作相等,尽管它们的始点和终点不一样.

同时随意使用两种不同的几何表示的人,矛盾却可能因之发生.

比如说,读者不难在 xOy 平面上作出函数 $y = x^2 + 1$ 的图形(抛物线);但若他又要在这个平面上去寻找该抛物线与 Ox 轴的交点 $x = \pm i$,那他就错了.

§2　复数的四则运算

复数 $z = x + iy$ 和实数对 (x, y) 的不同之处在于对于复数我们定义了数学运算:加、减、乘、除(而对于实数对,就没有定义这些运算).

复数的正运算 —— 加法和乘法 —— 定义如下:这两种运算是按照通常的代数规则①并在下列补充条件下来实施的. 这个条件就是在遇到乘积 $ii = i^2$ 时,则以 -1 代之. 等式

$$i^2 = -1 \qquad\qquad (1.7)$$

表明了虚数单位的固有性质. 减法和除法可以定义(我们在下面将要看到)为加法和乘法的逆运算;同时,它们的算法(我们将证明)也是按照上面所说的规则来实施的.

我们现在来详细说明每一运算的定义. 我们先规定下面的记号

$$z = x + iy, z_1 = x_1 + iy_1, z_2 = x_2 + iy_2, z_3 = x_3 + iy_3$$
$$\zeta = \xi + i\eta$$

加法的定义

$$(x_1 + iy_1) + (x_2 + iy_2) = (x_1 + x_2) + i(y_1 + y_2) \qquad (1.8)$$

我们要注意,将复数写成和数 $x + iy$ 的形式,这并不会与我们关于加法所下的定义发生矛盾.

实际上, $x = x + i0, iy = 0 + iy$,将这两数相加,即得

$$(x + i0) + (0 + iy) = (x + 0) + i(0 + y) = x + iy$$

我们不难证明加法的各运算定律成立:

Ⅰ.交换律

$$z_1 + z_2 = z_2 + z_1 \qquad\qquad (1.9)$$

Ⅱ.结合律

$$(z_1 + z_2) + z_3 = z_1 + (z_2 + z_3) \qquad\qquad (1.10)$$

事实上,我们有

---

① 　意思就是:形如 $x + iy$ 的结合解释为 x 和 iy 之和; iy 则解释为 i 和 y 之积.

（1）
$$z_1 + z_2 = (x_1 + x_2) + i(y_1 + y_2)$$
$$z_2 + z_1 = (x_2 + x_1) + i(y_2 + y_1)$$

两个等式右边是相等的,因为对于实数来说,交换律是成立的.

（2）
$$(z_1 + z_2) + z_3 = [(x_1 + x_2) + x_3] + i[(y_1 + y_2) + y_3]$$
$$z_1 + (z_2 + z_3) = [x_1 + (x_2 + x_3)] + i[y_1 + (y_2 + y_3)]$$

两个等式右边是相等的,因为结合律对实数是成立的.

减法的定义

所谓求差数 $z_2 - z_1$,即从 z_2 中减去 z_1,意思就是去寻求满足等式

$$z_1 + \zeta = z_2$$

的数 ζ(关于 ζ 解出方程).利用加法的定义,这个方程可写成

$$(x_1 + \xi) + i(y_1 + \eta) = x_2 + iy_2$$

从等式的定义,即可推知

$$\begin{cases} x_1 + \xi = x_2 \\ y_1 + \eta = y_2 \end{cases}$$

于是即得

$$\begin{cases} \xi = x_2 - x_1 \\ \eta = y_2 - y_1 \end{cases}$$

因此

$$\zeta = (x_2 - x_1) + i(y_2 - y_1)$$

由此即得

$$(x_2 + iy_2) - (x_1 + iy_1) = (x_2 - x_1) + i(y_2 - y_1) \tag{1.11}$$

假若我们按照"通常的代数规则"来运算,也可以立刻得出同样的结果.

数$(-z)$(即 $0 - z$)叫作 z 的相反数.

<u>减去某一数,意思就是加上它的相反数.</u>

乘法的定义

利用"虚数单位的固有性质",我们有

$$(x_1 + iy_1)(x_2 + iy_2) = x_1x_2 + i(x_1y_2 + x_2y_1) + i^2y_1y_2 =$$
$$x_1x_2 + i(x_1y_2 + x_2y_1) + (-1)y_1y_2 =$$
$$(x_1x_2 - y_1y_2) + i(x_1y_2 + x_2y_1)$$

于是,乘法可以由下面的公式定义

$$(x_1 + iy_1)(x_2 + iy_2) = (x_1x_2 - y_1y_2) + i(x_1y_2 + x_2y_1) \tag{1.12}$$

我们要注意,在复数 $z = x + iy$ 的写法中,量 iy 实际上是 i 与 y 之积.事实上

$$(0 + i \cdot 1)(y + i \cdot 0) = (0 \cdot y - 1 \cdot 0) + i(0 \cdot 0 + 1 \cdot y) = iy$$

我们现在来验证乘法的各项运算定律成立:

Ⅲ. 交换律

$$z_1 z_2 = z_2 z_1 \qquad (1.13)$$

Ⅳ. 结合律

$$(z_1 z_2) z_3 = z_1 (z_2 z_3) \qquad (1.14)$$

实际上,我们有:

(3) $$z_1 z_2 = (x_1 x_2 - y_1 y_2) + \mathrm{i}(x_1 y_2 + x_2 y_1)$$
$$z_2 z_1 = (x_2 x_1 - y_2 y_1) + \mathrm{i}(x_2 y_1 + x_1 y_2)$$

两式右边显然是相等的.

(4) $$(z_1 z_2) z_3 = \left[(x_1 x_2 - y_1 y_2) x_3 - (x_1 y_2 + x_2 y_1) y_3 \right] + $$
$$\mathrm{i}\left[(x_1 x_2 - y_1 y_2) y_3 + (x_1 y_2 + x_2 y_1) x_3 \right]$$
$$z_1 (z_2 z_3) = \left[x_1 (x_2 x_3 - y_2 y_3) - y_1 (x_2 y_3 + x_3 y_2) \right] + $$
$$\mathrm{i}\left[x_1 (x_2 y_3 + x_3 y_2) + y_1 (x_2 x_3 - y_2 y_3) \right]$$

两式右边显然也是相等的.

此外,(乘法关于加法的)分配律也成立:

Ⅴ. $$z_1 (z_2 + z_3) = z_1 z_2 + z_1 z_3 \qquad (1.15)$$

实际上,我们有:

(5) $$z_1 (z_2 + z_3) = \left[x_1 (x_2 + x_3) - y_1 (y_2 + y_3) \right] + $$
$$\mathrm{i}\left[x_1 (y_2 + y_3) + y_1 (x_2 + x_3) \right]$$
$$z_1 z_2 + z_1 z_3 = \left[(x_1 x_2 - y_1 y_2) + (x_1 x_3 - y_1 y_3) \right] + $$
$$\mathrm{i}\left[(x_1 y_2 + x_2 y_1) + (x_1 y_3 + x_3 y_1) \right]$$

两式右边是相等的.

定理 1.1　乘积中若有一个因子为 0,则积为 0.

此可由公式(1.12)推出,只需于其中令 $z_1 = 0$(因而 $x_1 = y_1 = 0$)即可.借助乘法的结合律,定理可以推广到任意多个因子之积的情形上去.

除法的定义

作 z_2 与 z_1 之比,即以 z_1 除 z_2,意思就是去寻求满足等式

$$z_1 \zeta = z_2$$

的数 ζ(关于 ζ 解出方程).利用乘法的定义,上式可以写成

$$(x_1 \xi - y_1 \eta) + \mathrm{i}(x_1 \eta + y_1 \xi) = x_2 + \mathrm{i} y_2$$

这一复等式相当于两个实等式

$$\begin{cases} x_1 \xi - y_1 \eta = x_2 \\ y_1 \xi + x_1 \eta = y_2 \end{cases}$$

这里的未知数是 ξ 和 η,假如方程组的行列式

$$\begin{vmatrix} x_1 & -y_1 \\ y_1 & x_1 \end{vmatrix} = x_1^2 + y_1^2$$

不为 0,我们的方程组即有一组唯一的解

$$\xi = \frac{x_1 x_2 + y_1 y_2}{x_1^2 + y_1^2}, \eta = \frac{x_1 y_2 - x_2 y_1}{x_1^2 + y_1^2}$$

条件 $x_1^2 + y_1^2 \neq 0$ 的意思就是说数 x_1 和 y_1 中至少有一个不为 0,也就是说 $z_1 \neq 0$. 于是,假若除数(分数的分母)z_1 不为 0,则用 z_1 除 z_2 是可能的,且比(分数)$\frac{z_2}{z_1}$ 具有唯一的值,即

$$\frac{z_2}{z_1} = \frac{x_1 x_2 + y_1 y_2}{x_1^2 + y_1^2} + i \frac{x_1 y_2 - x_2 y_1}{x_1^2 + y_1^2} \qquad (1.16)$$

但若 $z_1 = 0$(而 $z_2 \neq 0$),则所讨论的方程组关于 ξ 和 η 无解.

因此,用 0 去除异于 0 的数是不可能的(至于用 0 除 0,那完全是不确定的,因为根据定理 1.1,0 与任何数之积皆为 0). 数 $\frac{1}{z}$ 叫作数 $z(z \neq 0)$ 的倒数. 用某一(异于 0 的)数去除,意思就是用它的倒数去乘.

我们现在来看一种重要的特别情形,即用实数去乘或去除的这种情形. 在公式(1.12)和(1.16)中,令 $y_1 = 0$,即得

$$x_1(x_2 + iy_2) = x_1 x_2 + ix_1 y_2$$

$$\frac{x_2 + iy_2}{x_1} = \frac{x_2}{x_1} + i \frac{y_2}{x_1} \quad (x_1 \neq 0)$$

因此,要想用实数去乘(或用异于 0 的实数去除)复数,只需用它去乘(或去除)复数的实部和虚部即可(顺便提一下,这也可以由分配律推出).

我们现在再指出一种更特殊的情形,那就是在用 1 去乘或去除时,复数不变

$$z \cdot 1 = z, \frac{z}{1} = z$$

定理 1.2 以异于 0 的数除 0,结果为 0.

这可由公式(1.16)令 $z_2 = 0$(即 $x_2 = y_2 = 0$)得出.

定理 1.3 若两数之积为 0,则至少有一数为 0.

设 $z_1 z_2 = 0$. 若 $z_1 \neq 0$,则 $z_2 = \frac{0}{z_1} = 0$. 这就是说,或者 $z_1 = 0$,或者 $z_2 = 0$,定理于是得到证明.

利用乘法的结合律,定理可以推广到任意(有限)多个因子之积的情形上去.

定理 1.4 若一分数为 0,则它的分子为 0.

设 $\dfrac{z_2}{z_1} = 0$，则 $z_2 = z_1 \cdot 0$，由定理 1.2，$z_2 = 0$.

总结

任意两个给定的复数经四则运算中任一运算之后，可以产生一个唯一的结果，只有用 0 去除这种情形除外，这种情形是不允许的.

（换言之，复数系"做成一个域"．）

我们已经证明，复数的运算规律 Ⅰ～Ⅴ 和实数的运算规律是一样的. 由此可以推知，从这几条规律所推演出来的一切代数恒等式，无论它是取复数值还是取实数值，结果皆同样成立.

例如
$$a^2 - b^2 = (a+b)(a-b) \quad （平方差）$$
$$a^n - b^n = (a-b)(a^{n-1} + a^{n-2}b + \cdots + b^{n-1}) \quad （n 次方差）$$
$$(a+b)^n = \sum_{m=0}^{n} C_n^m a^m b^{n-m} \quad （牛顿（Newton）二项式定理）$$

等等.

等式的性质

设 z_1 和 z_2 是两个相等的复数，又设 z_3 也是一个复数，则下面等式成立：

（1）$z_1 + z_3 = z_2 + z_3$.

（2）$z_1 - z_3 = z_2 - z_3$.

（3）$z_1 z_3 = z_2 z_3$.

（4）若更设 $z_3 \neq 0$，则
$$\frac{z_1}{z_3} = \frac{z_2}{z_3}$$

我们现在证明（1）. 假定 $z_1 = z_2$，也就是假定 $x_1 = x_2$ 和 $y_1 = y_2$；要证明 $z_1 + z_3 = z_2 + z_3$，也就是要证明 $x_1 + x_3 = x_2 + x_3$ 和 $y_1 + y_3 = y_2 + y_3$. 根据实数相等的性质，由 $x_1 = x_2$，即可得出 $x_1 + x_3 = x_2 + x_3$，又由 $y_1 = y_2$，即可得出 $y_1 + y_3 = y_2 + y_3$.

等式（2）～（4）的证明与此类似，读者不难自己作出.

§3 共 轭 数

$\bar{z} = x - iy$ 叫作 $z = x + iy$ 的共轭数. 显而易见，z 又是 $\bar{z}$ 的共轭数. 因此，z 和 $\bar{z}$ 是互相共轭的数.

若 z 是实数,则它的共轭数和它相等. 反之,若 $z = \bar{z}$,则 z 为实数.

事实上,我们有 $x + \mathrm{i}0 = x - \mathrm{i}0$(因为 $x = x, 0 = -0$),反之,由 $x + \mathrm{i}y = x - \mathrm{i}y$,即得 $y = -y$,亦即 $y = 0$.

我们要注意:

(1)两共轭数之和是一实数,它等于所给的两个数当中任意一个的实部的二倍

$$z + \bar{z} = (x + \mathrm{i}y) + (x - \mathrm{i}y) = 2x$$

(2)两共轭数之差是一纯虚数,它等于被减数的虚部与 i 之积的二倍

$$z - \bar{z} = (x + \mathrm{i}y) - (x - \mathrm{i}y) = 2\mathrm{i}y$$

(3)两共轭数之积是一大于或等于 0 的实数,它只当所给的两个数皆为 0 的时候为 0

$$\bar{z}z = (x + \mathrm{i}y)(x - \mathrm{i}y) = x^2 + y^2 \geqslant 0$$

分数的基本性质·实际去除的方法

设 $z_1 \neq 0, z_3 \neq 0$. 先用 z_1 除等式 $z_1(z_2 z_3) = z_2(z_1 z_3)$,然后再用 $z_1 z_3$ 去除,即得

$$\frac{z_2 z_3}{z_1 z_3} = \frac{z_2}{z_1} \tag{1.17}$$

这是分数的基本性质:(分母不为 0 的)分数的分子和分母同以一(异于 0 的)数乘之,其值不变.

除法公式(1.16)相当难记,因此下面所讲的实际去除的方法颇为有用:要想用一(不为 0 的)数去除另一数,只需用除数(分母)的共轭数去乘被除数和除数(或分子和分母)即可.

实际上,我们有

$$\frac{z_2}{z_1} = \frac{z_2 \bar{z}_1}{z_1 \bar{z}_1} = \frac{(x_2 + \mathrm{i}y_2)(x_1 - \mathrm{i}y_1)}{(x_1 + \mathrm{i}y_1)(x_1 - \mathrm{i}y_1)} = \frac{(x_1 x_2 + y_1 y_2) + \mathrm{i}(x_1 y_2 - x_2 y_1)}{x_1^2 + y_1^2} =$$

$$\frac{x_1 x_2 + y_1 y_2}{x_1^2 + y_1^2} + \mathrm{i}\frac{x_1 y_2 - x_2 y_1}{x_1^2 + y_1^2}$$

这(正如我们在事先必然会看到的)和公式(1.16)是一致的.

§4　复数的三角写法·模和辐角

设 $z = x + \mathrm{i}y$ 是一异于 0 的复数,因而 x 和 y 不同时为 0. 我们现在引进极坐标代替原来的直角坐标. 由实变量 θ 和 r 的方程组

$$\begin{cases} r\cos\theta = x \\ r\sin\theta = y \end{cases} \tag{1.18}$$

（在 $r \geqslant 0$ 这个条件下此方程组是可解的），我们即得

$$r = \sqrt{x^2 + y^2} \tag{1.19}$$

这里的平方根取的是正值，并得

$$\begin{cases} \cos\theta = \dfrac{x}{\sqrt{x^2 + y^2}} \\ \sin\theta = \dfrac{y}{\sqrt{x^2 + y^2}} \end{cases} \tag{1.20}$$

于是，θ 除相差一形如 $2k\pi$（k 为整数）之数外，唯一地被决定.

顺便提一下，由公式（1.20），我们有

$$\theta = \arctan\frac{y}{x}$$

但在上面这一公式中，x 和 y 的符号没有完全被考虑进去，因此根据这一公式算出来的 θ 值可能有一形如 $k\pi$ 的差数（k 为整数）.

由方程组（1.18）和公式（1.19）所唯一定义的正数 r 叫作 z 的模（或绝对值）；任意满足方程组（1.18）（或（1.20））的 θ 值叫作 z 的辐角（图2）.

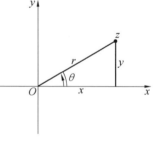

图 2

特别，由公式（1.19），数 0 的模为 0.

任一复数必有模. 我们采用绝对值的记号来作为模的记号.

复数的"模"是实数的绝对值的一种推广：当 $y = 0$ 时，我们有

$$\sqrt{x^2 + y^2} = \sqrt{x^2} = |x|$$

除 0 外，任一复数 z 都有无限多个辐角；对于复数 $z = 0$，辐角就失去了意义. 关于辐角的记法，我们采用记号

$$\theta = \arg z$$

来记由不等式

$$0 \leqslant \theta < 2\pi$$

所规定出来的主值.

若将 $z = x + iy$ 中的 x 和 y 用 θ 和 r 表示，我们即得到了复数的三角写法

$$z = r(\cos\theta + i\sin\theta) \tag{1.21}$$

这样写成的复数已经被表示成两个因子之积的形式，其中第一个因子是一个非负的实数，第二个因子的模等于1.

模和辐角的几何意义是不难明白的:数 z 的模乃是从原点 O 到点 z 的距离, z 的辐角则是矢量 $\overrightarrow{Oz}$ 与 Ox 轴的正方向之间的任何一个交角,角的大小按正向(逆时针)计算.

引进辐角和模来代替复数的实部和虚部,这显然无异于从直角坐标系变到极坐标系.

若 $z = z'$,则 $|z| = |z'|$,$\arg z = \arg z'$ 或
$$\arg z = \arg z' + 2k\pi \quad (k \text{ 为整数})$$

以后,多值辐角之间的等式是在这样的意义下来理解的:等式两边之差为 2π 的一个整数倍.

§5　复数运算的几何说明

我们现在来寻求一种几何方法,使得对于所给定的两点 z_1 和 z_2,我们可以根据这种方法不加计算即可在复平面上求出点 $z_1 + z_2, z_1 - z_2, z_1 z_2, \dfrac{z_1}{z_2}$ 等.

加法　以给定的三点 O, z_1, z_2 为顶点作一个平行四边形,使 z_1, z_2 两点不在同一条边上,则此平行四边形的第四个顶点,即与点 O 相对的顶点,为点 $z_1 + z_2$("平行四边形法则"). 在图 3 中,若我们注意一下画有虚线的两个三角形相等,则此点即不难看出.

减法　这只需注意减法可以化为加法即可
$$z_1 - z_2 = z_1 + (-z_2)$$
点 $(-z_2)$ 可由点 z_2 经关于原点的对称变换得出(图4). 我们还可以证明:由点 O 引到点 $z_1 - z_2$ 的矢量可以由点 z_2 到点 z_1 的矢量经平行移动得出.

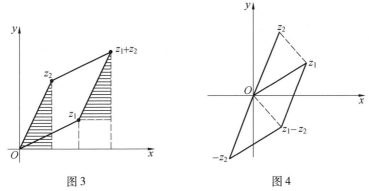

图 3　　　　　　　　　　　图 4

把两个复数之差的模的几何意义附带加以说明一下,这是非常重要的. 数

11

$|z_1 - z_2|$ 实际上是 z_1 和 z_2 两点之间的距离. 事实上,这是很显然的,因为点 O 与点 $z_1 - z_2$ 的连线之长与点 z_1 和 z_2 的连线之长相等.

这个结果又可以借助解析几何中两点间距离公式用解析方法得出

$$|z_1 - z_2| = |(x_1 - x_2) + i(y_1 - y_2)| = \sqrt{(x_1 - x_2)^2 + (y_1 - y_2)^2}$$

$$(1.22)$$

乘法 假若我们将乘积中的因子都表示成三角形式,则乘法的几何意义很容易就得到说明. 事实上,设

$$z_1 = r_1(\cos\theta_1 + i\sin\theta_1),\ z_2 = r_2(\cos\theta_2 + i\sin\theta_2)$$

则

$$z_1 z_2 = r_1 r_2(\cos\theta_1 + i\sin\theta_1)(\cos\theta_2 + i\sin\theta_2) =$$
$$r_1 r_2\big[(\cos\theta_1\cos\theta_2 - \sin\theta_1\sin\theta_2) +$$
$$i(\cos\theta_1\sin\theta_2 + \sin\theta_1\cos\theta_2)\big] =$$
$$r_1 r_2\big[\cos(\theta_1 + \theta_2) + i\sin(\theta_1 + \theta_2)\big]$$

最后一式的模显然等于 $r_1 r_2$,它的辐角(或者说得更精确些,它的辐角诸值中的一个)等于 $\theta_1 + \theta_2$. 这个结果还可以更简单地表达成结论:复数相乘时,模相乘而辐角相加.

于是可知,顶点分别为

$$O,\quad 1,\quad z_1$$
$$O,\quad z_2,\quad z_1 z_2$$

的两个三角形相似. 实际上(参看图 5),边 $Oz_1 z_2$ 与 Oz_2 之比等于边 Oz_1 与 $O1$ 之比(因为各边对应之长为 $r_1 r_2, r_2, r_1, 1$),另外,边 Oz_2 与 $Oz_1 z_2$ 的夹角和边 $O1$ 与 Oz_1 的夹角也相等(因 Ox 轴与边 Oz_2 和 $Oz_1 z_2$ 所成之角分别等于 θ_2 和 $\theta_1 + \theta_2$,而边 Oz_2 与 $Oz_1 z_2$ 的夹角等于该两角之差,即 θ_1,而这也就是说,它等于边 $O1$ 与 Oz_1 的夹角).

由"积与被乘数之比等于乘数与 1 之比"这一结论所表示的乘法算术原则是大家所熟知的. 在现在

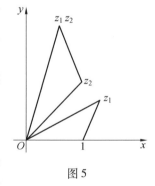

图 5

这种情形,"……之比等于……之比"一语必须在三角形相似这一意义下来理解. 矢量 $\overrightarrow{Oz_1}$ 是按下面的方式与矢量 $\overrightarrow{O1}$ 来比:将矢量 $\overrightarrow{O1}$ 放大 r_1 倍,然后转一 θ_1 角. 矢量 $\overrightarrow{Oz_1 z_2}$ 也是按同样方式和矢量 $\overrightarrow{Oz_2}$ 来比.

除法 除法的解释可以立刻从乘法的解释推出. 设点 z_1 和 $z_2(\neq 0)$ 为已知点,要求寻找点 $\dfrac{z_1}{z_2}$. 在这种情形下,分别以

$$O, \quad 1, \quad \frac{z_1}{z_2}$$

$$O, \quad z_2, \quad z_1$$

所列之点为顶点的两三角形必相似.

§6　模与辐角的性质

在上节中,我们已经看到,假若 z_1 的模与辐角分别为 r_1 与 θ_1, z_2 的模与辐角分别为 r_2 与 θ_2,则乘积 z_1z_2 的模与辐角分别为 r_1r_2 与 $\theta_1 + \theta_2$.

这个结果可以写成下面的公式,值得读者记住

$$| z_1z_2 | =| z_1 | \cdot | z_2 | \tag{1.23}$$

$$\arg(z_1z_2) = \arg z_1 + \arg z_2 \tag{1.24}$$

这里的 z_1 和 z_2 是任意的两个复数①.

将这里的 z_1 代以 $\dfrac{z_1}{z_2}$,我们即得到新的公式

$$| z_1 | = \left| \frac{z_1}{z_2} \right| \cdot | z_2 |$$

$$\arg z_1 = \arg \frac{z_1}{z_2} + \arg z_2$$

这又可写成

$$\left| \frac{z_1}{z_2} \right| = \frac{| z_1 |}{| z_2 |} \quad (z_2 \neq 0) \tag{1.25}$$

$$\arg \frac{z_1}{z_2} = \arg z_1 - \arg z_2 \quad (z_1 \neq 0, z_2 \neq 0) \tag{1.26}$$

由此即得:

(1) 积的模等于模的积.

(2) 比的模等于模的比.

(3) 积的辐角等于辐角的和.

(4) 比的辐角等于辐角的差.

至于前一阶段的运算加法和减法,我们只提一下,(例如说) 和的模可以相当简单地用各被加项的模和辐角表出. 我们现在不去谈论这种依存关系,而作

———————————

① 但在式(1.24)中,必须假定 $z_1 \neq 0, z_2 \neq 0$.

为今后一个特别重要的事实,我们必须指出(类似于代数中的"绝对值"),和的模不大于模的和

$$| z_1 + z_2 | \leqslant | z_1 | + | z_2 | \tag{1.27}$$

这可从以 $O, z_1, z_1 + z_2$ 为顶点的三角形直接看出(图6),因为三角形两边之和不小于第三边.

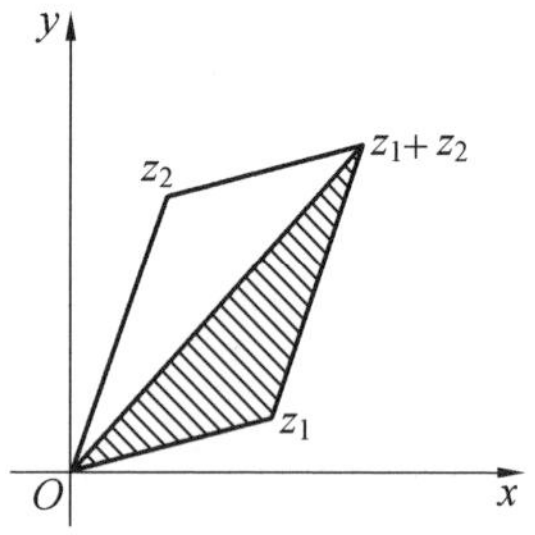

在不等式(1.27)中,z_1 和 z_2 是任意的复数. 以 $(-z_2)$ 代 z_2,并注意

$$| -z_2 | = | (-1)z_2 | = | z_2 |$$

我们即得

$$| z_1 - z_2 | \leqslant | z_1 | + | z_2 | \tag{1.28}$$

故差的模也不大于模的和.

图 6

我们还得指出,在式(1.27)中,等号成立的充分必要条件是两个被加项具有相等的辐角.

等式(1.23),(1.24)以及不等式(1.27)显然很容易地就可以推广到任意多个因子之积或任意多项之和的情形上去

$$| z_1 z_2 \cdots z_n | = | z_1 | \cdot | z_2 | \cdots \cdot | z_n | \tag{1.29}$$

$$\arg(z_1 z_2 \cdots z_n) = \arg z_1 + \arg z_2 + \cdots + \arg z_n \tag{1.30}$$

$$| z_1 + z_2 + \cdots + z_n | \leqslant | z_1 | + | z_2 | + \cdots + | z_n | \tag{1.31}$$

特别,若在公式(1.29)和(1.30)中,假定诸因子都相同,即 $z_1 = z_2 = \cdots = z_n = z$,我们即得(对于任何复数 z 及任何正整数 n)

$$| z^n | = | z |^n \tag{1.32}$$

$$\arg z^n = n \arg z \tag{1.33}$$

于是,在自乘整数幂时:

(1)模自乘同一幂.

(2)辐角乘上该幂的指数.

我们已经对于任意的正整数 n 证明了上面的命题,但在我们平常在代数课中所了解的那种"负幂"的意义之下,该命题对于负整数 n 显然也成立.

最后,我们来证明一个富有趣味的定理,这在后面需要用到(参看 §59):

设数 $z_k (k = 1, 2, \cdots, n)$ 不为 0,z_k 的辐角 θ_k 满足同一不等式[①]

$$\alpha < \theta_k < \beta \tag{1.34}$$

且

$$\beta - \alpha < \pi \tag{1.35}$$

则

$$z_1 + z_2 + \cdots + z_n = 0 \tag{1.36}$$

不可能成立.

---

① θ_k 在这里必须理解成 z_k 的辐角的诸值中的某一个值.

不失其普遍性,我们可以假定 $\beta = \lambda$, $\alpha = -\lambda$, 且 $0 < \lambda < \dfrac{\pi}{2}$. 实际上,若等式(1.36)在条件(1.34)和(1.35)之下成立,则取任意一个辐角为 $\dfrac{1}{2}(\alpha + \beta)$ 的数 $\omega (\neq 0)$,且令

$$z'_k = \frac{z_k}{\omega}, \arg z'_k = \theta_k - \frac{1}{2}(\alpha + \beta) = \theta'_k \quad (k = 1, 2, \cdots, n)$$

我们即得等式

$$z'_1 + z'_2 + \cdots + z'_n = 0$$

且由式(1.34),不等式

$$-\frac{\beta - \alpha}{2} < \theta'_k < \frac{\beta - \alpha}{2}$$

成立. 又因 $\dfrac{1}{2}(\beta - \alpha) < \dfrac{\pi}{2}$,故可设

$$\lambda = \frac{1}{2}(\beta - \alpha)$$

于是,当 $1 \leqslant k \leqslant n$ 时,设

$$-\lambda < \theta_k < \lambda \quad \left(0 < \lambda < \frac{\pi}{2}\right)$$

又令 $|z_k| = r_k$,并设和数 $z_1 + z_2 + \cdots + z_n$ 的实部为 0,我们即得

$$r_1 \cos \theta_1 + r_2 \cos \theta_2 + \cdots + r_n \cos \theta_n = 0$$

然而左边每一项皆为正,而这也就是说,这发生了矛盾.

注释 我们容易看出,定理还可弄得更为精密一些:假若不等式(1.34)和(1.35)代之以较宽的不等式

$$\alpha \leqslant \theta_k \leqslant \beta \tag{1.34'}$$

$$\beta - \alpha \leqslant \pi \tag{1.35'}$$

我们的结论仍然有效. 但对于上述不等式,我们还须另外要求:至少对于一个 k,关系(1.34')真正是一个不等式.

习　　题

1. 试将本章各命题的证明中所缺的初等几何部分(要是有的话)补出.

2. 设已给定两数 $z_1 = 2 + i$ 和 $z_2 = 1 + 3i$,试求 $z_1 + z_2, z_1 - z_2, z_1 z_2, \dfrac{z_1}{z_2}$. 试就这一例子利用图形解释四则运算的几何意义.

3. 设已给定两数 $z_1 = r_1(\cos \theta_1 + i\sin \theta_1)$ 和 $z_2 = r_2(\cos \theta_2 + i\sin \theta_2)$,试求

$z_1 + z_2$ 和 $z_1 - z_2$. 写出它们的模,并就图形加以验算.

4. 试证明:

(1) $\overline{z_1 + z_2} = \bar{z}_1 + \bar{z}_2$.

(2) $\overline{z_1 - z_2} = \bar{z}_1 - \bar{z}_2$.

(3) $\overline{z_1 z_2} = \bar{z}_1 \bar{z}_2$.

(4) $\overline{\left(\dfrac{z_1}{z_2}\right)} = \dfrac{\bar{z}_1}{\bar{z}_1}$.

5. 试证明:

(1) $|\bar{z}| = |z|$.

(2) $\arg \bar{z} = -\arg z$.

6. 设 $a = 3 + 4i, b = -3 + 2i, c = 4 - 3i$,试求 $a - b, b - a, c - a$ 的模和辐角,并在有格的纸上利用带有刻度的直尺和量角器加以验算.

7. 设 $z = 2 + i$,试求 $z^n (n = 2, 3, 4; n = -1, -2)$,并在有格的纸上根据图形加以验算.

设 $z = \dfrac{1}{5}(3 + 4i)$,再同样算一次.

8. 试证明:

(1) $|z| \cdot \left| \dfrac{1}{z} \right| = 1$.

(2) $\arg z = \arg \dfrac{1}{z}$.

并说明就已知的点 z 作出点 $\dfrac{1}{z}$ ("反转点")的规则.

9. 将数 z_1 与 z_2 取成:(1)代数形式,(2)三角形式. 试不求助几何图形而直接证明 $|z_1 + z_2| \leqslant |z_1| + |z_2|$.

10. 不求助 z_1 和 z_2 的几何写法,试证明 $|z_1 z_2| = |z_1| \cdot |z_2|$.

11. 设 z_1 和 z_2 是复平面上的任意两点,试问如何利用复数的性质求出角 $z_1 O z_2$?

设 ζ 是第三个已知点,试问如何求出角 $z_1 \zeta z_2$?

12. 设 z 是复平面上的一个已知点,试问当(实参数)t,(1)由 1 变到 ∞,(2)由 0 变到 $-\infty$ 时,点 tz 的位置如何变化? 又设当 α(也是实参数)由 0 变到 2π,由 2π 变到 4π 等时,点 $z(\cos \alpha + i\sin \alpha)$ 的位置如何变化?

13. 设 z_1 与 z_2 为已给定两点,试问点 $\dfrac{1}{2}(z_1 + z_2)$ 在何处? 在 t 从 0 变到 1 时,试问点 $(1 - t)z_1 + tz_2$ 的位置如何变化?

14. 设 z_1, z_2 与 z_3 为三个已知点,t_1, t_2 与 t_3 为正数,且 $t_1 + t_2 + t_3 = 1$,试证明点 $\zeta = t_1 z_1 + t_2 z_2 + t_3 z_3$ 位于三角形 $z_1 z_2 z_3$ 内.

§7　函数的概念·平面到平面上的映象

我们将会遇到各种各样特殊的复数集.

假若对于某一个复数集 E 已经给了一种方法,根据这种方法,我们对每一个复数就可以确定它是 E 的元素或者不是 E 的元素("属于"E 或者"不属于"E). 那么,我们就说集 E 已经给定(已知,已与). 特别,集 E 可以是"空集",也可以是全平面.

例如关系

$$(1)\ |z| = R, (2)\ |z| < R, (3)\ |z| > R$$

各定义(给出)一个点集,它位于(1)以原点为心,R 为半径的圆周上,(2)这个圆内,(3)这个圆外. 关系$|z-a|=|z-b|$ 定义了一个点集,它位于一条直线上,而 a,b 两点关于这条直线对称.

假若对于复数集 E 中的每一数 z,有某一复数 w 与之对应,我们就说在 E 上定义了一个复变量 z 的复函数

$$w = f(z) \tag{2.1}$$

以后我们将会看到(例如在 §21),"函数"这个术语有时也适用于几个(多于一个)复数 w 与同一数 z 相对应的情形. 但在复变函数论中,多值函数这一概念绝不能随意定义(参见 §51).

第二章

我们现在规定以 x 和 y 分别表示数 z 的实部和虚部,以 u 和 v 分别表示数 w 的实部和虚部. 于是

$$z = x + iy, w = u + iv$$

以后在要用到数 z 和 w 的模和辐角时,我们通常把它们写成

$$z = r(\cos \theta + i\sin \theta), w = R(\cos \Theta + i\sin \Theta)$$

每一 z 值(正如我们曾经看到的)皆可表示成具有直角坐标 x, y(或极坐标 θ, r)的复平面上面的一点, 每一 w 值可以表示成另外一个具有直角坐标 u, v(或极坐标 Θ, R)的复平面①上的一点. 前一个平面叫作"z 平面", 后一个平面叫作"w 平面".

在这种规定之下, 关系(2.1)就有了明确的几何意义:

在 z 平面上所给定的集 E 中的每一点 z 皆有 w 平面上的某一点 w 与之对应. 我们也可以说成:z 平面上的集 E 被映射到 w 平面上.

w 平面上与 z 平面上的集 E 中之点对应的那种点(或集 E 中之点所映射的点)作成一集 E_1.

我们将称 E 为投射集, 称 E_1 为反射集(有时也称 E_1 为 E 的象或映象).

于是, 从几何的观点看来, 复变函数可以理解为一平面到另一平面上的"映象".

因为"给定复数 z, 或者, 也是一样, 在平面上给定一点 z"是同给定它的两个坐标等价的, 又因为对于数 w, 同样的说法也是对的, 所以上面所写出的复数式(2.1)是同下面的两个实数式等价的

$$\begin{cases} u = u(x, y) \\ v = v(x, y) \end{cases} \tag{2.2}$$

这里的数对 (x, y) 表示取自集 E 的点 z 的坐标, 而式子 $u(x, y)$ 和 $v(x, y)$ 则表示 w 平面上和 z 对应的点 w 的坐标.

从上面所说的定义看来, 函数 $f(z)$(或者函数 $u(x, y)$ 和 $v(x, y)$)的选择是毫无限制的.

比如说, 我们可以令

$$u(x, y) = x + y, v(x, y) = xy$$

这时我们就得到了复变函数

$$w = (x + y) + ixy \tag{2.3}$$

我们也可以去研究函数

$$f(z) = |z| \tag{2.4}$$

---

① 在某些情形下, 两个平面可以是同一个平面. 例如在讨论反演时, 最好就这样做.

或者,也是一样,去研究函数

$$w = \sqrt{x^2 + y^2} \tag{2.5}$$

在这里

$$u(x,y) = \sqrt{x^2 + y^2}, v(x,y) = 0$$

(在这两个例子中,我们都是假定把整个 z 平面作为投射集 E.) 另外的例题是

$$w = \cos x + i\sin x \tag{2.6}$$

在这里

$$u = \cos x, v = \sin x$$

我们可以取(比如说):(1)整个 z 平面,或(2) Ox 轴来作为投射集 E.

至于反射集 E_1,在第一个例子,则是平面上位于抛物线 $u^2 - 4v = 0$ 上及其内部的部分(因为方程组 $x + y = u, xy = v$ 只在条件 $u^2 - 4v \geqslant 0$ 之下才有实解);在第二个例子,这是正半轴 Ou;在第三个例子,对于(1)及(2)这两个假定,这都是单位圆 $u^2 + v^2 = 1$.

上述复变函数的定义,乃是一般集论中所采用的函数定义的一个特别情形. 在集论中,所谓函数(或"对应"),通常皆指一集 $\mathfrak{X}$ 的元素与一集 $\mathfrak{Y}$ 的元素之间的某种对应关系,即"对于集 $\mathfrak{X}$ 中的每一元素 x,集 $\mathfrak{Y}$ 中必有一元素 y 与之对应"的这样一种对应关系,这里的集 $\mathfrak{X}$ 和 $\mathfrak{Y}$ 可以是任何由具有某种性质的元素所组成的集.

特别,假若 $\mathfrak{X}$ 是由 z 平面上集 E 中之点所组成的,$\mathfrak{Y}$ 是由 w 平面上的点所组成,那么我们就得到了上述定义的意义下的"复变函数".

于是,我们所下的"复变函数"的定义,其合法性无论如何是无可置辩的. 按照这个定义,"复变函数论"的研究对象乃是一平面上某一给定的集到另一平面上的映象,或者,更简明些,任何"平面到平面上的映象".

但是关于复变函数论这门学科的内容和任务,历史上所形成的和大家所公认的又是另外一种非常狭窄的看法. 关于平面到平面上的任意映象的研究,这是属于实变函数论的范围的. 比较起来,它远不及其中真正构成复变函数论研究对象的那一部分被研究得深刻彻底.

按照真正的(比较狭窄的)意义来说,复变函数论就是复平面上的解析函数论. 在这里,我们还不可能说明解析函数这一概念是些什么,但我们无论如何要指出,问题是要从一般的复变函数类中分离出某种特殊的"子函数类",这些函数具有许多重要的而且相互之间密切相关的性质. 特别,其中有一种性质("保角性",参看第九章),它构成了复变函数论(可以理解为解析函数论)中所研究的"平面到平面上的映象"这一概念的几何特征.

函数的解析理论并不基于集论的解释,把函数说成是"两个(复数)集的元素之间的对应",而是起源于经典数学(首先出自 L. 欧拉(L. Euler))中实际的

解释:假若对于自变量的数值应该按照什么样的次序施行什么样的数学运算已经得到说明,使得可以得出与之相应的因变量的数值,我们就说函数已经定义.

函数概念这一实际可行的定义并不排斥集论的定义,也不和它发生矛盾:只是把它加以限制.

在求助于实际可行的定义时,我们还必须明确地回答这样的问题:"数学运算"是些什么? 或者,什么样的运算算是"数学运算"?

乍看起来,即使根据问题也只能靠一一列举来回答这一点,这个问题可以说是毫无办法:即使只列举"初等"运算(初等数学课中所学习的运算),所得的目录就已经够冗长了,而以这些运算作基础所引出的函数概念可以说不是过于简要,就是太模糊不清了.

在这里,我们最好引述一下欧拉所下的函数定义:"变量的函数乃是由这些变量、数目或常数按某种方式所构成的解析表示"(1748 年).

它的弱点(现在看起来)在于没有精确地说明所说的解析表示指的是些什么样的运算,同时一点也没有说到运算的次数,没有说明白这个数目是不是必须为有限的,或者没有这种必要.

要立刻说明解析函数这一复杂而且含义丰富的概念,这是很困难的. 我们现在先做若干的准备工作.

§8   数列的极限

从形式上看来,复数序列的极限可以完全和实数序列的极限一样给以定义. 然而这两个概念的内容却有本质上的不同,正是这一方面,我们必须特别加以注意.

说到复数序列,它指的是某一复数 z_1,定义作为序列的第一项,另一复数 z_2,作为第二项,跟着又是 z_3,作为第三项,等等,以至无限. 对每一自然数 n,有某一以 n 为其序数(指标)的复数 z_n 和它对应;反过来,序列中的每一项也具有一个由自然数表出的指标. 序列中的各项可以不必相异,因而并不排除当 $p \neq q$,而 $z_p = z_q$ 的情形.

除了全写之外,序列

$$z_1, z_2, z_3, \cdots, z_n, \cdots$$

也可以简写为 $\{z_n\}$.

注释   值得注意的是,复数序列 $\{z_n\}$ 可以定义为全体自然数所成之集 E 上的函数(依集论的意义而言). 实际上,对每一自然数 N,有复数 z_N 与之对应.

当然,我们不能指望这一点注释有任何实用价值.

对于序列 $\{z_n\}$,假若存在一数 M,使得

$$|z_n| < M \quad (n = 1,2,3,\cdots)$$

则 $\{z_n\}$ 叫作有界的. 而这也就是说,所有的点 z_n 皆包含在以原点为心,M 为半径的圆内.

令 $\quad\quad\quad z_n = x_n + \mathrm{i}y_n \quad (n = 1,2,3,\cdots)$

由模号的性质,我们有

$$|x_n|,|y_n| \leqslant |z_n| \leqslant |x_n| + |y_n| \quad ①$$

由此容易得出结论:若所给的复数序列 $\{z_n\}$ 是有界的,则由所给序列中各项的实部和虚部分别组成的序列 $\{x_n\}$ 和 $\{y_n\}$ 也是有界的;反之,若实数序列 $\{x_n\}$ 与 $\{y_n\}$ 是有界的,则复数序列 $\{z_n\}$ 也是有界的,于此

$$z_n = x_n + \mathrm{i}y_n$$

若对于序列 $\{z_n\}$,无论正数 ε 如何小,总可得出自然数 n_ε,使得从不等式 $n > n_\varepsilon$,即可推出不等式

$$|z_n - Z| < \varepsilon$$

则我们称 $\{z_n\}$ 以 Z 为其极限.

必须清楚地懂得这一个就外表看来和实数序列极限的定义无所差别的定义的几何意义:无论正数 ε 如何小,皆可断定,从某一自然数 n_ε 开始,所有的点 z_n 皆包含在以 Z 为心,ε 为半径的圆内(图 7(a)).

特别,假若序列中所有的数 z_n 和它的极限 Z 都是实数,则点 z_n 只能落在经过所说的圆的中心的横轴上,因而(在实数域内的极限定义之下)只需谈论线段(水平直径) 即可,不必谈论整个圆(图 7(b)).

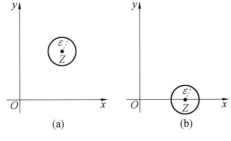

(a)   (b)

图 7

序列 $\{z_n\}$ 具有极限 Z 这样一个事实可以有下面的两种写法

$$\lim z_n = Z \text{ 或 } z_n \to Z \quad\quad\quad (2.7)$$

显而易见,关系 $\lim z_n = Z$ 和关系

$$\lim |z_n - Z| = 0$$

---

① 左边的不等式必须理解为无论是 $|x_n|$ 或 $|y_n|$ 皆不超过 $|z_n|$.

是等价的.

具有极限的序列叫作收敛的(也叫作"收敛于某一极限").

所有收敛序列皆有界.

事实上,设 $z_n \to Z$,则当 $n > n_\varepsilon$ 时,我们有 $|z_n - Z| < \varepsilon$,因而
$$|z_n| = |(z_n - Z) + Z| \leqslant |z_n - Z| + |Z| < \varepsilon + |Z|$$
以 M 记一个大于所有的 $z_n(n = 1, 2, \cdots, n_\varepsilon)$ 和 $|Z| + \varepsilon$ 的数,则对于所有 n,我们有
$$|z_n| < M$$

极限诸定理

下列诸定理成立[①]:

Ⅰ.若 $a_n \to A, b_n \to B$,则 $a_n + b_n \to A + B$.

Ⅱ.若 $a_n \to A, b_n \to B$,则 $a_n - b_n \to A - B$.

Ⅲ.若 $a_n \to A, b_n \to B$,则 $a_n b_n \to AB$.

Ⅳ.若 $a_n \to A, b_n \to B \neq 0$,则 $\dfrac{a_n}{b_n} \to \dfrac{A}{B}$.

这些在实数域内所曾有过的定理,可以毫无改变地推广到复数域中去,证明也完全一样,所根据的是模的性质. 我们现在简单地把它们重述一下.

Ⅰ.设 $\varepsilon(> 0)$ 已经给定. 根据条件
$$|a_n - A| < \frac{\varepsilon}{2}, \text{当} n > n'_\varepsilon$$

及
$$|b_n - B| < \frac{\varepsilon}{2}, \text{当} n > n''_\varepsilon$$

选定数 n'_ε 及 n''_ε,用 n_ε 记 n'_ε 和 n''_ε 中最大的一个,于是当 $n > n_\varepsilon$ 时,我们有
$$|(a_n + b_n) - (A + B)| = |(a_n - A) + (a_n - B)| \leqslant |a_n - A| + |b_n - B| <$$
$$\frac{\varepsilon}{2} + \frac{\varepsilon}{2} = \varepsilon$$

这就是所要证明的.

Ⅱ.只需注意当 $b_n \to B$ 时,$(-b_n) \to (-B)$ 即可. 实际上,这可从等式
$$|(-b_n) - (-B)| = |-(b_n - B)| = |b_n - B|$$
得出,注意
$$a_n - b_n = a_n + (-b_n)$$
则我们即将定理 Ⅱ 的证明化归为定理 Ⅰ 的证明.

[①] 这里没有考虑极限为无限的情形,对于无限极限,我们以后再谈.

Ⅲ. 设 $\varepsilon(>0)$ 已经给定. 我们有

$$\mid a_n b_n - AB \mid = \mid A(b_n - B) + B(a_n - A) + (a_n - A)(b_n - B) \mid \leqslant$$
$$\mid A \mid \cdot \mid b_n - B \mid + \mid B \mid \cdot \mid a_n - A \mid + \mid a_n - A \mid \cdot \mid b_n - B \mid$$

我们用 K 记数 $\mid A \mid$, $\mid B \mid$, 1 中最大的一个; 另外, 我们可以假定 $\varepsilon < 3K^2$(否则定理显然成立). 选取数 n'_ε 及 n''_ε 使得不等式

$$\mid a_n - A \mid < \frac{\varepsilon}{3K}, 当 n > n'_\varepsilon$$

及

$$\mid b_n - B \mid < \frac{\varepsilon}{3K}, 当 n > n''_\varepsilon$$

成立, 则当 $n > n_\varepsilon$(这里的 n_ε 表示 n'_ε 和 n''_ε 中之最大者) 时, 我们有

$$\mid A \mid \cdot \mid b_n - B \mid + \mid B \mid \cdot \mid a_n - A \mid + \mid a_n - A \mid \cdot \mid b_n - B \mid <$$

$$K \cdot \frac{\varepsilon}{3K} + K \cdot \frac{\varepsilon}{3K} + \frac{\varepsilon}{3K} \cdot \frac{\varepsilon}{3K} < \frac{2}{3}\varepsilon + \frac{\varepsilon^2}{9K^2} <$$

$$\frac{2}{3}\varepsilon + \frac{1}{3}\varepsilon = \varepsilon$$

于是, 当 $n > n_\varepsilon$ 时, 更有

$$\mid a_n b_n - AB \mid < \varepsilon$$

这就是所要证明的.

Ⅳ. (1) 我们先讨论 $a_n = 1(n = 1, 2, 3, \cdots)$ 这一特殊情形. 我们现在证明:
若 $b_n \to B \neq 0$, 则 $\frac{1}{b_n} \to \frac{1}{B}$.

我们有

$$\left| \frac{1}{b_n} - \frac{1}{B} \right| = \frac{\mid b_n - B \mid}{\mid b_n \mid \cdot \mid B \mid} \tag{2.8}$$

对于充分大的 n, $\mid b_n - B \mid$ 的变化必小于一个任意的正数, 例如说, 它必小于 $\frac{\mid B \mid}{2}$, 即

$$\mid b_n - B \mid < \frac{\mid B \mid}{2}, 当 n > n'$$

但 $\qquad \mid B \mid = \mid (B - b_n) + b_n \mid \leqslant \mid B - b_n \mid + \mid b_n \mid$

因而 $\qquad \mid B - b_n \mid \geqslant \mid B \mid - \mid b_n \mid$

于是即得

$$\mid B \mid - \mid b_n \mid < \frac{\mid B \mid}{2}$$

亦即

$$\mid b_n \mid > \mid B \mid - \frac{\mid B \mid}{2} = \frac{\mid B \mid}{2} \tag{2.9}$$

23

选取 n''_ε，使得由不等式 $n > n''_\varepsilon$ 可以推出

$$| b_n - B | < \frac{1}{2} | B |^2 \varepsilon \tag{2.10}$$

于是，将关系 (2.8)，(2.9) 及 (2.10) 加以比较，即可推知当 $n > n_\varepsilon$ 时（这里的 $n_\varepsilon = \max\{n', n''_\varepsilon\}$）

$$\left| \frac{1}{b_n} - \frac{1}{B} \right| < \frac{\dfrac{1}{2} | B |^2 \varepsilon}{\dfrac{1}{2} | B | \cdot | B |} = \varepsilon$$

这就是所要证明的.

（2）对于一般情形，我们只需注意

$$\frac{a_n}{b_n} = a_n \cdot \frac{1}{b_n}$$

即可. 定理 IV 已经化成了定理 III.

在复数域中无限极限这一概念和在实数域中有所不同. 在实数域中，通常是把两个"无限远"点（$+\infty$）和（$-\infty$）区别开来看待. 而在复平面上，通常只有一个"无限远"点，记作 ∞，不带符号.

假若对于序列 $\{z_n\}$，无论数 $M(>0)$ 如何大，都可得出 n_M，使得从不等式

$$n > n_M$$

即可推出不等式

$$| z_n | > M$$

那么我们就说 $\{z_n\}$ 以无穷为其极限，或趋于无限，或无限增大，写作

$$\lim z_n = \infty \quad \text{或} \quad z_n \to \infty$$

于是，在复数域中，关系 $z_n \to \infty$ 与关系 $\lim | z_n | = \infty$ 等价，而这也就是说，与关系

$$\lim \left| \frac{1}{z_n} \right| = 0$$

也等价. 在几何上，关系 $z_n \to \infty$ 是说，无论以原点为心的圆的半径 M 多大，所有的点 z_n，从某一点开始，皆在这个圆的外面.

于是，关于无限极限这一概念，在"实的"观点和"复的"观点之间存在某种不一致的地方. 我们现在试举一例以说明这种差别：序列

$$\{(-1)^{n+1} n\} \equiv 1, (-2), 3, (-4), 5, (-6), \cdots$$

从"复的"观点看具有极限 ∞，但从"实的"观点看，它就没有极限（有两个"极限点"：$+\infty$ 和 $-\infty$）.

下列与无限极限的运算有关的诸定理成立：

I'. 若序列 $\{a_n\}$ 有界，且 $b_n \to \infty$，则 $a_n + b_n \to \infty$.

II'. 若序列 $\{a_n\}$ 有界，且 $b_n \to \infty$，则 $a_n - b_n \to \infty$.

III'. 若 $a_n \to \infty$, 且 $|b_n| > m > 0$, 则 $a_n b_n \to \infty$.

IV'. 若 $a_n \to \infty$, 且 $0 \neq |b_n| < M$, 则 $\dfrac{a_n}{b_n} \to \infty$.

V'. 若 $|a_n| > m > 0$, 且 $b_n \to 0$, 则 $\dfrac{a_n}{b_n} \to \infty$.

我们把这些定理的证明留给读者.

下面几个定理的意义在几何上很明显,它们讲到了复数序列的极限与由这些复数的实部和虚部作成的序列的极限之间,或者与由这些复数的模和辐角作成的序列的极限之间的一些关系.

设 $z_n = x_n + i y_n (n = 1, 2, 3, \cdots)$.

(1) 若 $x_n \to X, y_n \to Y$, 则 $z_n \to Z$. 于此, $Z = X + iY$.

(1)′ 反之,若 $z_n \to Z$, 于此, $Z = X + iY$, 则 $x_n \to X, y_n \to Y$.

证明可由不等式
$$|x_n - X|, |y_n - Y| \leqslant |z_n - Z| \leqslant |x_n - X| + |y_n - Y|$$
立刻得出.

(2) 若 $|x_n| \to \infty$ 或 $|y_n| \to \infty$, 则 $z_n \to \infty$. 这可从不等式
$$|x_n|, |y_n| \leqslant |z_n|$$
推出.

我们现在又引进记号
$$z_n = r_n(\cos \theta_n + i\sin \theta_n) \quad (n = 1, 2, 3, \cdots)$$

(3) 若 $\theta_n \to \Theta, r_n \to R$, 则 $z_n \to Z$, 于此
$$Z = R(\cos \Theta + i\sin \Theta)$$

事实上,由所给的极限关系,即得
$$r_n \cos \theta_n \to R\cos \Theta \text{ 和 } r_n \sin \theta_n \to R\sin \Theta$$
也就是
$$x_n \to X, y_n \to Y$$
于是,正如上面所证明的一样,我们即可得出
$$z_n \to Z = X + iY$$

(3)′ 反之,若 $z_n \to Z = R(\cos \Theta + i\sin \Theta) \neq 0$, 则 $r_n \to R$ 且(在适当选取辐角之下)$\theta_n \to \Theta$.

事实上,由关系
$$|r_n - R| = ||z_n| - |Z|| \leqslant |z_n - Z|$$
即得 $r_n \to R$, 又据定理(1)′,我们有
$$r_n \cos \theta_n \to R\cos \Theta$$
$$r_n \sin \theta_n \to R\sin \Theta$$
因而
$$\cos \theta_n \to \cos \Theta$$
$$\sin \theta_n \to \sin \Theta$$

于是即得①

$$\theta_n \to \Theta$$

特别重要的是去确定:一个复数的幂,当指数无限增大时,它的极限是否存在,假若存在的话,它等于什么. 这个问题的解决至为简单.

极限 $$\lim z^n$$

当 $|z| < 1$ 时在精确的意义之下(真正)存在,且等于 0;若 $|z| > 1$,则它在推广了的意义之下存在,即等于无限;最后,若 $|z| = 1, z \neq 1$,则它不存在②.

这可由 $|z^n| = |z|^n$,因而

$$\lim |z^n| = \lim |z|^n = \begin{cases} 0, & |z| < 1 \\ \infty, & |z| > 1 \end{cases} \tag{2.11}$$

推出. 但若 $|z| = 1, z \neq 1$,则无极限,这是因为 $|z^n| = |z|^n = 1$,但 $\arg z^n = n \arg z$,由于 $\arg z$ 异于 0(也异于 2π 的任何倍数),所以乘幂 z^n 不可能趋于一定极限,因为它的辐角不趋于一定极限:当 n 增大时,序列 $\{z^n\}$ 中之点沿单位圆周均匀转动.

这可能有两种情形:

(1)数 $\theta = \arg z$ 与 2π 可通约,例如

$$\theta = 2\pi \frac{p}{q} \quad \left(\frac{p}{q} \text{ 是既约分数}\right)$$

此时数 $z^n (n = 1, 2, \cdots, q)$ 的辐角 $n\theta$ 互不相同,但 $z^{q+1} = z, z^{q+2} = z^2$,等等.

于是,序列 $\{z^n\}$ 具有有限多个极限点,即 $z, z^2, \cdots, z^q$.

(2)数 $\theta = \arg z$ 与 2π 不可通约. 这时圆 $|z| = 1$ 上的任何③点都是序列 $\{z^n\}$ 的极限点.

我们现在提一下更为一般的结果:对于任何正整数 p,有

$$\lim n^p z^n = \begin{cases} 0, & \text{当} |z| < 1 \\ \infty, & \text{当} |z| \geqslant 1 \end{cases} \tag{2.12}$$

这只有 $|z| < 1$ 的情形需要加以证明. 这可从关系

$$|n^p z^n| = n^p |z|^n \text{ 及} \lim_{n \to \infty} n^p r^n = 0 \quad (0 \leqslant r < 1)④$$

推出.

---

① 在选取辐角时,我们可以作如下之规定:当 $\Theta = 0$ 时,令 $-\pi < \theta_n \leqslant \pi$;在所有其他情形,即当 $0 < \Theta \leqslant 2\pi$ 时,令 $0 \leqslant \theta_n < 2\pi$.

② 当 $z = 1$ 时,显然有 $\lim z^n = 1$,这不值得加以注意.

③ 关于这,可参考《初等数学百科全书》的中译本第一分册第三卷.

④ 参考(例如)《初等数学百科全书》的中译本第一分册第三卷;这也可以从级数 $\sum n^p r^n$ 当 $0 < r < 1$ 时收敛得到说明.

§9　函数的极限·连续性

设函数 $w = f(z)$ 在点 z_0 的某一"圆形邻域"$0 < |z - z_0| < \rho(\rho > 0)$ 内已经定义.

假若对于任何以 z_0 为其极限的序列 $\{z_n\}$, 知

$$z_n \to z_0$$

序列 $\{f(z_n)\}$ 必具有极限 w_0, 即

$$f(z_n) \to w_0$$

我们就说, 当变量 z 趋于极限 z_0 时, 函数 $f(z)$ 以复数 w_0 为其极限. 这时, 我们就简写成: 当 $z \to z_0$ 时, $f(z) \to w_0$, 或

$$\lim_{z \to z_0} f(z) = w_0 \tag{2.13}$$

上述的极限定义和下面的定义等价: 无论数 $\varepsilon\,(>0)$ 如何小, 皆可得出数 $\delta \equiv \delta_\varepsilon\,(>0)$, 使得由不等式

$$|z - z_0| < \delta \tag{2.14}$$

即可得出不等式

$$|f(z) - w_0| < \varepsilon \tag{2.15}$$

形式上, 对于复数域情形的这两个定义和实数域中相应的定义没有什么区别, 这两个定义等价的证明也保持不变.

在阐明极限关系的几何意义时, 这些关系的内容在实数域中和在复数域中之间的差别将会清楚地得到说明.

在实数域中, 序列形成的所有数, 无论是 z_0 或 z_n 皆假定是实数, 因此点 z_n 的选取比较起来就很受限制, 它只能在点 z_0 的"左边"或"右边"选取(图 8(a)). 但在复数域中, 与复数 z_n 相应的点则可随意地"从任何一方"接近于极限 z_0 (图 8(b)). 不难理解, 在这种情况之下, 在复数域中要求极限 $\lim\limits_{z \to z_0} f(z)$ 存在比起在实数域中是大为困难的.

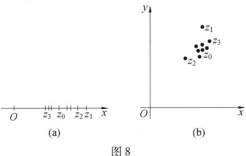

图 8

上面的说法至少可以从下面的例子得到证实.

设函数 $f(z)$ 由等式

$$f(z) = \begin{cases} 0, & \text{当 } y = 0 \\ 1, & \text{当 } y \neq 0 \end{cases} \tag{2.16}$$

定义. 在这种情形, 极限 $\lim f(z)$ 在实数域中存在且等于 0, 但这个极限在复数域中却不存在. 实际上, (例如) $\lim f\left(\dfrac{1}{n}\right) = 0$, 而 $\lim f\left(\dfrac{\mathrm{i}}{n}\right) = 1$.

由函数极限概念按本来意义推广而成的极限关系

$$\lim_{z \to \infty} f(z) = w_0, \ \lim_{z \to z_0} f(z) = \infty, \ \lim_{z \to \infty} f(z) = \infty \tag{2.17}$$

可以按照上面(§8)关于序列的极限所作的一样给以定义.

函数在一点的连续性. 设函数 $f(z)$ 在点 z_0 和它的某一圆形邻域 $0 < |z - z_0| < \rho(\rho > 0)$ 内已经定义. 若极限

$$w_0 = \lim_{z \to z_0} f(z)$$

存在, 有限, 且等于函数 $f(z)$ 在点 z_0 的值

$$\lim_{z \to z_0} f(z) = f(z_0) \tag{2.18}$$

我们就说函数 $f(z)$ 在点 z_0 连续.

或者可以这样说: 假若对于任何任意小的数 $\varepsilon(>0)$, 总可得到数 $\delta = \delta_\varepsilon(>0)$, 使得由不等式

$$|z - z_0| < \delta$$

即可推出不等式

$$|f(z) - f(z_0)| < \varepsilon$$

则函数 $f(z)$ 称为在点 z_0 连续.

由上所述, 我们可以推知(例如说), 从复变函数论的观点看, 函数 (2.16) 不能称为在原点 $z = 0$ 连续, 虽然作为一个实变量 x 的函数来看, 它在这一点是连续的.

关于极限的基本定理 Ⅰ~Ⅳ, 以及与之类似的定理 Ⅰ′~Ⅳ′ 都可以从序列的极限的情形搬到函数的极限的情形上来.

域(开集) 设 D 是复平面上的一点集, 假若对于这个集合中的任何一点 z_0, 总存在这点的一个圆形邻域 $0 < |z - z_0| < \rho(\rho \equiv \rho(z_0) > 0)$, 它整个属于 D, 则 D 称为开的, 或称为域.

假若利用集论中的术语, 我们可以改说成: 若集 D 中所有的点 z_0 都是内点, 则 D 称为开的, 或称为域(或区域).

下面这些可以用来作为域的例子: (1) 全平面. (2) 一圆的内部(即缺少边界的圆). (3) 一矩形的内部(即缺少边界的矩形). (4) 全平面除去一点(或者更普遍些, 除去有限个点). (5) 一无心圆的内部($0 < |z - a| < \rho, \rho > 0$).

（6）一缺少边界直线的半平面，等等．

把复平面上由术语"连通域""单连通域""多连通域"等所表示出来的域的性质加以认识，对以后非常重要．

若域 D 中的任何两点 p,q 都可由一条整个属于 D 的连续曲线①互相联结，则 D 称为连通域．例如圆的内部就是一个连通域，另外，位于两个互无公共点的圆内的点所成之集不是连通域（虽然根据刚才所下的定义，这也是"域"）．

若域 D 中任何属于 D 的闭曲线②所包围的点也都属于 D，则 D 称为单连通域③．于是，显而易见，圆的内部是一个单连通域；但属于两个同心圆之间的点所成之集则不是单连通域，因为存在着这样的闭曲线，它属于所说的域，但却包含不属于该域的点（例如半径等于所给的两个圆的半径的算术平均数的同心圆）．

不是单连通域的域叫作多连通域（图9）．

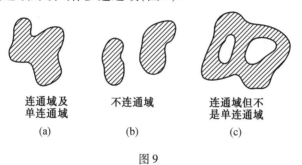

连通域及	不连通域	连通域但不
单连通域		是单连通域
(a)	(b)	(c)

图 9

这里我们尚须指出，复变函数论所研究的对象都是在连通域内所定义的解析函数（并不要求其为单连通域）．

函数在域内的连续性．假若在一域 D 内定义的函数 $f(z)$ 在 D 内每一点都连续，则称 $f(z)$ 在该域内连续．

---

① 就是一条由形如

$$\begin{cases} x = \varphi(t) \\ y = \psi(t) \end{cases} \quad (t_1 \leqslant t \leqslant t_2)$$

的参数方程所定义的曲线，于此，$\varphi(t)$ 和 $\psi(t)$ 都是连续函数．

② 这里的曲线都是"若尔当（Jordan）曲线"，亦即"简单"曲线（"本身不相交"）．"闭曲线"一词是指曲线的"起点"和"终点"重合．

③ 我们把"若尔当定理"算作已知，依照这条定理，平面上的简单闭若尔当曲线将平面上不属于它的点分成两个集：一个是"内点"所成之集（曲线所包围的），另一个是"外点"所成之集（曲线"不包围的"）．

例如函数 $f(z) = \dfrac{1}{z}$ 在域 $|z| > \rho, \rho > 0$(在所给圆外的点作成的集)内是连续的;它在域 $|z| > 0$(平面上除 $z = 0$ 一点外所有点作成的集)内也是连续的.

闭集 F　复平面上的一点集 F 若为有界的[①],且 F 中任何收敛点列的极限也属于 F,则 F 称为闭集.

闭集的例:(1)有限点集.(2)连同端点在内的两点之间的线段.(3)圆(或正方形)的内部和边界.

闭集可以包含内点,也可以不包含内点:比如例(1)和例(2)中的集就不包含内点,而例(3)中的集则有内点.

有界集的闭包　设 E 是一个有界集,若集 $\bar{E}$ 是由(1)所有集 E 中的点及(2)集 E 的所有收敛点列的极限点所组成的,则 $\bar{E}$ 称为 E 的闭包.

于是,若 E 是圆 $|z - a| < \rho, \rho > 0$ 的内部,则 $\bar{E}$ 是同一圆的内部加上边界:$|z - a| \leqslant \rho$.假若 E 是空心圆 $0 < |z - a| < \rho, \rho > 0$ 的内部,则 $\bar{E}$ 还是 $|z - a| \leqslant \rho$.

闭集上的连续函数　设函数 $f(z)$ 定义在闭集 F 上,假若对于集 F 中任何一点 z_0,关系

$$\lim f(z_n) = f(z_0) \tag{2.19}$$

对于集 F 中所有以 z_0 为极限的点列 $\{z_n\}$

$$\lim z_n = z_0$$

皆成立,则 $f(z)$ 称为在该集上连续,换句话说,假若对于任何 $\varepsilon(> 0)$ 都可以选取 $\delta = \delta(\varepsilon, z_0) > 0$,使得对于集 F 中所有满足不等式

$$|z - z_0| < \delta \tag{2.20}$$

的点 z,不等式

$$|f(z) - f(z_0)| < \varepsilon \tag{2.21}$$

皆成立,则 $f(z)$ 称为在 F 上连续.

在实变函数论中曾经证明,在闭集 F 上连续的实函数(我们假定它是两个实自变量的函数)在该集上一致连续.

在这里我们不返回去证明这一定理,但我们要指出,它不难搬到单复变量的复函数的情形上来.

令(如在 §7 中一样)

$$z = x + iy, f(z) = u(x, y) + iv(x, y)$$

则由 $f(z)$ 在 F 上连续,即可推知函数 $u(x, y)$ 和 $v(x, y)$ 在 F 上连续.

---

① 复平面上的一点集,若它所有的点皆在同一个圆 $|z| < M$(§8)内,则称之为有界的(关于点列也是一样).

依照实变函数论中的定理,对于任何 $\varepsilon(>0)$,可以选取 $\delta(>0)$,使得对于 F 中任何两点 $z' = x' + iy'$ 和 $z'' = x'' + iy''$,从不等式 $|z' - z''| < \delta$ 必可得出不等式

$$|u(x',y') - u(x'',y'')| < \frac{\varepsilon}{\sqrt{2}} \text{ 和 } |v(x',y') - v(x'',y'')| < \frac{\varepsilon}{\sqrt{2}}$$

于是

$$|f(z') - f(z'')| < \sqrt{[u(x',y') - u(x'',y'')]^2 + [v(x',y') - v(x'',y'')]^2} < \varepsilon$$

这就是我们所要证明的.

§10 数 字 级 数

在复数域中,级数的和这一概念,正如在实数域中一样,仍然是划归到有限极限这一概念上去. 即若复数级数

$$\sum_{n=1}^{\infty} a_n = a_1 + a_2 + \cdots + a_n + \cdots \qquad (2.22)$$

的"部分和"所成之序列 $\{s_n\}$ 具有有限极限 s,则该级数称为收敛的,它的和为 s,于此,我们记

$$
\begin{aligned}
s_1 &= a_1 \\
s_2 &= a_1 + a_2 \\
s_3 &= a_1 + a_2 + a_3 \\
&\vdots \\
s_n &= a_1 + a_2 + a_3 + \cdots + a_n \\
&\vdots
\end{aligned}
\qquad (2.23)
$$

另外,假若某一序列 $\{z_n\}$ 趋于有限极限 z_0,则此极限可以表示成一个级数之和,这个级数的第 n 个部分和恰好就是该序列的一般项 z_n,即

$$z_0 = z_1 + (z_2 - z_1) + (z_3 - z_2) + \cdots + (z_n - z_{n-1}) + \cdots \qquad (2.24)$$

若级数 $\sum a_n$ 的第 n 个部分和不趋于任何极限,或者它趋于极限 ∞,则级数 $\sum a_n$ 即被认为发散,一般不去讨论它的和.

但是存在一种"发散级数论",其中对于某些发散级数,和的定义是被推广了的,在这里,我们将不涉及这种理论.

由极限定理 I 及 II,立刻可以推出:

若将两个收敛级数逐项相加(或相减),结果得到了一个新的级数,它也是收敛的,它的和等于所给级数之和的和(或差). 或者,更形式一些,若级数

$\sum a_n$ 和 $\sum a'_n$ 收敛且分别以 s 和 s' 为它们的和,则级数 $\sum (a_n + a'_n)$ 和 $\sum (a_n - a'_n)$ 也收敛,且分别以 $s + s'$ 和 $s - s'$ 为它们的和.

再有,由极限定理 Ⅲ 和 Ⅳ,特别可以推出下面的结果:若将收敛级数的各项同乘以一个数 C(或同除以一个异于 0 的数 C),结果也得到一个收敛级数,它的和等于所给级数之和乘上(或除以)C,即是说,若级数 $\sum a_n$ 收敛,且以 s 为它的和,则级数 $\sum Ca_n$ 和(假定 $C \neq 0$)$\sum \dfrac{a_n}{C}$ 也收敛,且分别以 Cs 和 $\dfrac{s}{C}$ 为它们的和.

同理(参看 §8):

若所给级数 $\sum a_n$ 收敛,则由其各项的实部和虚部所成的级数 $\sum \mathrm{Re}\, a_n$ 和 $\sum \mathrm{Im}\, a_n$ 也收敛. 反之,若级数 $\sum \mathrm{Re}\, a_n$ 和 $\sum \mathrm{Im}\, a_n$ 都收敛,则级数 $\sum a_n$ 也收敛.

下面的定理特别重要:

对于级数 $\sum a_n$,若由其各项的模所成的级数 $\sum |a_n|$ 收敛,则 $\sum a_n$ 收敛.

我们假定,若级数的各项 a_n 都是实数,则对于这种特殊情形,上述定理为已知的,我们取它作为证明的基础,同时假定正项级数的比较检验法也已经知道[①].

于是,即不难证明我们的一般性定理成立. 事实上,由不等式
$$|\mathrm{Re}\, a_n| \leqslant |a_n|, \quad |\mathrm{Im}\, a_n| \leqslant |a_n|$$
即可推出:级数 $\sum |a_n|$ 的收敛包含级数 $\sum |\mathrm{Re}\, a_n|$ 和 $\sum |\mathrm{Im}\, a_n|$ 的收敛. 因为 $\mathrm{Re}\, a_n$ 和 $\mathrm{Im}\, a_n$ 是实数,所以由此(根据关于特殊情形的定理)可以推出级数 $\sum \mathrm{Re}\, a_n$ 和 $\sum \mathrm{Im}\, a_n$ 也收敛,但这样一来(根据上述定理),级数 $\sum a_n$ 也收敛.

反之,由级数 $\sum a_n$ 收敛绝不能推出级数 $\sum |a_n|$ 也收敛. 实数域中关于这方面的例子读者当已知道. 于是,对于复数域,我们也就得出了结论.

假若不仅所讨论的级数 $\sum a_n$ 收敛,而且由其各项的模所作成的级数 $\sum |a_n|$ 也收敛,则所给级数 $\sum a_n$ 称为绝对收敛级数. 显而易见,这个定义与相应的关于实数项级数所下的定义并无矛盾.

在本书中,我们必须依赖于收敛的,且只是绝对收敛的级数. 因此,对于复数项级数的收敛判定问题,我们很少加以注意:要想确定级数 $\sum a_n$ 是否收敛,

---

① 参考(例如)菲赫金哥尔茨(Г. М. Фихтингольц),微积分学教程,第二卷.

我们常常可以归到确定模的级数 $\sum |a_n|$ 是否收敛上去；在研究(其项为正或等于 0 的) 级数的收敛性时，我们当然可以利用通常在实数域中所引用的收敛性的充分检验法(即足以说明级数为收敛的检验法 —— 译者注).

我们常常需要引用(在复数域中比在实数域中还要更多一些) 下面的定理：

若所给级数 $\sum a_n$ 的项"就模而论"不超过某一正项级数 $\sum a_n$ 的相应项

$$|a_n| \leqslant a_n \quad (n = 1, 2, 3, \cdots) \tag{2.25}$$

而级数 $\sum a_n$ 又收敛，则所给级数 $\sum a_n$ 也收敛，且为绝对收敛.

事实上，根据不等式(2.25)，由级数 $\sum a_n$ 收敛即可推出级数 $\sum |a_n|$ 收敛，而这也就是说(根据前面的定理)，级数 $\sum a_n$ 也(绝对) 收敛.

在这种情形，有时我们就说：级数 $\sum |a_n|$ 是所给级数 $\sum a_n$ 的"控制"级数.

若级数 $\sum a_n$ 收敛，则它的一般项 a_n 趋于 0，即

$$\lim a_n = 0 \tag{2.26}$$

复数域中这一收敛性的必要检验法(即足以说明级数为发散的检验法 —— 译者注) 可以完全像在实数域中一样，从极限定理 Ⅱ 推出. 若它不成立，我们就可以断定所论的级数发散.

定理 若级数 $\sum\limits_{n=1}^{\infty} a_n$ 和 $\sum\limits_{n=1}^{\infty} b_n$ 绝对收敛，则"积级数"

$$\sum_{p=1}^{\infty} \sum_{q=1}^{\infty} a_p b_q \equiv \sum_{\nu=1}^{\infty} (a_1 b_\nu + a_2 b_{\nu-1} + \cdots + a_\nu b_1) \tag{2.27}$$

也收敛，且为绝对收敛，同时，这个级数之和等于所给级数之和的积.

在证明中，我们利用了正项级数理论中与这相当的定理，这个定理读者当已知道[①].

令

$$\sum_{\nu=1}^{\infty} a_\nu = A, \sum_{\nu=1}^{\infty} |a_\nu| = A'$$

$$c_\nu = (a_1 b_\nu + a_2 b_{\nu-1} + \cdots + a_\nu b_1), C_n = \sum_{m=1}^{n} c_m$$

$$\sum_{\nu=1}^{\infty} b_\nu = B, \sum_{\nu=1}^{\infty} |b_\nu| = B'$$

$$c'_\nu = (|a_1||b_\nu| + |a_2||b_{\nu-1}| + \cdots + |a_\nu||b_1|), C'_n = \sum_{m=1}^{n} c'_m$$

---

 ① 参考(例如) 菲赫金哥尔茨, 微积分学教程, 第三卷.

我们从 $C'_n \to A'B'$ 出发,要去证明 $C_n \to AB$. 令

$$\sum_{\nu=1}^{N} a_\nu = A_N, \quad \sum_{\nu=1}^{N} |a_\nu| = A'_N$$

$$\sum_{\nu=1}^{N} b_\nu = B_N, \quad \sum_{\nu=1}^{N} |b_\nu| = B'_N$$

则式子 $A_N B_N - C_n (n < N)$ 乃是形如 $a_p b_q$ 的项之和,其中 $p + q > n$,而 $p \leqslant N$,$q \leqslant N$. 因为和的模不大于模的和,而模的和正好等于 $A'_N B'_N - C'_N$,故

$$|A_N B_N - C_n| \leqslant A'_N B'_N - C'_n$$

令 $N \to \infty$ 并取极限,即得

$$|AB - C_n| \leqslant A'B' - C'_n$$

因据条件,上不等式的右边趋于 0,故左边也趋于 0. 而这就是我们所要证明的.

最后,我们要读者注意这样的一个事实,即所给的级数是否收敛这一问题的解决,完全与它前面的任何有限多个项无关. 事实上,改变级数的前面 n 个项无异于把一个显然是收敛的级数逐项加上去,这加上去的级数中指标大于 n 的各项皆等于 0.

§11 几何级数(及其有关的级数)

我们已经证明过

$$\lim z^n = \begin{cases} \infty, & \text{若} |z| > 1 \\ 0, & \text{若} |z| < 1 \\ \text{不存在}, & \text{若} |z| = 1, z \neq 1 \end{cases} \tag{2.28}$$

当现在转到求几何级数的和这一问题的时候,我们将从等式

$$(1 - z)(1 + z + z^2 + \cdots + z^{n-1}) = 1 - z^n$$

(z 为任意复数)或

$$1 + z + z^2 + \cdots + z^{n-1} = \frac{1 - z^n}{1 - z} \quad (z \neq 1) \tag{2.29}$$

出发. 我们有

$$\left| (1 + z + z^2 + \cdots + z^{n-1}) - \frac{1}{1 - z} \right| = \frac{|z^n|}{|1 - z|} \tag{2.30}$$

若 $|z| < 1$,则据上述定理,右边分数的分子,因而右边本身,当 $n \to \infty$ 时趋于 0. 因之,左边也趋于 0,于是

$$\lim(1 + z + z^2 + \cdots + z^{n-1}) = \frac{1}{1 - z}$$

换句话说,当 $|z| < 1$ 时,级数

$$1 + z + z^2 + \cdots + z^{n-1} + \cdots \tag{2.31}$$

收敛,且以 $\dfrac{1}{1-z}$ 为其和,即

$$1 + z + z^2 + \cdots + z^{n-1} + \cdots = \frac{1}{1-z} \quad (|z| < 1) \tag{2.32}$$

若 $|z| \geqslant 1$,则级数(2.31)发散. 这可从级数的一般项不趋于 0(当 $|z| > 1$ 时无限增大,当 $|z| = 1$ 时,其模为 1)这一事实立刻得出.

我们还来讨论几个(和几何级数相近的)级数.

在恒等式(2.29)中,我们以 $n+1$ 代 n,然后关于 z 微分①. 于是就得到了新的恒等式

$$\frac{\mathrm{d}}{\mathrm{d}z}(1 + z + z^2 + \cdots + z^{n-1} + z^n) = \frac{\mathrm{d}}{\mathrm{d}z}\frac{1 - z^{n+1}}{1 - z} \tag{2.33}$$

或

$$1 + 2z + 3z^2 + \cdots + nz^{n-1} = \frac{\mathrm{d}}{\mathrm{d}z}\frac{1}{1-z} - nz^n \cdot \frac{1 - z + \dfrac{1}{n}}{(1-z)^2}$$

于是即得

$$\left| (1 + 2z + 3z^2 + \cdots + nz^{n-1}) - \frac{1}{(1-z)^2} \right| = \left| -\frac{1 - z + \dfrac{1}{n}}{(1-z)^2} \cdot nz^n \right|$$

当 $n \to \infty$ 时,右边第一个(分数)因子趋于一个异于 0 的有限极限,而第二个因子,假若 $|z| < 1$,则如上面所说,趋于 0. 因此,整个右边趋于 0,因而左边也趋于 0. 这就是说

$$\lim_{n \to \infty}(1 + 2z + 3z^2 + \cdots + nz^{n-1}) = \frac{1}{(1-z)^2}$$

换言之,除等式(2.32)外,我们还有

$$1 + 2z + 3z^2 + \cdots + nz^{n-1} + \cdots = \frac{1}{(1-z)^2} \quad (|z| < 1) \tag{2.34}$$

一般说来,若在恒等式(2.29)中以 $n+p$ 代 n,并关于 z 微分 p 次,即得

$$1 \times 2 \times \cdots \times p + 2 \times 3 \times \cdots \times (p+1)z + \cdots +$$

---

① (在现阶段)可能有人对于在复数域中施行微分是否合理表示怀疑,但这种困难很容易克服,例如可用如下的方法:我们先(按所说的方法)证明恒等式(2.33)对于所有的实数值 $z(\neq 1)$ 成立,然后承认这样的事实,即两个 $n-1$ 次多项式若在多于 $n-1$ 个点相等,则它们在全复平面上恒等(参看第三章, §13).

$$n(n+1)\cdots(n+p-1)z^{n-1} - \frac{\mathrm{d}^p}{\mathrm{d}z^p}\frac{1}{1-z} = -\frac{\mathrm{d}^p}{\mathrm{d}z^p}\frac{z^{n+p}}{1-z} \qquad (2.35)$$

但据莱布尼兹(Leibniz)公式,若用虚点($\cdots$)代表对于 n 来说次数小于 p 的项,则得

$$\frac{\mathrm{d}^p}{\mathrm{d}z^p}\left\{\frac{z^{n+p}}{1-z}\right\} = \frac{\mathrm{d}^p}{\mathrm{d}z^p}\left\{z^n\frac{z^p}{1-z}\right\} = (n-p+1)(n-p+2)\cdots\cdot$$

$$n\cdot z^{n-p}\cdot\frac{z^p}{1-z} + \cdots = \frac{n^p z^n}{1-z} + \cdots$$

将包含 n 的 p 次方的主项提到括号之外,我们即得到形如

$$\frac{\mathrm{d}^p}{\mathrm{d}z^p}\frac{z^{n+p}}{1-z} = \frac{n^p z^n}{1-z}\{1+\cdots\}$$

的最终等式,其中包含 n 的负数幂的有限多个项所成之和由虚点表示.

因为在条件 $|z|<1$ 之下(参看式(2.12))

$$\lim_{n\to\infty} n^p z^n = 0$$

所以可推知

$$\lim_{n\to\infty}\frac{\mathrm{d}^p}{\mathrm{d}z^p}\frac{z^{n+p}}{1-z} = 0$$

而由恒等式(2.35),即得

$$\lim_{n\to\infty}[1\times2\times\cdots\times p + 2\times3\times\cdots\times(p+1)z + \cdots +$$

$$n(n+1)\cdots(n+p-1)z^{n-1}] = \frac{\mathrm{d}^p}{\mathrm{d}z^p}\frac{1}{1-z} \qquad (2.36)$$

这就是说,级数

$$1\times2\times\cdots\times p + 2\times3\times\cdots\times(p+1)z + \cdots +$$

$$n(n+1)\cdots(n+p-1)z^{n-1} + \cdots$$

收敛,并以式(2.36)右边为它的和. 将右边关于 z 的导数求出,并除以 $p!$,则得

$$1 + \mathrm{C}_{p+1}^p z + \mathrm{C}_{p+2}^p z^2 + \cdots + \mathrm{C}_{p+n}^p z^n + \cdots = \frac{1}{(1-z)^{p+1}}$$

于是,对于无论什么样的正整数 p,只要 $|z|<1$,级数 $\sum\limits_{n=1}^{\infty}\mathrm{C}_{p+n}^p z^n$ 即收敛,并以 $\dfrac{1}{(1-z)^{p+1}}$ 为其和

$$1 + \mathrm{C}_{p+1}^p z + \mathrm{C}_{p+2}^p z^2 + \cdots + \mathrm{C}_{p+n}^p z^n + \cdots = \frac{1}{(1-z)^{p+1}} \qquad (2.37)$$

当 $|z|\geqslant1$ 时,这个级数显然是发散的.

注释 几何级数(2.31)是"幂级数"的一个最简单的情形. 容易证明,级数(2.37)可从式(2.32)将级数(2.31)逐项微分 p 次得出. 在第四章,我们将

要讨论一般的幂级数,并说明它的性质,特别,我们将阐明它可以逐项微分. 而在这里,在几何级数的情形,我们求助于一种人为的方法,利用这种方法,几何级数的收敛性和它的和特别容易得出(好像在初等代数中一样).

习 题

1. 试确定下面的关系定义了什么样的复数集:

(1) $\operatorname{Re} z > 0$.　　(2) $\operatorname{Re} z \geqslant 0$.　　(3) $\operatorname{Re} z > 1$.

(4) $\operatorname{Im} z < 0$.　　(5) $|z| < 1$.　　(6) $|z| \geqslant 1$.

(7) $|\operatorname{Re} z| < 1$.　　(8) $|\arg z| < \dfrac{\pi}{2}$.　　(9) $\left|\dfrac{z-1}{z+1}\right| < 1$.

(10) $\left|\dfrac{z-1}{z+1}\right| < 2$.　　(11) $|z^2 - 1| < 1$.

2. 在 z 平面上我们画上了一个图形 $ABCDE\cdots PQA$(图 10),试将用字母标出的点的(化整到小数后一位的)坐标列表写出,并根据这些点作出所有与图形在 w 平面上由公式

$$w = (x + y) + ixy$$

所给出的映象.

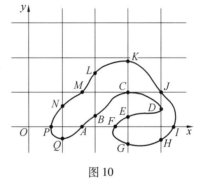

图 10

3. 根据同一公式将顶点为 $3 + i, 4 + i$, $4 + 2i, 3 + 2i$ 的正方形映射到 w 平面上去. 试写出映射所得的弯曲四边形各边的方程式,以及正方形的对角线所映射成的曲线的方程式.

4. 试就同一公式求出圆 $|z - 3 - i| = 1$ 所映射成的曲线的方程式.

5. 根据同一公式,什么样的曲线映射到圆 $|w - 3 - i| = 1$?

6. 试证明:由 $z_n \to z_0$,即得 $\bar{z}_n \to \bar{z}_0$.

7. 试求出下列序列的极限和级数的和:

(1) $\left(\dfrac{1+i}{2}\right)^n$.　　(2) $\displaystyle\sum_{n=1}^{\infty} \left(\dfrac{1+i}{2}\right)^n$.　　(3) $\dfrac{1+ni}{1-ni}$.

(4) $\displaystyle\sum_{n=1}^{\infty} \dfrac{1}{(1-ni)[1-(n+1)i]}$.

8. 试将序列

$$\left\{\left(1 + \dfrac{i}{n}\right)^n\right\}$$

37

的最初几项写出,并作出它们的图.

9. 试以序列 $\{i^n n\}$ 为例,证明:由关系 $z_n \to \infty$ 并不能得出关系 $|x_n| \to \infty$ 及 $|y_n| \to \infty$.

10. 设 $|z| < 1$,试用不同的方法求出二重级数

$$1 + z + z^2 + z^3 + \cdots +$$
$$z + z^2 + z^3 + \cdots +$$
$$z^2 + z^3 + \cdots +$$
$$z^3 + \cdots +$$
$$\cdots$$

的和.

整有理函数和分式有理函数

§12　多项式的概念

假若我们在自变量 z 和常数上施行四则运算(加、减、乘、除),则对于经过这些运算而得出的一切函数所作成的函数类,我们不难把它的范围加以确定,这就是有理函数类.

在有理函数中,由加、减、乘三个运算所定义出来的函数有着特别重要的地位. 这种函数就是整有理函数,或多项式. 我们就是从它开始来研究有理函数的.

我们要注意,说到多项式,只需提加、乘两个运算就够了,因为减法可以利用公式

$$A - B = A + (-1)B$$

把它除去.

因此,所有可以从自变量 z 和常数经过有限多个加和乘做出来的函数都叫作多项式. 因为加法和乘法在实施起来没有什么限制,所以我们可以以任何一个复数集,例如整个 z 平面,来作为多项式的定义集 E[①].

---

①　"多项式"这一概念(正如在初等代数中一样)并不与"单项式"这一概念互相抵触.

下面是几个多项式的例子：

（1）$P_1(z) = z^3$①.

（2）$P_2(z) = \dfrac{z+1}{2}$②.

（3）$P_3(z) = \{[(3z+i)(2-5i)+10]z+i\}z$.

（4）$P_4(z) = (3z^2+5)\cdot 2 - z(5z^2-1)$.

毫无疑义，读者对于将多项式按照变量 z 的次数加以分类这一点已经有了正确的了解，要想知道多项式的次数，只需将所有的括号解开，并合并同类项，说出变量的最高方次即可.

为了书写清楚起见，通常是将多项式"按变量的幂"排列，不过在初等代数中普遍是"按变量的降幂"排列，而在复变函数论中，一般则是"按升幂"排列.

按变量 z 的升幂排列的 n 次多项式的一般形式如下

$$P(z) = c_0 + c_1 z + c_2 z^2 + \cdots + c_n z^n \tag{3.1}$$

于此，$c_0, c_1, c_2, \cdots, c_n$ 是任意的常（复数的）系数，$c_n \neq 0$.

这样一来，上述用来作为例子的多项式就可写成

$$P_1(z) = z^3$$

$$P_2(z) = \frac{1}{2} + \frac{1}{2}z$$

$$P_3(z) = iz + (15+2i)z^2 + 3(2-5i)z^3$$

$$P_4(z) = 10 + z + 6z^2 - 5z^3$$

它们的次数分别等于 3，1，3，3（系数等于 0 的项不写）.

恒等于 0 的函数在形式上满足多项式的定义，但对任何 $n(\geqslant 0)$，它不满足 n 次多项式的定义. 因此，我们叫它零多项式，不把任何的次数给它.

多项式的运算（特别是加法和乘法）按照由基本定律所推演出来的代数规则来处理. 我们要注意，多项式的和的次数不大于各（相加的）多项式的次数中最大的一个，而积的次数则等于各多项式次数的和.

§13　多项式的性质·代数学的基本定理

1. 所有的多项式 $P(z)$ 都是一个在任何点皆连续的函数.

---

① 　自乘正整数幂是看作重复乘多少次，而不是看作一个特别的运算.

② 　用 2 去除并不算除，因为可以换成用 $\dfrac{1}{2}$ 去乘.

证明与在实数域中的情形相同,读者无疑已经知道该项证明.

2. 所有次数 $n \geqslant 1$ 的多项式 $P(z)$ 当变量 z 无限增大时,无限增大,即

$$\lim_{z \to \infty} P(z) = \infty \qquad (3.2)$$

实际上,若将式(3.1)中的多项式 $P(z)$ 按 z 的降幂排列,将首项提到括号之外,则得

$$P(z) \equiv c_n z^n \left(1 + \frac{c_{n-1}}{c_n z} + \cdots + \frac{c_1}{c_n z^{n-1}} + \frac{c_0}{c_n z^n} \right)$$

若 z 趋于无穷,则括号中的式子趋于 1,括号前面的式子趋于无穷,于是即得结论.

3. 唯一性定理.(除零多项式外)任何多项式皆不恒为 0. 换言之,若多项式恒等于 0,即

$$c_0 + c_1 z + \cdots + c_n z^n \equiv 0$$

则必有

$$c_0 = c_1 = \cdots = c_n = 0$$

实际上,若有 $c_n \neq 0$,则由上面所说,多项式当 $z \to \infty$ 时趋于无穷,这与恒等于 0 这一事实相矛盾.

将多项式按 $z - z_0$ 的幂展开

在下面的定理中,显示出了多项式的一个性质,它对我们非常重要.

4. 对于任何一个次数不大于 n 的多项式 $P(z)$ 以及任何一个复数 z_0,皆可将 $P(z)$ 按差 $z - z_0$ 的幂展开,即是说,可以选取系数 $c_0, c_1, \cdots, c_n$,使得恒等式

$$P(z) \equiv c_0 + c_1(z - z_0) + c_2(z - z_0)^2 + \cdots + c_n(z - z_0)^n \qquad (3.3)$$

成立.(当然,这个恒等式中的系数 $c_0, c_1, \cdots, c_n$ 不必一定就是先前在恒等式 (3.1) 中用同样字母表出的系数. 一般说来,它们取决于先前的系数和选取的值 z_0. 这种依存关系的性质后面将有说明——在 §38 中.)

证明至为简单,在证明的同时,还将指出一种寻求系数的可能方法. 令

$$z - z_0 = z'$$

则有

$$z = z' + z_0$$

在用来定义多项式 $P(z)$ 的式子中,以 $z' + z_0$ 代 z,则得

$$P(z) = P(z' + z_0)$$

式子 $P(z' + z_0)$ 作为 z' 的函数看待,是一个多项式,因为它除加法 $z' + z_0$ 和式子 $P(z)$ 中所出现的那些运算外,不包含任何别的运算. 这就是说,$P(z' + z_0)$ 可以表示成

$$P(z' + z_0) \equiv c_0 + c_1 z' + c_2 z'^2 + \cdots + c_n z'^n$$

的形式,于是可知

41

$$P(z) \equiv c_0 + c_1(z - z_0) + c_2(z - z_0)^2 + \cdots + c_n(z - z_0)^n$$

注释1 若取 $z_0 = 0$，则展开式（3.3）即变成式（3.1）.

注释2 若取多项式 $P(z)$ 的形如式（3.1）的表示式作为原始的式子，我们可以看出式（3.1）和式（3.3）中的次数是一样的，首项系数 c_n 也相同.

例3.1 令 $P(z) \equiv 10 + z + z^3$，则当 $z_0 = 1$ 时，即得

$$P(z) \equiv 10 + [(z - 1) + 1] + [(z - 1) + 1]^3 \equiv$$
$$12 + 4(z - 1) + 3(z - 1)^2 + (z - 1)^3$$

同样，当 $z_0 = 2$ 时

$$P(z) \equiv 20 + 13(z - 2) + 6(z - 2)^2 + (z - 2)^3$$

当 $z_0 = 5$ 时

$$P(z) \equiv 140 + 76(z - 5) + 15(z - 5)^2 + (z - 5)^3$$

当 $z_0 = -1$ 时

$$P(z) \equiv 8 + 4(z + 1) - 3(z + 1)^2 + (z + 1)^3$$

等等. 要验算各恒等式是容易的：只需将括号解开并合并同类项即可.

回到展开式（3.3），我们现在也可以算出系数 c_0，而这也就使我们得到了一个在初等代数中已经知道的结果. 这就是在式（3.3）中令 $z = z_0$，即得

$$c_0 = P(z_0)$$

将所求得的值 c_0 代入该式中，并在右边将所有其余各项提出公因子 $z - z_0$ 于括号之外，并引入新的记号

$$c_1 + c_2(z - z_0) + \cdots + c_n(z - z_0)^{n-1} \equiv P_1(z)$$

我们即得

$$P(z) \equiv P(z_0) + (z - z_0)P_1(z) \tag{3.4}$$

$P_1(z)$ 是一多项式，它的次数比 $P(z)$ 的次数少 1.

恒等式（3.4）是著名的贝祖（Bézout）公式. 由这个公式立即可推出：

5. 多项式 $P(z)$ 能被 $z - z_0$ 除尽的充分必要条件是

$$P(z_0) = 0$$

也就是 z_0 满足方程

$$P(z) = 0$$

多项式的零点·根据重数而作的零点的分类

设 $P(z)$ 为一多项式，则任何满足方程

$$P(z) = 0$$

的复数 z_0 在初等数学中都叫作这个方程的根，也叫作多项式 $P(z)$ 的根. 在复变函数论中，通常不说多项式的"根"（更不说"函数的根"），而改说成多项式的"零点"（一般言之，正如我们以后将看到的，说成函数的零点）.

我们现将多项式的零点按重数分类如下：

设 z_0 为 n 次多项式 $P(z)$ 的零点，若形如

$$P(z) \equiv (z - z_0)^{\sigma} P_1(z)$$

的恒等式成立，于此，$P_1(z)$ 是一次数低于 n（显然是 $n - \sigma$ 次）的多项式，$P_1(z_0) \neq 0$，则零点 z_0 的重数即等于此正整数 σ.

重数 $\sigma = 1$ 的零点叫作简单零点.

6. 代数学的基本定理. 任何次数不小于 1 的复系数多项式 $P(z)$ 至少有一个复零点.

这就是说，对于任何次数不小于 1 的多项式 $P(z)$，至少存在一个复数 z_0，使得

$$P(z_0) = 0$$

代数学基本定理的证明在高等代数学中可以找到，我们将把它作为已知定理来引用. 在第八章中，我们将给出一个基于复变函数论的方法作出的证明.

展成线性因子

从代数学的基本定理可以推出下面的结论：

7. 所有次数 $n \geqslant 1$ 的多项式 $P(z)$ 皆可表示成 n 个线性因子之积

$$P(z) \equiv C(z - a)^{\alpha} \cdot (z - b)^{\beta} \cdots (z - l)^{\lambda} \tag{3.5}$$

于此，$a, b, \cdots, l$ 是两两互不相同的复数，$\alpha, \beta, \cdots, \lambda$ 是正整数，$\alpha + \beta + \cdots + \lambda = n$，$C$ 是一个复的常数因子.

我们现在来证明. 根据基本定理，多项式 $P(z)$ 至少有一个零点，以 a 记之，并设 α 是它的重数. 于是

$$P(z) \equiv (z - a)^{\alpha} A(z) \tag{3.6}$$

于此，$A(z)$ 是一多项式，次数显然为 $n - \alpha (\alpha \leqslant n)$；$A(a) \neq 0$. 若 $\alpha < n$，则 $n - \alpha \geqslant 1$. 于是，对多项式 $A(z)$，我们可以再运用基本定理. 设 b 为多项式 $A(z)$ 的零点，β 是它的重数，因而

$$A(z) \equiv (z - b)^{\beta} B(z) \tag{3.7}$$

于此，$B(z)$ 显然是 $n - \alpha - \beta (\beta \leqslant n - \alpha)$ 次多项式，$B(b) \neq 0$. 同时，我们有 $b \neq a$，因若 $b = a$，则由式(3.7)，即得 $A(\alpha) = 0$. 若 $\alpha + \beta < n$，则 $n - \alpha - \beta \geqslant 1$. 于是，对多项式 $B(z)$ 又可再运用基本定理.

这种推理可以继续下去，但不能无限进行. 事实上，重数 $\alpha, \beta, \cdots$ 都是正整数. 因此，到了某一步骤，我们就得到一个多项式 $K(z)$，依照基本定理，它有一个重数为 λ 的零点 l，则

$$K(z) \equiv (z - l)^{\lambda} L(z) \tag{3.8}$$

于此，$L(z)$ 是一个 $n - \alpha - \beta - \cdots - \lambda$ 次的多项式，但和数 $\alpha + \beta + \cdots + \lambda$ 却等

于 n①，而 l 则异于先前所得到的零点 $a, b, \cdots$.

于是，我们就得到一连串的恒等式

$$P(z) \equiv (z - a)^\alpha A(z)$$
$$A(z) \equiv (z - b)^\beta B(z)$$
$$\vdots$$
$$K(z) \equiv (z - l)^\lambda L(z)$$

由此不难得出新的恒等式

$$P(z) \equiv (z - a)^\alpha (z - b)^\beta \cdots (z - l)^\lambda L(z)$$

因为 $\alpha + \beta + \cdots + \lambda = n$，所以 $L(z)$ 的次数等于 0，即是说，$L(z)$ 是一个常数，且异于 0（否则 $P(z) \equiv 0$）. 以 C 记这个常数，最后我们就得到了展开式 (3.5).

由展开式 (3.5) 可以看出，数 $a, b, \cdots, l$ 中的每一数都是所给多项式 $P(z)$ 的零点，其重数分别为

$$\alpha, \beta, \cdots, \lambda$$

关于 a，这直接由上面的推论就很清楚，但由集因子，我们又有

$$P(z) \equiv (z - a)^\alpha [C(z - b)^\beta \cdots (z - l)^\lambda]$$

于此，第二个因子（方括号中的）当 z 等于 a 时不为 0，刚才的这种说法同样也适用于另外的数 $b, \cdots, l$.

8. 多项式 $P(z)$ 只能以一种方法展成线性因子之积.

假设除了展开式 (3.5) 之外，还有别的展开式

$$P(z) \equiv C'(z - a')^{\alpha'}(z - b')^{\beta'} \cdots (z - l')^{\lambda'}$$

于此，$\alpha', \beta', \cdots, \lambda'$ 是正整数，其和为 n.

于是，我们即得恒等式

$$C(z - a)^\alpha (z - b)^\beta \cdots (z - l)^\lambda \equiv C'(z - a')^{\alpha'}(z - b')^{\beta'} \cdots (z - l')^{\lambda'}$$

$$(3.9)$$

比较首项系数，首先即得 $C \equiv C'$，因而

$$(z - a)^\alpha (z - b)^\beta \cdots (z - l)^\lambda \equiv (z - a')^{\alpha'}(z - b')^{\beta'} \cdots (z - l')^{\lambda'} \quad (3.10)$$

特别，令 z 等于 a'

$$(a' - a)^\alpha (a' - b)^\beta \cdots (a' - l)^\lambda = 0$$

我们即可看出 a' 必等于 $a, b, \cdots, l$ 诸数之一. 设（例如）$a' = a$. 为了简便起见，我们将恒等式 (3.10) 的两边，除第一个因子之外，联在一起，把它写成

$$(z - a)^\alpha A(z) \equiv (z - a)^{\alpha'} A_1(z) \quad (3.11)$$

的形式，而 $A(a)$ 及 $A_1(a)$ 两者皆不为 0.

---

① 它不可能大于 n，因为 $n - \alpha - \beta - \cdots - \lambda \geqslant 0$.

若 $\alpha > \alpha'$，则由恒等式(3.11)，即得

$$(z - a)^{\alpha - \alpha'} A(z) \equiv A_1(z)$$

因而当 $z = a$ 时，左边为 0，而右边则不为 0. 当 $\alpha < \alpha'$ 时，同样的矛盾也发生，因此，必然有 $\alpha = \alpha'$.

于是① $\qquad\qquad A(z) \equiv A_1(z) \qquad\qquad\qquad (3.12)$

即 $\qquad (z - b)^{\beta} \cdots (z - l)^{\lambda} \equiv (z - b')^{\beta'} \cdots (z - l')^{\lambda'}$

继续所述论证，即可证明

$$a' = a, b' = b, \cdots, l' = l$$
$$\alpha' = \alpha, \beta' = \beta, \cdots, \lambda' = \lambda$$

定理于是得证.

我们还要提出下面的命题，它在某种意义之下是上述命题的逆命题.

9. 若 n 次多项式 $P(z)$ 的零点为

$$a, b, \cdots, l$$

它们的重数分别为

$$\alpha, \beta, \cdots, \lambda \quad (\alpha + \beta + \cdots + \lambda = n)$$

则多项式 $P(z)$ 可以分解成线性因子如下

$$P(z) \equiv C(z - a)^{\alpha}(z - b)^{\beta} \cdots (z - l)^{\lambda} \qquad\qquad (3.13)$$

于此，C 是某一常数因子.

因为 a 是多项式 $P(z)$ 的 α 重零点，所以在此多项式分解成线性因子的分解式中，必然包含因子 $(z - a)^{\alpha}$，但同样也包含因子 $(z - b)^{\beta}, \cdots, (z - l)^{\lambda}$，于是，这一分解式必为

$$P(z) \equiv (z - a)^{\alpha}(z - b)^{\beta} \cdots (z - l)^{\lambda} \prod(z)$$

的形式，于此，$\prod(z)$ 是某一多项式. 但因 $\prod(z)$ 的次数为

$$n - (\alpha + \beta + \cdots + \lambda) = 0$$

故 $\prod(z)$ 为一常数，由此即得出分解式(3.13).

推论 n 次多项式 $P(z)$ 不可能有 n 个以上的零点.

事实上，若多项式 $P(z)$ 除了分解式(3.13)中所说的零点之外，还有别的零点，例如 z_0，z_0 异于 $a, b, \cdots, l$，则当 $z = z_0$ 时，恒等式(3.13)的左边为 0，因而右边也为 0，即

$$C(z_0 - a)^{\alpha}(z_0 - b)^{\beta} \cdots (z_0 - l)^{\lambda} = 0$$

———————————

① 由恒等式 $(z - \alpha)^{\alpha} A(z) \equiv (z - \alpha)^{\alpha} A_1(z)$ 可以对于所有异于 a 的 z 值推出等式(3.12)；但这样一来，由于多项式 $A(z)$ 和 $A_1(z)$ 为连续的，等式(3.12)在 $z = a$ 时也成立.

于是即可推知 $C = 0, P(z) \equiv 0$.

§14 有理函数的概念

分式有理函数(简称有理分式)和整有理函数(多项式)是互相对立的. 分式有理函数可以借助(与变量 z 及常数有关的)解析式子来定义,这个解析式子除了包含(有限多个)四则运算之外,不包含别的运算,但它必须要包含除法运算,就是说,它不是多项式.

下面是几个分式有理函数的例子:

$(1) R_1(z) = \dfrac{1}{z}$. $(2) R_2(z) = \dfrac{z^2 + 1}{z^2 - 1}$.

$(3) R_3(z) = \dfrac{z}{z^3 + \dfrac{1}{z}}$ $(4) R_4(z) = z + \dfrac{1}{z} + \dfrac{1}{z^2}$.

$(5) R_5(z) = \dfrac{iz + 1}{z - \dfrac{1 + i}{z}}$. $(6) R_6(z) = \dfrac{1}{1 - \dfrac{1}{2 + \dfrac{1}{z}}}$.

一切有理函数皆可经恒等变换表示成两个多项式之比

$$R(z) = \frac{P(z)}{Q(z)} \tag{3.14}$$

例如

$$R_3(z) = \frac{z^2}{z^4 + 1}, R_4(z) = \frac{z^3 + z + 1}{z^2}, R_6(z) = \frac{2z + 1}{z + 1}$$

注释 在复变函数论中,有理分式(3.14)通常可以假定是既约的,即假定分子 $P(z)$ 和分母 $Q(z)$ 不在同一点同时为 0.

事实上,若多项式 $P(z)$ 和 $Q(z)$ 在同一点 z_0 为 0,则它们可写成

$$P(z) \equiv (z - z_0)^p P_1(z)$$
$$Q(z) \equiv (z - z_0)^q Q_1(z)$$

的形式,于此,p 和 q 是正整数,$P_1(z_0) \neq 0, Q_1(z_0) \neq 0$,于是,不失其恒等性,可以在分式 $\dfrac{P(z)}{Q(z)}$ 的分子和分母中约去 $(z - z_0)^r$(这里的 r 是数 p 和 q 中较小的一个). 假若还有别的点(除了 z_0 之外),使得 $P(z)$ 和 $Q(z)$ 在该点同时为 0,我们

可以完全一样地加以处理①.

§15 有理函数的性质·展成初等分式

分式有理函数的零点和极点

由前所述,分式有理函数 $R(z)$ 可以表示为两个多项式之比的形式,这两个多项式不在同一点同时为 0.

设想分子和分母皆被分解为因子,我们即可将 $R(z)$ 写成

$$R(z) \equiv C \frac{(z-a_1)^{\alpha_1}(z-b_1)^{\beta_1}\cdots(z-l_1)^{\lambda_1}}{(z-a_2)^{\alpha_2}(z-b_2)^{\beta_2}\cdots(z-l_2)^{\lambda_2}} \tag{3.15}$$

其中,诸数 $a_1, b_1, \cdots, l_1$ 与诸数 $a_2, b_2, \cdots, l_2$ 无一数相同,指数 $\alpha_1, \beta_1, \cdots, \lambda_1$ 和 $\alpha_2, \beta_2, \cdots, \lambda_2$ 都是正整数.

数 $a_1, b_1, \cdots, l_1$ 分别叫作函数 $R(z)$ 的 $\alpha_1, \beta_1, \cdots, \lambda_1$ 重零点;而 $a_2, b_2, \cdots, l_2$ 则分别叫作该函数的 $\alpha_2, \beta_2, \cdots, \lambda_2$ 重极点.

显而易见,函数 $R(z)$ 的一切零点都是函数 $1/R(z)$ 的极点,重数保持不变;而函数 $R(z)$ 的一切极点则是函数 $1/R(z)$ 的零点,重数也保持不变.

注意式(3.15),我们就容易明白,若 z_0 是有理函数 $R(z)$ 的 p 重零点,则这个函数可以表示为

$$R(z) \equiv (z-z_0)^p R_1(z) \tag{3.16}$$

的形式,于此,$R_1(z)$ 也是一个有理函数,z_0 既不是它的零点,也不是它的极点;若 z_0 是有理函数 $R(z)$ 的 p 重极点,则这个函数可表示为

$$R(z) \equiv (z-z_0)^{-p} R_1(z) \tag{3.17}$$

的形式,于此,$R_1(z)$ 也是一个有理函数,z_0 既不是它的零点,也不是它的极点.

---

① 在实变函数论中,形如

$$R(z) \equiv \frac{(z-z_0)^r P(z)}{(z-z_0)^r Q(z)} \quad (r>0, P(z_0) \neq 0, Q(z_0) \neq 0)$$

的分式在 $z=z_0$ 时是看作不定的(无意义).按照复变函数论的原则,这个分式,当 $z \neq z_0$ 时等于 $\frac{P(z)}{Q(z)}$,当 $z=z_0$ 时,还是看作等于函数在点 z_0 的值

$$R(z_0) = \frac{P(z_0)}{Q(z_0)}$$

我们现在来注意一下有理函数在它的任一零点的近旁和它的任一极点的近旁的变化情形.

显而易见,有理函数在任何非极点的点皆为连续的.因此,假定 z_0 是函数 $R(z)$ 的零点,由式(3.16),我们即得

$$\lim_{z \to z_0} R(z) = 0$$

实际上,当 $z \to z_0$ 时,前一个因子 $(z - z_0)^p$ 趋于 0,第二个因子 $R_1(z)$ 则趋于 $R_1(z_0)$.

同理,假若 z_0 是函数 $R(z)$ 的极点,由式(3.17),我们即得

$$\lim_{z \to z_0} R(z) = \infty \tag{3.18}$$

实际上,当 $z \to z_0$ 时,前一个因子 $(z - z_0)^{-p}$ 以 ∞ 为极限,而第二个因子 $R_1(z)$ 则趋于 $R_1(z_0)(\neq 0)$.

由式(3.18)所表出的极点的这一性质使得我们可以把极点叫作函数的"无穷点",也使得我们可以简写(若 z_0 是极点)

$$R(z_0) = \infty$$

但这些都很少使用.

分离出假分式的整式部分

设分式(3.14)是既约分式,又设 $P(z)$ 的次数为 m,$Q(z)$ 的次数为 n.

根据 $m < n$ 或 $m \geqslant n$,我们把分式(3.14)叫作真分式或假分式.

若分式(3.14)是一假分式,则由这个分式,我们可以"分离出整式部分"如下.以 $Q(z)$ 除 $P(z)$,我们得到商式 $E(z)$ 和余式 $P_*(z)$,即

$$P(z) \equiv Q(z)E(z) + P_*(z)$$

其中 $P_*(z)$ 的次数低于 n.于是即得

$$R(z) \equiv E(z) + \frac{P_*(z)}{Q(z)} \tag{3.19}$$

于此,$E(z)$ 是一多项式,而

$$R_*(z) \equiv \frac{P_*(z)}{Q(z)}$$

则是一真分式,而且是既约分式.

将真分式分解成初等分式

保持前面关于 $P(z)$ 及 $Q(z)$ 的次数所用的记号不变,我们现在假定分式 $R(z) \equiv \dfrac{P(z)}{Q(z)}$ 是真分式,因而 $m < n$.此外,我们又设分母 $Q(z)$ 已分解成因式

$$Q(z) \equiv (z-a)^{\alpha}(z-b)^{\beta}\cdots(z-l)^{\lambda} \tag{3.20}$$

于此，$a,b,\cdots,l$ 是相互不同的数.（不失其普遍性，我们可以假定分母 $Q(z)$ 的首项系数等于 1.）

定理 存在唯一的一组数

$$\begin{aligned} &A_0,A_1,\cdots,A_{\alpha-1}\\ &B_0,B_1,\cdots,B_{\beta-1}\\ &\qquad\vdots\\ &L_0,L_1,\cdots,L_{\lambda-1} \end{aligned} \tag{3.21}$$

使得恒等式

$$R(z) \equiv \mathscr{A}(z) + \mathscr{B}(z) + \cdots + \mathscr{L}(z) \tag{3.22}$$

成立，于此

$$\mathscr{A}(z) \equiv \frac{A_0}{(z-a)^{\alpha}} + \frac{A_1}{(z-a)^{\alpha-1}} + \cdots + \frac{A_{\alpha-1}}{z-a}$$

$$\mathscr{B}(z) \equiv \frac{B_0}{(z-b)^{\beta}} + \frac{B_1}{(z-b)^{\beta-1}} + \cdots + \frac{B_{\beta-1}}{z-b}$$

$$\vdots$$

$$\mathscr{L}(z) \equiv \frac{L_0}{(z-l)^{\lambda}} + \frac{L_1}{(z-l)^{\lambda-1}} + \cdots + \frac{L_{\lambda-1}}{z-l}$$

所得的这些分式

$$\frac{A_0}{(z-a)^{\alpha}},\cdots,\frac{L_{\lambda-1}}{z-l}$$

都叫作"初等分式".

证明 I. 我们先指出如何去选取数组(3.21)中的数. 以 k 记分式 $R(z)$ 的不同极点的个数,即 $a,b,\cdots,l$ 的个数. 我们假定这些极点按照分解式(3.20)中因子的次序排列,因而 a 是第一极点,b 是第二极点,$\cdots\cdots$,l 是最后一个(第 k 个)极点.

我们现在设法选取次数小于 α 的多项式 $A(z)$ 和次数小于 $n-\alpha$ 的多项式 $P_1(z)$,使得恒等式

$$\frac{P(z)}{Q(z)} \equiv \frac{A(z)}{(z-a)^{\alpha}} + \frac{P_1(z)}{Q_1(z)} \tag{3.23}$$

成立,其中

$$Q_1(z) \equiv \frac{Q(z)}{(z-a)^{\alpha}} \equiv (z-b)^{\beta}\cdots(z-l)^{\lambda}$$

恒等式(3.23)和

$$P(z) - Q_1(z)A(z) \equiv (z-a)^{\alpha}P_1(z) \tag{3.24}$$

49

是等价的. 我们假定多项式 $P(z),Q_1(z)$ 和 $A(z)$ 已按 $z-a$ 的升幂展开

$$P(z) \equiv p_0 + p_1(z-a) + p_2(z-a)^2 + \cdots + p_m(z-a)^m$$

$$Q_1(z) \equiv q_0 + q_1(z-a) + q_2(z-a)^2 + \cdots + q_{n-\alpha}(z-a)^{n-\alpha}$$

$$A(z) \equiv A_0 + A_1(z-a) + A_2(z-a)^2 + \cdots + A_{\alpha-1}(z-a)^{\alpha-1}$$

于此

$$q_0 = Q_1(a) = (a-b)^\beta \cdots (a-l)^\lambda \neq 0, p_0 = P(a) \neq 0$$

恒等式(3.24)的右边以 a 为不小于 α 重的零点,这就是说,它的左边也具有同样的性质. 令 $z-a$ 的从 0 次到 $\alpha-1$ 次幂的系数为 0,我们即得一组关于 $A_\nu(\nu = 0,1,\cdots,\alpha-1)$ 的方程

$$\begin{cases} q_0 A_0 = p_0 \\ q_0 A_1 + q_1 A_0 = p_1 \\ \vdots \\ q_0 A_{\alpha-1} + \cdots + q_{\alpha-1} A_0 = p_{\alpha-1} \end{cases}$$

因为 $q_0 \neq 0$,所以这组方程使得我们可以求出所有的数 A_ν. 在数 A_ν 一经决定之后,多项式 $A(z)$ 即可决定. 然后,利用除法,多项式 $P_1(z)$ 也跟着决定.

我们现在来讨论分式 $\dfrac{P_1(z)}{Q_1(z)}$. 这个分式和分式 $\dfrac{P(z)}{Q(z)}$ 同属一个类型,只是分母中因子的个数少一. 像处理 $\dfrac{P(z)}{Q(z)}$ 一样处理 $\dfrac{P_1(z)}{Q_1(z)}$,我们就得出了恒等式

$$\frac{P_1(z)}{Q_1(z)} \equiv \frac{B(z)}{(z-b)^\beta} + \frac{P_2(z)}{Q_2(z)} \tag{3.25}$$

于此

$$Q_2(z) \equiv \frac{Q_1(z)}{(z-b)^\beta} = \frac{Q(z)}{(z-a)^\alpha (z-b)^\beta}$$

式(3.25)右边的两个分式均是真分式,因而 $B(z)$ 是一次数小于 β 的多项式,$P_2(z)$ 是一次数小于 $n-\alpha-\beta$ 的多项式.

如是继续下去,我们就得到一连串的恒等式,其中倒数第二个形如

$$\frac{P_{k-1}(z)}{Q_{k-1}(z)} \equiv \frac{K_1(z)}{(z-k)^\kappa} + \frac{P_k(z)}{Q_k(z)} \tag{3.26}$$

于是

$$Q_k(z) \equiv \frac{Q(z)}{(z-a)^\alpha (z-b)^\beta \cdots (z-k)^\kappa} \equiv (z-l)^\lambda$$

且恒等式(3.26)右边的两个分式都是真分式. 令 $P_k(z) \equiv L(z)$,我们即得出这

一连串恒等式中的最后一个

$$\frac{P_k(z)}{Q_k(z)} \equiv \frac{L(z)}{(z-l)^\lambda} \qquad (3.27)$$

由恒等式(3.23) ~ (3.27),即得

$$\frac{P(z)}{Q(z)} \equiv \frac{A(z)}{(z-a)^\alpha} + \frac{B(z)}{(z-b)^\beta} + \cdots + \frac{L(z)}{(z-l)^\lambda} \qquad (3.28)$$

令

$$\mathscr{A}(z) \equiv \frac{A(z)}{(z-a)^\alpha}, \mathscr{B}(z) \equiv \frac{B(z)}{(z-b)^\beta}, \cdots, \mathscr{L}(z) \equiv \frac{L(z)}{(z-l)^\lambda}$$

注意数组(3.21)中第一行的数乃是 $A(z)$ 按 $z-a$ 的幂展开时展开式中依次排下的系数,对于其余各行情形也相类似.

Ⅱ. 现在来证明,上文所提出的将真分式展开成初等分式这一问题只能有一个解答①. 实际上,假若我们有两个形如(3.28)的恒等式,例如

$$\frac{P(z)}{Q(z)} \equiv \frac{A_1(z)}{(z-a)^\alpha} + \frac{B_1(z)}{(z-b)^\beta} + \cdots + \frac{L_1(z)}{(z-l)^\lambda} \qquad (3.29)$$

和

$$\frac{P(z)}{Q(z)} \equiv \frac{A_2(z)}{(z-a)^\alpha} + \frac{B_2(z)}{(z-b)^\beta} + \cdots + \frac{L_2(z)}{(z-l)^\lambda} \qquad (3.30)$$

其中并不是所有的等式

$$A_1(z) \equiv A_2(z), B_1(z) \equiv B_2(z), \cdots, L_1(z) \equiv L_2(z)$$

都恒等,那么,从式(3.29)中减去式(3.30),我们就得到了新的恒等式

$$\frac{A(z)}{(z-a)^\alpha} + \frac{B(z)}{(z-b)^\beta} + \cdots + \frac{L(z)}{(z-l)^\lambda} \equiv 0 \qquad (3.31)$$

这些分式中,至少有一个的分子不恒为 0. 例如设 $A(z) \not\equiv 0$,令 z 趋于 a,则第一个分式无限增大②.

其余的分式则分别趋于有限极限

$$\frac{B(a)}{(a-b)^\beta}, \cdots, \frac{L(a)}{(a-l)^\lambda}$$

---

① 这并不是直接就看得出来的,因为解答可能(至少)与 $Q(z)$ 的零点的安排次序有关.

② 设

$$A(z) \equiv c_0 + c_1(z-a) + \cdots + c_{\alpha-1}(z-a)^{\alpha-1}$$

$$c_0 = c_1 = \cdots = c_{\kappa-1} = 0, c_\kappa \neq 0 \quad (0 \leqslant \kappa \leqslant \alpha - 1)$$

则

$$\frac{A(z)}{(z-a)^\alpha} \equiv \frac{1}{(z-a)^{\alpha-\kappa}} [c_\kappa + c_{\kappa+1}(z-a) + \cdots + c_{\alpha-1}(z-a)^{\alpha-\kappa-1}]$$

当 $z \to a$ 时,方括号内的式子趋于 c_κ,而(作为第一个因子的)分式则无限增大.

于是,式(3.31)的左边趋于无限,而右边则恒为0.这就发生了矛盾.

§16 将有理函数按 $z - z_0$ 的幂展开[①]

关于多项式,我们已经证明过:每一个 n 次多项式皆可按 $z - z_0$ 的升幂展开.于是,z_0 是任意一个预先给定的数.换句话说,它可以表示成 $z - z_0$ 的整数幂(从0到 n)的和,其系数为常数.

我们现在从适才所说的观点来研究分式有理函数.这时,我们遇到了一些新的现象:(1) 当我们将所给的函数按 $z - z_0$ 的(非负的)升幂展开时,对于数 z_0 的选择必须加以限制.(2) 有关系的不是有限和,而是无限级数,其中包含 $z - z_0$ 的0次幂到无限次幂.(3) 对于所给的 z_0,这个级数是否收敛取决于 z 的值,而它只有在某种特有形式的域内方才可靠,假若知道了所讨论的函数的极点的分布情形,这个域可以预先决定.

所有这些现象,在最简单的初等分式中就已经可以清楚看到.设有函数

$$f(z) = \frac{1}{1 - z} \tag{3.32}$$

我们先令 $z_0 = 0$,即是说,我们要把 $f(z)$ 按 z 的升幂展开.这种展开是我们已经知道的:级数

$$1 + z + z^2 + \cdots + z^n + \cdots$$

在条件 $|z| < 1$ 下收敛,且其和正好为 $\frac{1}{1-z}$. 这也可以用另外的话来说:函数 $\frac{1}{1-z}$ 在以 $z_0 = 0$ 为圆心,$R = 1$ 为半径的圆内可以按 z 的(非负的)升幂展开

$$\frac{1}{1 - z} = 1 + z + z^2 + \cdots + z^n + \cdots \tag{3.33}$$

在这个圆的边界上以及它的外面,正如我们已经看到的,级数为发散的(§11).

我们现在举一个较为复杂的例子.我们要把形如

$$f(z) = \frac{A}{z - a} \tag{3.34}$$

的初等分式按 $z - z_0$ 的(非负的)升幂展开

---

① 我们利用现在这个机会来说明(或提醒)一下必须如何去理解这样的措辞:"函数 $F(z)$ 在某一集 E 上可展成级数 $\sum\limits_{n=1}^{\infty} u_n(z)$". 这是说,对于集 E 中的任何数值 z,(1) 级数 $\sum\limits_{n=1}^{\infty} u_n(z)$ 收敛,此外,还有 (2) 它的和等于 $F(z)$.

$$\frac{A}{z-a} = c_0 + c_1(z-z_0) + c_2(z-z_0)^2 + \cdots + c_n(z-z_0)^n + \cdots$$

假如要求 $z_0 = a$,这样的展开式一般是不可能的,因为当 $z = a$ 时,右边的级数趋于首项 c_0,而左边的分数则无意义.

但若 $z_0 \neq a$,则要去求出所要的展开式就非常容易,的确,我们稍用一点手法就可以求出.

这就是,假若展开式(3.33)在条件 $|z| < 1$ 之下成立,那么下面的式(3.35)就可以从式(3.33)经过 z 变为 $\dfrac{z-z_0}{a-z_0}$ 这一变换得出

$$\frac{1}{1 - \dfrac{z-z_0}{a-z_0}} = 1 + \frac{z-z_0}{a-z_0} + \left(\frac{z-z_0}{a-z_0}\right)^2 + \cdots + \left(\frac{z-z_0}{a-z_0}\right)^n + \cdots \quad (3.35)$$

上式在条件 $\left|\dfrac{z-z_0}{a-z_0}\right| < 1$ 之下成立. 而这个不等式又可写成

$$|z-z_0| < |a-z_0| \qquad (3.36)$$

展开式(3.35)对于所有那种点,即它到点 z_0 的距离小于从 a 到点 z_0 的距离的点,皆成立,也就是对于在以 z_0 为心且过点 a 的圆内的点皆成立. 因为关系(3.35)的左边等于 $-\dfrac{a-z_0}{z-z_0}$,所以在两边同乘以 $\dfrac{A}{a-z_0}$ 之后,我们就得到了在所说的圆内的展开式

$$\frac{A}{z-a} = -\frac{A}{a-z_0} - \frac{A(z-z_0)}{(a-z_0)^2} - \frac{A(z-z_0)^2}{(a-z_0)^3} - \cdots - \frac{A(z-z_0)^n}{(a-z_0)^{n+1}} - \cdots$$

$$(3.37)$$

我们还要来讨论一个更为一般的初等分式

$$f(z) = \frac{A}{(z-a)^p} \quad (p \text{ 为正整数}) \qquad (3.38)$$

在这里,情形完全是类似的,只是利用的不是展开式(3.33),而是展开式

$$\frac{1}{(1-z)^p} = 1 + C_p^{p-1}z + C_{p+1}^{p-1}z^2 + \cdots + C_{p+n-1}^{p-1}z^n + \cdots$$

它也是当 $|z| < 1$ 时收敛(参看式(2.37)).

将 z 换成 $\dfrac{z-z_0}{a-z_0}$,我们就得到在圆(3.36)内收敛的展开式

$$\frac{1}{\left(1 - \dfrac{z-z_0}{a-z_0}\right)^p} = 1 + C_p^{p-1}\left(\frac{z-z_0}{a-z_0}\right) + C_{p+1}^{p-1}\left(\frac{z-z_0}{a-z_0}\right)^2 + \cdots +$$

$$C_{p+n-1}^{p-1}\left(\frac{z-z_0}{a-z_0}\right)^n + \cdots$$

于是,乘上 $\dfrac{(-1)^p A}{(a-z_0)^p}$ 之后,我们就得到了展开式

$$\frac{A}{(z-a)^p} = \frac{(-1)^p A}{(a-z_0)^p} + C_p^{p-1}\frac{(-1)^p A(z-z_0)}{(a-z_0)^{p+1}} + C_{p+1}^{p-1}\frac{(-1)^p A(z-z_0)^2}{(a-z_0)^{p+2}} + \cdots +$$

$$C_{p+n-1}^{p-1}\frac{(-1)^p A(z-z_0)^n}{(a-z_0)^{p+n}} + \cdots \tag{3.39}$$

我们要注意,真正用来展开分式 $\dfrac{A}{z-a}$ 和 $\dfrac{A}{(z-a)^p}$ 的方法和我们刚才所讲的略有不同. 先分出(减去)"中心" z_0,并提出适当因子,将所给分式化成 $\dfrac{1}{1-z}$ 或 $\dfrac{1}{(1-z)^p}$ 的形式,然后展开

$$\frac{A}{z-a} = \frac{A}{(z-z_0)-(a-z_0)} = -\frac{A}{a-z_0} \cdot \frac{1}{1-\dfrac{z-z_0}{a-z_0}} =$$

$$-\frac{A}{a-z_0}\left[1 + \frac{z-z_0}{a-z_0} + \left(\frac{z-z_0}{a-z_0}\right)^2 + \cdots\right]$$

$$\frac{A}{(z-a)^p} = \frac{A}{\left[(z-z_0)-(a-z_0)\right]^p} = \frac{(-1)^p A}{(a-z_0)^p} \cdot \frac{1}{\left(1-\dfrac{z-z_0}{a-z_0}\right)^p} =$$

$$\frac{(-1)^p A}{(a-z_0)^p}\left[1 + C_p^{p-1}\frac{z-z_0}{a-z_0} + C_{p+1}^{p-1}\left(\frac{z-z_0}{a-z_0}\right)^2 + \cdots\right]$$

再解开方括号.

在所有上面所讨论的例子中,使得我们的展开式为收敛的域皆是用同一个方法定出的:这是以 z_0 为心且过点 a 的圆,或者也是一样,是一个半径等于从中心 z_0 到极点 a 的距离的圆.

要想达成我们所提出的将有理函数按 $z-z_0$ 的幂展开这一任务,只需利用这样的一个事实,即所有的有理真分式皆等于初等分式的和,即可.

这时,我们有这样的一个(差不多是明显的)辅助定理:

假若在某一集 E 上,函数 $\varphi(z)$ 和 $\psi(z)$ 的展开式

$$\varphi(z) = u_1(z) + u_2(z) + \cdots + u_n(z) + \cdots$$
$$\psi(z) = v_1(z) + v_2(z) + \cdots + v_n(z) + \cdots$$

成立,则在这个集上,展开式

$$\varphi(z) + \psi(z) = [u_1(z) + v_1(z)] + [u_2(z) + v_2(z)] + \cdots + [u_n(z) + v_n(z)] + \cdots$$

也成立.

在证明这个定理时,要用到§10中所述的定理. 这时,我们只需将变量z赋予集E中的任意一个数值,对于如上所得的数字级数运用所说的定理即可.

显而易见,这条定理可以推广到任意(至少是有限)多个函数相加的情形.

我们所感兴趣的是各个被加函数都是初等分式,而它们的和就等于所给的有理函数$R(z)$的情形. 至于说到展开成级数,我们所说的就是按$z-z_0$的(非负的)升幂展开成级数. 假若z_0不等于某初等函数的极点,相应于该函数的这种展开是可能的;假若点z_0不等于所给有理函数$R(z)$的任何一个极点,有关的这些初等分式的展开同时都是可能的.

每一展开式形如

$$\varphi_\nu(z) = c_0^{(\nu)} + c_1^{(\nu)}(z-z_0) + c_2^{(\nu)}(z-z_0)^2 + \cdots +$$
$$c_n^{(\nu)}(z-z_0)^n + \cdots \quad (\nu = 1,2,\cdots)$$

按照上面的定理,把对每一个初等分式所得的展开式相加,我们就得到了新的展开式

$$R(z) = \sum_\nu \varphi_\nu(z) = c_0 + c_1(z-z_0) + c_2(z-z_0)^2 + \cdots + c_n(z-z_0)^n + \cdots$$

$$(3.40)$$

这里的系数由等式

$$c_n = \sum_\nu c_n^{(\nu)} \quad (n = 0,1,2,\cdots)$$

确定. 这也就是所求的展开式.

我们必须仔细分析对于什么样的z值,所得的展开式能成立的问题.

正如我们上面所看到的,任何一个初等分式$\varphi_\nu(z)$在具有同一圆心z_0,但可能具有不同半径$R_\nu(\nu=1,2,\cdots)$的某一圆内可以展开成适当的级数. 各个半径不是别的,乃是从圆心z_0到极点$a,b,\cdots,l$中某一点的距离. 设R等于诸半径R_ν中最小的一个. 容易明白,所有的展开式在以z_0为心,R为半径的圆内同时都成立. 换句话说,在以z_0为心,从点z_0到诸极点$a,b,\cdots,l$中与之最近的一点的距离R为半径的圆内成立(但就是在这一点展开式(3.40)不能成立,因为在这一点$R(z)$无意义).

上面已经假定了有理函数$R(z)$为真分式,但若这项假定不成立,这时分式$R(z)$可以表示成一多项式$E(z)$和一真分式$R_*(z)$之和

$$R(z) \equiv E(z) + R_*(z)$$

对于真分式$R_*(z)$,先前所说都是对的,至于多项式$E(z)$,它可以按$z-z_0$之幂展开成由有限多个项作成的"级数". 因此,要想从$R_*(z)$的展开式得到$R(z)$的展开式,只需再用一次定理就可以了(而且更为明显). 显而易见,使得展开式成立的域这时没有改变.

上面所做的研究可以归结为若 $R(z)$ 为一分式有理函数,则无论对任何一点 z_0,只要它不是 $R(z)$ 的极点,函数 $R(z)$ 皆可按 $z - z_0$ 的幂展开

$$R(z) \equiv \sum_{n=0}^{\infty} c_n (z - z_0)^n \qquad (3.41)$$

且展开式在以 z_0 为心,以从点 z_0 到函数 $R(z)$ 的极点中与之最近的点的距离为半径的圆内成立,但在这个圆的边界上就不再成立.

例 3.2 以 $5, -2, \pm 3i$ 为极点的函数

$$R(z) = \frac{380 + 87z + 3z^3}{(5 - z)(2 + z)(9 + z^2)}$$

可以表示成初等分式之和

$$R(z) = \frac{5}{5 - z} + \frac{2}{2 + z} + \frac{20}{9 + z^2}$$

每一分式可以按 z 的幂展开如下

$$\frac{5}{5 - z} = \frac{1}{1 - \dfrac{z}{5}} = \sum_{n=0}^{\infty} \left(\frac{z}{5} \right)^n$$

$$\frac{2}{2 + z} = \frac{1}{1 + \dfrac{z}{2}} = \sum_{n=0}^{\infty} \left(\frac{z}{-2} \right)^n$$

$$\frac{20}{9 + z^2} = \frac{20}{9} \cdot \frac{1}{1 + \dfrac{z^2}{9}} = \frac{20}{9} \sum_{n=0}^{\infty} \left(\frac{z^2}{-9} \right)^n = \frac{20}{9} \sum_{n=0}^{\infty} \left(\frac{z}{3i} \right)^{2n}$$

于是得展开式

$$R(z) = \sum_{n=0}^{\infty} c_n z^n$$

于此

$$c_n = \begin{cases} \dfrac{1}{5^n} + (-1)^n \cdot \dfrac{1}{2^n}, & \text{当 } n \text{ 为奇数} \\[3mm] \dfrac{1}{5^n} + (-1)^n \cdot \dfrac{1}{2^n} + \dfrac{20}{9} \cdot (-1)^{\frac{n}{2}} \cdot \dfrac{1}{3^n}, & \text{当 } n \text{ 为偶数} \end{cases}$$

展开式在圆 $|z| < R$ 内成立,于此,R 是 $|5|, |-2|, |\pm 3i|$ 中最小的一数,故 $R = 2$(图 11).

因为提出的问题是:求出 $R(z)$ 按 z 的幂展开的展开式,因而我们就令 $z_0 = 0$. 同理,假若希望求出按 $z - 2$ 的幂展开的展开式,我们就令 $z_0 = 2$. 这样的展开式在圆 $|z - 2| < R$ 内成立,这里的 R 是数 $|5 - 2|, |-2 - 2|, |\pm 3i - 2|$ 中最小的一数. 于是,就得 $R = 3$. 在确定展开式的系数时,我们必须求下列展开式的和

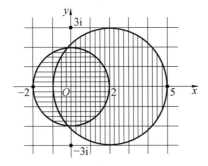

图 11

$$\frac{5}{5-z} = \frac{5}{3-(z-2)} = \frac{5}{3} \cdot \frac{1}{1-\frac{z-2}{3}} = \frac{5}{3}\sum_{n=0}^{\infty}\left(\frac{z-2}{3}\right)^{n}$$

$$\frac{2}{2+z} = \frac{2}{4+(z-2)} = \frac{1}{2} \cdot \frac{1}{1+\frac{z-2}{4}} = \frac{1}{2}\sum_{n=0}^{\infty}\left(\frac{z-2}{-4}\right)^{n}$$

$$\frac{20}{9+z^2} = \frac{10i}{3}\left[\frac{1}{3i-2-(z-2)} + \frac{1}{3i+2+(z-2)}\right] =$$

$$\frac{10i}{3}\left(\frac{1}{3i-2} \cdot \frac{1}{1-\frac{z-2}{3i-2}} + \frac{1}{3i+2} \cdot \frac{1}{1+\frac{z-2}{3i+2}}\right) =$$

$$\frac{10}{3}i\left\{\frac{1}{3i-2}\sum_{n=0}^{\infty}\left(\frac{z-2}{3i-2}\right)^{n} + \frac{1}{3i+2}\sum_{n=0}^{\infty}\left[\frac{z-2}{-(3i+2)}\right]^{n}\right\} =$$

$$\frac{10}{3}i\sum_{n=0}^{\infty}\left[\frac{1}{(3i-2)^{n+1}} + \frac{(-1)^{n}}{(3i+2)^{n+1}}\right](z-2)^{n}$$

我们现假定点 z_0 是函数 $R(z)$ 的一个极点，它的重数为 p. 于是，我们可以完全类似地证明：函数

$$R_1(z) \equiv (z-z_0)^{p}R(z)$$

是一有理函数，但在点 z_0 已经既没有极点，也没有零点，因此，在点 z_0 的某一邻域之内，它可以按 $z-z_0$ 的幂展开成一级数，其绝对项不为零

$$R_1(z) = \sum_{n=0}^{\infty}c_n(z-z_0)^{n}$$

但由此即得

$$R(z) = (z-z_0)^{-p}R_1(z) = \sum_{n=0}^{\infty}c_n(z-z_0)^{n-p}$$

或者，更详细些（其中系数记号已改变）

$$R(z) = \frac{c_{-p}}{(z-z_0)^{p}} + \frac{c_{-(p-1)}}{(z-z_0)^{p-1}} + \cdots + \frac{c_{-1}}{z-z_0} + c_0 + c_1(z-z_0) +$$

$$c_2(z - z_0)^2 + \cdots \quad (c_{-p} \neq 0) \tag{3.42}$$

于是,假若 z_0 是有理函数 $R(z)$ 的 p 重极点,则函数 $R(z)$ 在点 z_0 的附近可以展开成 $z - z_0$ 的幂级数,它除包含 $z - z_0$ 的正方次及绝对项外,还包含 $z - z_0$ 的负方次,从 $-p$ 次到 -1 次,其中 $-p$ 次的系数不为 0.

至于所说的点 z_0 的邻域,它显然就是函数

$$R_1(z) \equiv (z - z_0)^p R(z)$$

可以在其中展开成 $z - z_0$ 的幂级数的域,因为这个函数与 $R(z)$ 除极点 z_0(它已不再是极点)外,具有同样的极点,故由此可以推知,在以 z_0 为心,以从 z_0 到函数 $R(z)$ 的其他极点中(假如有这样的极点的话)与之最近的点的距离为半径的圆内(z_0 除外),展开式(3.42)为收敛的,且以 $R(z)$ 为其和. 但若 z_0 是 $R(z)$ 的唯一的一个极点,则 $R_1(z)$ 是一多项式,这时级数(3.42)必然是一有限和.

在式(3.42)中,具有 $z - z_0$ 的负方次的项的全体称为展开式的主要部分. 在按 $z - z_0$ 的幂展开的展开式中,(-1) 次方的系数 c_{-1} 叫作函数在极点 z_0 的残数(或留数). 它的重要性以后将加以说明(§35).

例 3.3 求函数

$$f(z) = \frac{z + 1}{z^3(z - 1)^2}$$

(1)按 z 的幂,(2)按 $z - 1$ 的幂展开的展开式.

解 (1)我们有

$$\frac{z + 1}{(z - 1)^2} = \frac{2}{(1 - z)^2} - \frac{1}{1 - z} = 2[1 + 2z + 3z^2 + \cdots + (n + 1)z^n + \cdots] -$$
$$(1 + z + z^2 + \cdots + z^n + \cdots) = 1 + 3z + 5z^2 + \cdots +$$
$$(2n + 1)z^n + \cdots$$

于是即得

$$\frac{z + 1}{z^3(z - 1)^2} = \frac{1}{z^3} + \frac{3}{z^2} + \frac{5}{z} + 7 + 9z + \cdots + (2n + 7)z^n + \cdots$$

展开式中对应于三次极点 $z = 0$ 的主要部分为 $\frac{1}{z^3} + \frac{3}{z^2} + \frac{5}{z}$. 展开式当 $0 < |z| < 1$ 时收敛.

(2)我们有(为简便起见,我们令 $z' = z - 1$)

$$\frac{z + 1}{z^3} = \frac{z' + 2}{(z' + 1)^3} = \frac{1}{(1 + z')^2} + \frac{1}{(1 + z')^3} =$$
$$[1 - 2z' + 3z'^2 - \cdots + (-1)^n(n + 1)z'^n + \cdots] +$$
$$\left[1 - 3z' + 6z'^2 - \cdots + (-1)^n \frac{(n + 1)(n + 2)}{2} z'^n + \cdots\right] =$$
$$2 - 5z' + 9z'^2 - \cdots + (-1)^n \frac{(n + 1)(n + 4)}{2} z'^n + \cdots =$$

$$2 - 5(z-1) + 9(z-1)^2 - \cdots +$$
$$(-1)^n \frac{(n+1)(n+4)}{2}(z-1)^n + \cdots$$

于是即得

$$\frac{z+1}{z^3(z-1)^2} = \frac{2}{(z-1)^2} - \frac{5}{z-1} + 9 - \cdots +$$
$$(-1)^n \frac{(n+3)(n+6)}{6}(z-1)^n + \cdots$$

展开式中对应于二次极点 $z = 1$ 的主要部分等

于 $\frac{2}{(z-1)^2} - \frac{5}{z-1}$. 展开式当 $0 < |z-1| < 1$

时收敛(图 12).

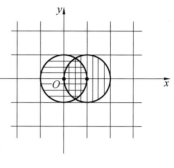

图 12

习　　题

1[①]. 试证明任何多项式皆可按自变量 z 的升幂排列(关于所说式子的运算的个数施行归纳法).

2. 试证明一多项式的次数只有一个(运用唯一性定理).

3. 试证明一多项式只能以一种方式展开成变量 z 的幂级数(运用唯一性定理).

4. 试证明一多项式按 $z - z_0$ 的幂展开的展开式是唯一的(令 $z - z_0 = z'$).

5. 试证明多项式的每一零点有一个重数,且只有一个重数.

6. 试回忆一下代数学基本定理的证明(提示:因 $\lim\limits_{z\to\infty} P(z) = \infty$,故存在点 z_0,使 $|P(z)|$ 在该点取极小值;另外,对于任意的 z_0,只要 $P(z_0) \neq 0$,我们就可以找出 z_1,使得 $|P(z_1)| < |P(z_0)|$. 于是,假若 $P(z)$ 没有零点,即将发生矛盾).

7. 多项式 $P(z)$ 是否可以以平面上所有的点为它的零点?(允许这样的事实成立,不仅与关于多项式零点数目的定理相关,而且与唯一性定理相关.)

8[①]. 试证明所有的有理函数皆可表示成两个多项式之比(关于所说式子的运算的个数施行归纳法).

9. 试证明,假如我们引进一补充的要求,即分子和分母中的多项式无公共根,则这种表示法是唯一的(除常数因子之外).

初等超越函数

第四章

§17　指数函数·欧拉公式

初等超越函数中最重要的是指数函数

$$f(x) = a^x \tag{4.1}$$

初等数学课程中,在讲授到指数的算术性质以及数的观念的发展等各个阶段时,曾经给出了指数函数(当 $a > 0$ 时)的定义. 但是,即使我们可以说:在中学课程中我们已经对于各种可能的实值 x 懂得了记号 a^x 的意义[①],然而要去说明(例如)3^{2+5i} 或 2^i,乃至 $(-1)^{\sqrt{2}}$ 等应该如何理解,那就完全超出中学课程的范围了.

对于三角函数 $\cos x$ 和 $\sin x$,假若所讲的是它们当自变量取虚值时的意义:$\sin(2 + 5i)$,$\cos i$ 等等. 我们仍然可以说,这完全超出了中学课程的范围. 三角函数这一概念的定义通常是完全根据它的几何意义来下的,但对于 x 取虚值时,它就没有任何几何意义可言,因而在转入复域时,就需要把这一概念加以扩充.

---

①　在中学课程中,对于 x 为有理数这种情形,这免不了是要讲到的,但讲法必然很简略,而且不会有充分的逻辑根据.

60

我们现在将看出,数学分析课程中所证明过的一些不属于初等数学范围内的事实,使得我们有理由可以把所说的函数的定义推广到复域上去. 特别重要的是,这时我们在指数函数和三角函数之间发现有一个非常密切的联系存在. 对于这种联系的存在,中学生是不可能发觉出来的.

我们先要注意,即使不是在复域中进行讨论,但若我们假定所要加以注意的只是以正数作成的底,则我们可以仅限于讨论某一正底. 在分析中,我们通常是取数

$$e = \lim_{n \to \infty} \left(1 + \frac{1}{n}\right)^n$$

即所谓的"纳皮尔(Napier)数""自然对数的底",来作为这种唯一通用的底. 由恒等式

$$a^x = (e^{\ln a})^x = e^{\ln a \cdot x} = e^{mx} \tag{4.2}$$

我们即可从任何别的正底 a 变到底 e,在这里,关于底 e 所取的对数记作

$$m = \ln a$$

上面曾经说过,分析中的一些事实可以用来作为推广三角函数定义的出发点. 这些事实就是幂级数("泰勒(Taylor)"或"麦克劳林(Maclaurin)")展开式

$$\begin{cases} e^x = \sum_{n=0}^{\infty} \frac{x^n}{n!} \\ \cos x = \sum_{n=0}^{\infty} (-1)^n \frac{x^{2n}}{(2n)!} \\ \sin x = \sum_{n=0}^{\infty} (-1)^n \frac{x^{2n+1}}{(2n+1)!} \end{cases} \tag{4.3}$$

(正如分析中所说)对于任何实数值 x 都收敛,而且以上述等式左边为它们的和. 换句话说,在实域内,等式(4.3)是个恒等式[①].

由第二章 §10 的定理,我们可以推知,等式(4.3)右边的级数当变量取任何复数值时,仍然有意义,而且收敛.

实际上,令 $r = |z|$,将级数(4.3)各项取绝对值作级数,就得到

$$\sum_{n=0}^{\infty} \frac{r^n}{n!}, \sum_{n=0}^{\infty} \frac{r^{2n}}{(2n)!}, \sum_{n=0}^{\infty} \frac{r^{2n+1}}{(2n+1)!} \tag{4.4}$$

上面这些级数对于任何正数值 r 都收敛;这就是说,所给的级数(4.3)也收敛.

在这样的情况之下,我们就有理由引入下面的定义:

对于复变量 z 的任何数值(实的或虚的),记号 c^z,$\cos z$,$\sin z$ 定义为下列级数的和

---

① 这多半是借助关于"余项"的研究来证明的,但这种证明方法不是唯一的方法.

$$e^z = 1 + \frac{z}{1!} + \frac{z^2}{2!} + \frac{z^3}{3!} + \cdots \equiv \sum_{n=0}^{\infty} \frac{z^n}{n!} \tag{4.5}$$

$$\cos z = 1 - \frac{z^2}{2!} + \frac{z^4}{4!} - \frac{z^6}{6!} + \cdots \equiv \sum_{n=0}^{\infty} (-1)^n \frac{z^{2n}}{(2n)!} \tag{4.5$'$}$$

$$\sin z = \frac{z}{1!} - \frac{z^3}{3!} + \frac{z^5}{5!} - \frac{z^7}{7!} + \cdots \equiv \sum_{n=0}^{\infty} (-1)^n \frac{z^{2n+1}}{(2n+1)!} \tag{4.5$''$}$$

于是,由定义,这里所写的等式就已是全复平面上的恒等式.

至于这些定义(而不是另外和它们等价的定义)必要到什么程度,后面的第七章中将要谈到.

当在复域中来研究上述函数的性质时,我们只能根据刚才所说的定义来进行,即只能从级数(4.5)出发来进行. 对于任何给定的复数值,从这些级数,我们可以计算出这些函数中任何一个的数值到任何预先给定的精确度,但若根据下面我们即将证明的一些性质,这些函数的数值计算还可大为简化.

我们又要请读者们注意,在将指数函数和三角函数推广到复平面上时,读者们将会遇到许多意外的现象:一些他们所熟悉的、当自变量取实值时已经证明成立了的函数的性质,在自变量取虚值时却不再成立.

我们可以立刻举一个例子来说明所说. 我们要去算出(例如)$\cos i$ 等于什么. 由式(4.3)中的第二式,我们有

$$\cos i = 1 - \frac{i^2}{2!} + \frac{i^4}{4!} - \frac{i^6}{6!} + \cdots = 1 + \frac{1}{2!} + \frac{1}{4!} + \frac{1}{6!} + \cdots$$

因为级数的各项都是正的,所以它的和必然大于它的前两项之和,即必大于1! 这是奇怪的,因为这似乎和已经知道的余弦"不大于1"这一性质相冲突,但由此我们只能推出这样一个结论,那就是所说的这一性质对于变量取虚值时不再成立.

另外,当在复平面上进行讨论时,函数有一些性质就显露出来了,这些性质,当我们仅限于在实轴上来研究函数时,很难猜想得到. 比如说,我们将立刻看到,函数 e^z 是一个周期函数(它的周期是虚的).

指数函数(正如我们将证明的,三角函数也是一样)由加法定理所表示出来的"函数性质"乃是研究指数函数的可靠基础.

首先,对于任何复数 z_1 和 z_2,等式

$$f(z_1 + z_2) = f(z_1) \cdot f(z_2) \tag{4.6}$$

皆成立,即常有

$$e^{z_1 + z_2} = e^{z_1} \cdot e^{z_2} \tag{4.7}$$

若 z_1 和 z_2 都取实值,则在这种情形,这个命题就表示出一个可以算得是众所周知的结果,对于一般情形,这需要加以证明.

对于任意的 z_1 和 z_2,我们可以作下面的变换

$$\mathrm{e}^{z_1} \cdot \mathrm{e}^{z_2} = \sum_{p=0}^{\infty} \frac{z_1^p}{p!} \cdot \sum_{q=0}^{\infty} \frac{z_2^q}{q!} = \sum_{p,q=0}^{\infty} \frac{z_1^p z_2^q}{p! \; q!} \tag{4.8}$$

后面的一个和数是由两个(绝对收敛的)一重级数相乘而得的二重级数，它可以写成

$$1 + \frac{z_1}{1!} + \frac{z_1^2}{2!} + \frac{z_1^3}{3!} + \cdots +$$

$$\frac{z_2}{1!} + \frac{z_1 z_2}{1! \; 1!} + \frac{z_1^2 z_2}{2! \; 1!} + \frac{z_1^3 z_2}{3! \; 1!} + \cdots +$$

$$\frac{z_2^2}{2!} + \frac{z_1 z_2^2}{1! \; 2!} + \frac{z_1^2 z_2^2}{2! \; 2!} + \frac{z_1^3 z_2^2}{3! \; 2!} + \cdots +$$

$$\frac{z_2^3}{3!} + \frac{z_1 z_2^3}{1! \; 3!} + \frac{z_1^2 z_2^3}{2! \; 3!} + \frac{z_1^3 z_2^3}{3! \; 3!} + \cdots$$

(如箭头所示)按对角线集项，即得

$$\sum_{p,q=0}^{\infty} \frac{z_1^p z_2^q}{p! \; q!} = \sum_{n=0}^{\infty} \frac{1}{n!} \sum_{p+q=n} \frac{n!}{p! \; q!} z_1^p z_2^q =$$

$$\sum_{n=0}^{\infty} \frac{1}{n!} (z_1 + z_2)^n = \mathrm{e}^{z_1 + z_2} \tag{4.9}$$

这里要注意，在条件 $p + q = n$ 之下，式子 $\dfrac{n!}{p! \; q!}$ 不是别的，而是二项式系数

C_n^p，因而和数 $\displaystyle\sum_{p+q=n}^{\infty} \frac{n!}{p! \; q!} z_1^p z_2^q$ 就是"二项式" $(z_1 + z_2)^n$ 的展开式.

比较等式(4.8)及(4.9)即得结果(4.7).

其次，我们容易证明下面的欧拉公式成立

$$\mathrm{e}^{\mathrm{i}z} \equiv \cos z + \mathrm{i}\sin z \tag{4.10}$$

它把以自变量与虚数单位之积作指数的指数函数用同一变量的正弦和余弦表出.

事实上，由指数函数的定义，我们有

$$\mathrm{e}^{\mathrm{i}z} \equiv 1 + \frac{\mathrm{i}z}{1!} + \frac{(\mathrm{i}z)^2}{2!} + \frac{(\mathrm{i}z)^3}{3!} + \frac{(\mathrm{i}z)^4}{4!} + \frac{(\mathrm{i}z)^5}{5!} + \frac{(\mathrm{i}z)^6}{6!} + \frac{(\mathrm{i}z)^7}{7!} + \cdots \equiv$$

$$1 + \mathrm{i}\frac{z}{1!} - \frac{z^2}{2!} - \mathrm{i}\frac{z^3}{3!} + \frac{z^4}{4!} + \mathrm{i}\frac{z^5}{5!} - \frac{z^6}{6!} - \mathrm{i}\frac{z^7}{7!} + \cdots \tag{4.11}$$

另外，由正弦和余弦的定义，就 z 的幂按下列方法将各项重新排列，即得

$$\cos z + \mathrm{i}\sin z = \left(1 - \frac{z^2}{2!} + \frac{z^4}{4!} - \frac{z^6}{6!} + \cdots\right) +$$

$$\mathrm{i}\left(\frac{z}{1!} - \frac{z^3}{3!} + \frac{z^5}{5!} - \frac{z^7}{7!} + \cdots\right) =$$

$$1 + i\frac{z}{1!} - \frac{z^2}{2!} - i\frac{z^3}{3!} + \frac{z^4}{4!} + i\frac{z^5}{5!} - \frac{z^6}{6!} - i\frac{z^7}{7!} + \cdots$$

$$(4.12)$$

因式(4.11)和(4.12)右边相等,故得式(4.10).

在式(4.10)中,z 是任意一个复数,它可以是实的,也可以是虚的.

利用指数函数的加法定理(4.7)和欧拉公式(4.10),我们很容易将指数函数 e^z 用自变量 z 的实部和虚部 x 与 y 表出.

实际上,在恒等式(4.7)中以 $z_1 = x, z_2 = iy$ 代入,即得

$$e^z = e^{x+iy} = e^x \cdot e^{iy} = e^x(\cos y + i\sin y) \quad (4.13)$$

若令 $w = e^z$,并以 u 及 v 分别记 w 的实部和虚部($w = u + iv$),则不难将 u 及 v 用 x 和 y 表出

$$\begin{cases} u = e^x\cos y \\ v = e^x\sin y \end{cases} \quad (4.14)$$

但这样一来,对于给定的值 z,我们已经很容易写出函数 e^z 的模 r 和辐角 φ 等于些什么. 再由式(4.14),即得

$$r = |e^z| = \sqrt{u^2 + v^2} = e^x \quad (4.15)$$

$$\varphi = \arg e^z = \arctan\frac{v}{u} = y + 2n\pi \quad (4.16)$$

上式亦可写成

$$|e^z| = e^{\text{Re}\,z} \quad (4.17)$$

$$\arg e^z = \text{Im}\,z + 2n\pi \quad (4.18)$$

我们现在来谈一下几个推论,它们可以从所得出的关系导出,并与指数函数的性质有关.

(1) 对于任何 z 值,函数 e^z 不为 0.

这可从式(4.17)得出,因为根据指数函数在实域内的性质,对于任何 z 值,均有 $e^{\text{Re}\,z} > 0$,即 $|e^z| > 0$.

(2) 若点 z 沿着与 Oy 轴平行的直线移动,则 e^z 的辐角发生变化,但 e^z 的模不变.

若点 z 沿着与 Ox 轴平行的直线移动,则 e^z 的模发生变化,但它的辐角不变.

这可从式(4.15)和式(4.16)或式(4.17)和式(4.18)看出.

(3) 若 z 的实部趋于 $-\infty$,则函数 e^z 关于 z 的虚部一致地趋于 0,若实部趋于 $+\infty$,则它关于 z 的虚部一致地趋于 $+\infty$,即

$$\lim_{\text{Re}\,z \to -\infty} e^z = 0, \quad \lim_{\text{Re}\,z \to +\infty} e^z = \infty$$

(4) 当 z 变为 $z + 2\pi i$ 时,函数 e^z 的值不变.

实际上,在这一变化之下,实部 $\text{Re}\,z$ 不变,因而 e^z 的模不变,而虚部 $\text{Im}\,z$ 则

增加 2π,因而 e^z 的辐角也增加 2π,但这时,e^z 的值显然不变.

换句话说,函数 e^z 具有纯虚的周期 $2\pi i$,即

$$e^{z+2\pi i} = e^z \tag{4.19}$$

但上式也可从欧拉公式和加法定理直接推出. 在式(4.10)中,令 z 等于 2π,则得

$$e^{2\pi i} = 1 \tag{4.20}$$

于是即得

$$e^{z+2\pi i} = e^z \cdot e^{2\pi i} = e^z \tag{4.21}$$

既然 $2\pi i$ 是函数 e^z 的周期,那么任何形如 $2n\pi i$(这里的 n 是整数)的数显然也是 e^z 的周期.

我们规定把所有相差形如 $2n\pi i$(n 是整数)的数的点叫作互为同调的点,这样,我们就看到,函数 e^z 在所有互为同调的点取同一个值. 在几何上,这表示所有属于同一条平行于虚轴的直线且相邻两点间距离为 2π 的点互为同调. 反之,在由不等式

$$(B_0) \begin{cases} -\infty < x < +\infty \\ -\pi < y \leqslant +\pi \end{cases}$$

所标志出的"带"(参看图13)中就没有互为同调的点. 对于任意一个"带"

$$(B_n) \begin{cases} -\infty < x < +\infty \\ -\pi + 2n\pi < y \leqslant +\pi + 2n\pi \end{cases}$$

同样的说法也成立,这里的 n 是任意一个正整数或负整数. 但任意给了一点 z_0,在任何一个带(B_n)中必可找到它的同调点,而且只有一个.

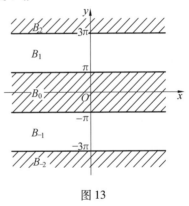

图 13

在研究函数 e^z 所取之值如何分布时,只需限于研究带(B_0)(基本周期带)即可,在所有其他的带(B_n)中,值的分布皆是同样的.

(5)在任何一个带(B_n)中,函数 e^z 取任何预先给定的异于0的值 w_0,各取一次且仅取一次.

我们现在来讨论(例如)带(B_0). 因为当 x 从 $-\infty$ 变到 $+\infty$ 时,量 $|e^z|$ 从 0 增到 ∞(参看式(4.17)),故可找到一个唯一的值 x,使得 $|e^z| = |w_0|$. 然后我们再取 $y \equiv \operatorname{Im} z$,使得等式 $\arg e^z = \arg w_0$ 成立.(按式(4.18))这也只有唯一的一种方法可行,因为在带(B_0)这一范围内,y 是从 $-\pi$(不包含在内)变到 $+\pi$(包含在内)的.

从加法定理可以直接推出下面的结果:

(6) 对于任何 z_0，函数 e^z 在整个 z 平面上可以表示成 $z - z_0$ 的幂级数。这只需令 $z - z_0 = z'$，即得

$$e^z = e^{z' + z_0} = e^{z'} \cdot e^{z_0} = e^{z_0}\left(1 + \frac{z'}{1!} + \frac{z'^2}{2!} + \cdots\right) =$$

$$e^{z_0} + e^{z_0}\frac{z - z_0}{1!} + e^{z_0}\frac{(z - z_0)^2}{2!} + \cdots$$

其收敛是很明显的.

§18　圆（三角）函数和双曲函数

我们现在回到欧拉公式(4.10). 因为它是一个对于任何 z 值都成立的恒等式，所以我们可以在该式中以任何形式取复数值(不管是什么样的复数值)的式子去代替 z，而不破坏该式的恒等性.

在公式

$$e^{iz} = \cos z + i\sin z \tag{4.22}$$

中，以 $(-z)$ 代 z，即得①

$$e^{-iz} = \cos z - i\sin z \tag{4.23}$$

若取(1)这两个恒等式的半和，(2)这两个恒等式的半差并以 i 除之，则得新的恒等式

$$\cos z = \frac{e^{iz} + e^{-iz}}{2} \tag{4.24}$$

$$\sin z = \frac{e^{iz} - e^{-iz}}{2i} \tag{4.25}$$

于是，在复变函数论中，函数 $\cos z$ 和 $\sin z$ 可用指数函数表示. 既然可以这样表出，它们就失去了独立存在的权利. 在复变函数论中，三角函数毫无必要，假若有时用到它们，那也只是为了书写简便. 但书写简便并不一定就可和计算简便相提并论. 我们下面在一系列的例子中将要看到，恰恰相反，按照公式(4.24)和(4.25)，用指数函数表出正弦和余弦，这对我们是非常方便的，即使我们所要作的计算本身不是在复域中进行也是这样.

假定指数函数已经预先定义了(例如，借助级数(4.5))，公式(4.24)和(4.25)就可以用来定义函数 $\cos z$ 和 $\sin z$. 实际上，这两个公式是从定义(4.5′)

---

① 注意 $\cos z$ 是偶函数，而 $\sin z$ 则是奇函数，即 $\cos(-z) = \cos z$，$\sin(-z) = -\sin z$. 这可从用来定义这些函数的展开式(4.5)推出.

和(4.5″)导出的. 另外,由指数函数(4.5)的定义,分别用 iz 和 $-iz$ 代替 z,即得

$$e^{iz} = 1 + i\frac{z}{1!} - \frac{z^2}{2!} - i\frac{z^3}{3!} + \frac{z^4}{4!} + i\frac{z^5}{5!} - \frac{z^6}{6!} - i\frac{z^7}{7!} + \cdots$$

$$e^{-iz} = 1 - i\frac{z}{1!} - \frac{z^2}{2!} + i\frac{z^3}{3!} + \frac{z^4}{4!} - i\frac{z^5}{5!} - \frac{z^6}{6!} + i\frac{z^7}{7!} + \cdots$$

将这两个级数代入公式(4.24)和(4.25)的右边,并适当集项,即得级数 (4.5′) 和(4.5″).

读者可能曾经(在实域中)遇到过双曲函数 $\operatorname{ch} x$ 和 $\operatorname{sh} x$. 这两个函数(在复域中也正如在实域中一样)通常是利用与式(4.24)和式(4.25)类似的公式直接由指数函数来定义

$$\operatorname{ch} z = \frac{e^z + e^{-z}}{2} \tag{4.26}$$

$$\operatorname{sh} z = \frac{e^z - e^{-z}}{2} \tag{4.27}$$

这完全是和它们由级数

$$\operatorname{ch} z = 1 + \frac{z^2}{2!} + \frac{z^4}{4!} + \frac{z^6}{6!} + \cdots = \sum_{n=0}^{\infty} \frac{z^{2n}}{(2n)!} \tag{4.28}$$

$$\operatorname{sh} z = \frac{z}{1!} + \frac{z^3}{3!} + \frac{z^5}{5!} + \frac{z^7}{7!} + \cdots = \sum_{n=0}^{\infty} \frac{z^{2n+1}}{(2n+1)!} \tag{4.29}$$

所作出的定义等价.

实际上,正如我们先前所看到的,上面这两个级数处处收敛,将 e^z 和 e^{-z} 分别代以相应的级数,我们即可从公式(4.26)和(4.27)将它们得出[1]. 反之,将级数(4.28)和(4.29)相加,我们即得一个和欧拉公式相似的恒等式

$$e^z = \operatorname{ch} z + \operatorname{sh} z$$

由这个恒等式我们即可导出关系(4.26)和(4.27),正如从欧拉公式导出关系 (4.24)和(4.25)一样.

指数函数与圆函数或双曲函数之间的关系可以从另外一种较为普遍的观点来看. 设 $f(z)$ 是任意一个在点 $z = 0$ 的某一邻域 D 内定义的函数[2]. 恒等式

$$f(z) = \frac{f(z) + f(-z)}{2} + \frac{f(z) - f(-z)}{2} \tag{4.30}$$

显然成立,右边的第一个分数显然是偶函数,第二个分数则是奇函数. 我们规定, 把一个函数表示成一个偶函数和一个奇函数之和的这种表示法叫作"将函数分

---

[1] e^{-z} 关于 z 的幂级数展开式可以从 e^z 的展开式以 $(-z)$ 代替 z 得出.

[2] 在下面的论证中,D 指复域(以点 $z = 0$ 为心的圆)或实域(实轴上以点 $z = 0$ 为中点的线段)都可以.

解成奇部分和偶部分". 我们已经看到,对于任何(在点 $z = 0$ 附近定义的) 函数,这种分解是可能的. 我们现在来证明这种分解是唯一的. 实际上,设在邻域 D 内有

$$f(z) \equiv \varphi_1(z) + \psi_1(z)$$

和

$$f(z) \equiv \varphi_2(z) + \psi_2(z) \tag{4.31}$$

其中函数 $\varphi_1(z)$ 和 $\varphi_2(z)$ 是偶函数,函数 $\psi_1(z)$ 和 $\psi_2(z)$ 是奇函数. 由所写的恒等式即得新的恒等式

$$\varphi_1(z) - \varphi_2(z) \equiv \psi_2(z) - \psi_1(z)$$

或

$$\Phi(z) \equiv \Psi(z) \tag{4.32}$$

其中函数 $\Phi(z) \equiv \varphi_1(z) - \varphi_2(z)$ 是偶函数, $\Psi(z) \equiv \psi_2(z) - \psi_1(z)$ 是奇函数. 在关系(4.32) 中,令 z 变为 $(-z)$,则得

$$\Phi(z) \equiv -\Psi(z) \tag{4.33}$$

于是,由式(4.32) 及(4.33),即得

$$\Phi(z) \equiv 0 \text{ 及 } \Psi(z) \equiv 0$$

即

$$\varphi_1(z) \equiv \varphi_2(z), \psi_1(z) \equiv \psi_2(z)$$

令 $f(x) \equiv e^z$,我们就可得出结论:双曲函数 ch z 和 sh z 不是别的,乃是函数 e^z 的偶部分和奇部分.

同理,令 $f(z) \equiv e^{iz}$,我们即得:圆函数 $\cos z$ 和 $i\sin z$ 不是别的,乃是函数 e^{iz} 的偶部分和奇部分.

假若在复域中,正如我们已经看到的,在圆函数和指数函数之间出现了联系,那么,在双曲函数和圆函数之间也出现了非常简单的联系.

我们现在看到,这不过是在恒等式(4.26) 中将 z 换为 iz,在右边即得到一个与恒等式(4.24) 右边的式子相同的式子. 于是,两式的左边,即 ch iz 和 $\cos z$ 也恒等. 对于恒等式(4.27) 和(4.25),情形亦同①.

于是,圆函数和双曲函数可由恒等关系

$$\cos z = \text{ch } iz \tag{4.34}$$

$$i\sin z = \text{sh } iz \tag{4.35}$$

联系起来.

在上面的关系中,令 z 变为 $(-iz)$ 并注意余弦为偶函数,正弦为奇函数,我们即可将这两个恒等式写成另外的形式:恒等式

$$\text{ch } z = \cos iz \tag{4.36}$$

$$i\text{sh } z = \sin iz \tag{4.37}$$

---

① 另外,也可以将 iz 代替恒等式(4.24) 和(4.25) 中的 z,并与恒等式(4.26) 和(4.27) 比较.

也成立.

上面的关系(4.34)~(4.37)可以用来说明圆函数和双曲函数之间许许多多相似的地方. 假定三角函数中的公式都已经很熟悉, 我们就可以很容易地从它们推出一些与双曲函数有关的公式. 例如在公式

$$\cos^2 z + \sin^2 z = 1$$

中, 令 iz 代替 z, 则由关系(4.34)和(4.35), 即得

$$\mathrm{ch}^2 z - \mathrm{sh}^2 z = 1 \tag{4.38}$$

正弦函数和余弦函数在复域内的一些性质

在欧拉公式(4.10)中, 令 $z = 2\pi$, 我们即得等式

$$\mathrm{e}^{2\pi\mathrm{i}} = 1 \tag{4.39}$$

在该公式中分别令 $z = \pi$ 和 $z = \dfrac{\pi}{2}$, 我们又有

$$\mathrm{e}^{\pi\mathrm{i}} = -1 \tag{4.40}$$

$$\mathrm{e}^{\frac{\pi}{2}\mathrm{i}} = \mathrm{i} \tag{4.41}$$

等式(4.39)~(4.41)应该全部记住.

将等式(4.41)平方, 即得等式(4.40), 将等式(4.40)平方, 即得等式(4.39).

1. 函数 $\cos z$ 和 $\sin z$ 是周期函数, 周期为 $\omega = 2\pi$.

这个命题[①]需要证明, 因为像

$$\cos(z + 2\pi) = \cos z \tag{4.42}$$

这样的等式, 它对于所有的实数值 z 成立, 并不能因此(在现阶段)就推出它对于所有的复数值 z 也成立.

但我们现在看出, 由公式(4.24), 即得

$$\cos(z + 2\pi) = \frac{\mathrm{e}^{\mathrm{i}(z+2\pi)} + \mathrm{e}^{-\mathrm{i}(z+2\pi)}}{2} = \frac{\mathrm{e}^{\mathrm{i}z} \cdot \mathrm{e}^{2\pi\mathrm{i}} + \mathrm{e}^{-\mathrm{i}z} \cdot \mathrm{e}^{-2\pi\mathrm{i}}}{2} =$$

$$\frac{\mathrm{e}^{\mathrm{i}z} + \mathrm{e}^{-\mathrm{i}z}}{2} = \cos z$$

(对于正弦情形亦同).

2. 若辐角增加半周期, 则函数 $\cos z$ 和 $\sin z$ 各仅改变符号

$$\cos(z + \pi) = -\cos z, \sin(z + \pi) = -\sin z \tag{4.43}$$

事实上, 我们有(例如)

---

① 下面许多命题也是一样.

$$\cos(z + \pi) = \frac{e^{i(z+\pi)} + e^{-i(z+\pi)}}{2} = \frac{e^{iz} \cdot e^{i\pi} + e^{-iz} \cdot e^{-i\pi}}{2} =$$
$$-\frac{e^{iz} + e^{-iz}}{2} = -\cos z$$

3. 当变量增加四分之一周期时,由函数 $\cos z$ 和 $\sin z$ 即产生下列公式

$$\cos\left(z + \frac{\pi}{2}\right) = -\sin z, \sin\left(z + \frac{\pi}{2}\right) = \cos z \qquad (4.44)$$

例如

$$\cos\left(z + \frac{\pi}{2}\right) = \frac{e^{i(z+\frac{\pi}{2})} + e^{-i(z+\frac{\pi}{2})}}{2} = \frac{e^{iz} \cdot e^{i\frac{\pi}{2}} + e^{-iz} \cdot e^{-i\frac{\pi}{2}}}{2} =$$
$$i\frac{e^{iz} - e^{-iz}}{2} = -\sin z$$

4. 恒等式

$$\cos^2 z + \sin^2 z = 1 \qquad (4.45)$$

成立.

实际上,由公式(4.22)和(4.23),即得

$$\cos^2 z + \sin^2 z = (\cos z + i\sin z)(\cos z - i\sin z) = e^{iz} \cdot e^{-iz} = 1$$

5. 加法定理成立(对于任何复数值 z_1 和 z_2)

$$\cos(z_1 + z_2) = \cos z_1 \cos z_2 - \sin z_1 \sin z_2 \qquad (4.46)$$
$$\sin(z_1 + z_2) = \sin z_1 \cos z_2 + \cos z_1 \sin z_2 \qquad (4.47)$$

欲证明本定理,只需将正弦和余弦的指数函数表达式(4.24)和(4.25)同时代入式(4.46)和式(4.47)中直接加以验算即可.

6. 函数 $\sin z$ 只在形如 $n\pi$ 的点为 0;函数 $\cos z$ 只在形如 $\frac{\pi}{2} + n\pi$ 的点为 0.

我们只限于讨论函数 $\sin z$. 这个函数在 $z = n\pi$ 时为 0,这在三角函数中就已经知道,但这也可直接从式(4.25)推出

$$\sin n\pi = \frac{e^{in\pi} - e^{-in\pi}}{2i} = \frac{(-1)^n - (-1)^{-n}}{2i} = 0$$

为了证明它在其他点不为 0,我们现在来解方程

$$\sin z = 0 \qquad (4.48)$$

或(参看式(4.25))

$$e^{iz} - e^{-iz} = 0$$

即

$$e^{2iz} = 1$$

比较左右两边的辐角,即得关系

$$2z = 2n\pi$$

即

$$z = n\pi$$

于是,方程(4.48)除了上述之根外,别无其他的根.

对于余弦也可作同样的验证.

7. 设 z 为复数 $(z = x + iy)$,我们不难求出 $\sin z$ 的实部和虚部.

由式(4.47),并利用关系式(4.36)和(4.37),即得

$$\sin z = \sin(x + iy) = \sin x \cos iy + \cos x \sin iy =$$
$$\sin x \operatorname{ch} y + i \operatorname{sh} y \cos x \qquad (4.49)$$

因此
$$u = \operatorname{Re} \sin z = \sin x \operatorname{ch} y$$
$$v = \operatorname{Im} \sin z = \operatorname{sh} y \cos x$$

于是易定义 $\sin z$ 的模为

$$|\sin z|^2 = (\sin x \operatorname{ch} y)^2 + (\operatorname{sh} y \cos x)^2 = \sin^2 x + \operatorname{sh}^2 y$$

因而

$$|\sin z| = \sqrt{\sin^2 x + \operatorname{sh}^2 y} \qquad (4.50)$$

上式为 0 的充分必要条件为 $\sin x$ 和 $\operatorname{sh} y$ 同时为 0,即当 $x = n\pi, y = 0$ 时为 0,于是即得 $z = n\pi$. 我们又重新得到了在第 6 段中所述的结果.

由式(4.50)还可以看到,函数 $\sin z$ 当 y 趋于 $+\infty$ 或 $-\infty$ 时趋于 ∞,即

$$\lim_{|y| \to \infty} \sin z = \infty \qquad (4.51)$$

对于函数 $\cos z$,类似的结果也成立.

8. 把形如 $z + 2n\pi$(n 为整数)的点认为互为同调,并以 (B_n') 记"周期带"

$$(B_n') \begin{cases} 2n\pi - \pi < x \leqslant 2n\pi + \pi \\ -\infty < y < +\infty \end{cases}$$

我们可以证明:在每一个这样的带中存在两个点,使得 $\sin z$ 在该两点取预先给定的值 $w_0 (\neq 1)$.

事实上,方程

$$\sin z = w_0$$

或

$$\frac{e^{iz} - e^{-iz}}{2i} = w_0 \qquad (4.52)$$

是 e^{iz} 的二次方程,它的两个解由

$$e^{iz} = iw_0 \mp \sqrt{1 - w_0^2}$$

给出,依照 §17,在每一周期带 (B_n) 中,iz 有两个值,因而在每一周期带 (B_n') 中,z 有两个值. 假若 $w_0 = 1$,则得 $w_0^2 = 1, e^{iz} = i$,因而 $z = \dfrac{\pi}{2} + 2n\pi$,于是,在每一周期带中,我们就得到方程(4.52)的一个("二重")根.

9. 对于任何 z_0,函数 $\sin z$ 关于 $z - z_0$ 展开的幂级数可从式(4.47)令 $z' = z - z_0$ 代入得出,所得的级数在全平面上收敛,即由

$$\sin z = \sin(z' + z_0) = \sin z' \cos z_0 + \cos z' \sin z_0$$

然后,将 $\sin z'$ 和 $\cos z'$ 代以相应的 z' 的幂级数,适当地集项,并将变量代回去 $(z' = z - z_0)$ 即可.

同样的方法也可用于函数 $\cos z$.

§19　欧拉公式应用举例

1. 读者已经熟悉了所谓的"复数写成三角形式的写法"(参看第一章)
$$z = r(\cos \theta + i\sin \theta) \tag{4.53}$$
另外,在欧拉公式(4.10)中,令复数 z 取实值 θ,则得
$$e^{i\theta} = \cos \theta + i\sin \theta \tag{4.54}$$
在这里,右边刚好就是关系式(4.53)右边括号内的式子. 显而易见,依照公式(4.54),这个式子可以写得更简短一些,于是,式(4.53)即可写成
$$z = re^{i\theta} \tag{4.55}$$

这是"复数写成指数形式的写法". 由于它的简便,这种写法在复变函数论中极为通用,在以后的叙述中,我们将经常用到它.

特别,假若 $r = 1$,即点在单位圆上①,则有
$$z = e^{i\theta} \tag{4.56}$$
其逆亦真. 于是,公式(4.56)即表示位于单位圆上的复数(点)的一般形式. 当 θ 从 0 增加到 2π 时,点 z 即沿圆周从 1 起到 1 止,按正方向转了一个全周,对于 $2\pi \leqslant \theta \leqslant 4\pi$ 等也是一样.

2. 重复运用指数函数的加法定理,即得
$$e^{i(\theta_1 + \theta_2 + \cdots + \theta_n)} = e^{i\theta_1} \cdot e^{i\theta_2} \cdot \cdots \cdot e^{i\theta_n}$$
然后令 $\theta_1 = \theta_2 = \cdots = \theta_n = \theta$,即得
$$e^{i(n\theta)} = (e^{i\theta})^n$$

利用欧拉公式,我们可以将这个恒等式写成
$$\cos n\theta + i\sin n\theta = (\cos \theta + i\sin \theta)^n \tag{4.57}$$
这就是所谓的"棣莫弗(de Moivre)公式".

3. 很多时候我们需要(例如在求积分的时候)把 $\cos^n\theta$ 或 $\sin^n\theta$(n 是正整数)表示成量 $1, \cos \theta, \sin \theta, \cos 2\theta, \sin 2\theta, \cdots, \cos n\theta, \sin n\theta$ 等的线性组合. 在这种情形,最好是直接从欧拉公式推出公式(4.24)和(4.25)来. 例如
$$\sin^6\theta = \left(\frac{e^{i\theta} - e^{-i\theta}}{2i}\right)^6 = \frac{1}{(2i)^6}(e^{6i\theta} - 6e^{4i\theta} + 15e^{2i\theta} - 20 + 15e^{-2i\theta} -$$

---

① 所谓"单位圆",就是以原点 O 为心,以 1 为半径的圆.

$$6\mathrm{e}^{-4\mathrm{i}\theta} + \mathrm{e}^{-6\mathrm{i}\theta}) =$$

$$-\frac{1}{2^5}\left(\frac{\mathrm{e}^{6\mathrm{i}\theta} + \mathrm{e}^{-6\mathrm{i}\theta}}{2} - 6 \cdot \frac{\mathrm{e}^{4\mathrm{i}\theta} + \mathrm{e}^{-4\mathrm{i}\theta}}{2} + 15 \cdot \frac{\mathrm{e}^{2\mathrm{i}\theta} + \mathrm{e}^{-2\mathrm{i}\theta}}{2} - 10\right) =$$

$$\frac{1}{32}(10 - 15\cos 2\theta + 6\cos 4\theta - \cos 6\theta)$$

一般,我们有:

(1) 当 n 为偶数时($n = 2m$)

$$\begin{cases} \cos^{2m}\theta = \dfrac{1}{2^{2m-1}}\Big[\dfrac{1}{2}\mathrm{C}_{2m}^{m} + \mathrm{C}_{2m}^{m-1}\cos 2\theta + \mathrm{C}_{2m}^{m-2}\cos 4\theta + \cdots + \\ \qquad\qquad \mathrm{C}_{2m}^{1}\cos(2m - 2)\theta + \cos 2m\theta\Big] \\ \sin^{2m}\theta = \dfrac{1}{2^{2m-1}}\Big[\dfrac{1}{2}\mathrm{C}_{2m}^{m} - \mathrm{C}_{2m}^{m-1}\cos 2\theta + \mathrm{C}_{2m}^{m-2}\cos 4\theta - \cdots + \\ \qquad\qquad (-1)^{m-1}\mathrm{C}_{2m}^{1}\cos(2m - 2)\theta + (-1)^{m}\cos 2m\theta\Big] \end{cases} \quad (4.58)$$

(2) 当 n 为奇数时($n = 2m + 1$)

$$\begin{cases} \cos^{2m+1}\theta = \dfrac{1}{2^{2m}}\big[\mathrm{C}_{2m+1}^{m}\cos\theta + \mathrm{C}_{2m+1}^{m-1}\cos 3\theta + \mathrm{C}_{2m+1}^{m-2}\cos 5\theta + \cdots + \\ \qquad\qquad \mathrm{C}_{2m+1}^{1}\cos(2m - 1)\theta + \cos(2m + 1)\theta\big] \\ \sin^{2m+1}\theta = \dfrac{1}{2^{2m}}\big[\mathrm{C}_{2m+1}^{m}\sin\theta - \mathrm{C}_{2m+1}^{m-1}\sin 3\theta + \mathrm{C}_{2m+1}^{m-2}\sin 5\theta - \cdots + \\ \qquad\qquad (-1)^{m-1}\mathrm{C}_{2m+1}^{1}\sin(2m - 1)\theta + (-1)^{m}\sin(2m + 1)\theta\big] \end{cases} \quad (4.59)$$

不妨注意一下,所得的公式就是所给函数的傅里叶(Fourier)展开式①.

4. 反过来,假若要求用 $\cos\theta$ 和 $\sin\theta$ 来表示 $\cos n\theta$ 或 $\sin n\theta$,那就可以直接利用欧拉公式. 例如

$$\cos 6\theta = \frac{\mathrm{e}^{6\mathrm{i}\theta} + \mathrm{e}^{-6\mathrm{i}\theta}}{2} = \frac{1}{2}\big[(\mathrm{e}^{\mathrm{i}\theta})^6 + (\mathrm{e}^{-\mathrm{i}\theta})^6\big] =$$

$$\frac{1}{2}\big[(\cos\theta + \mathrm{i}\sin\theta)^6 + (\cos\theta - \mathrm{i}\sin\theta)^6\big] =$$

$$\frac{1}{2}\big[(\cos^6\theta + 6\mathrm{i}\cos^5\theta\sin\theta - 15\cos^4\theta\sin^2\theta - 20\mathrm{i}\cos^3\theta\sin^3\theta +$$

$$15\cos^2\theta\sin^4\theta + 6\mathrm{i}\cos\theta\sin^5\theta - \sin^6\theta) +$$

$$(\cos^6\theta - 6\mathrm{i}\cos^5\theta\sin\theta - 15\cos^4\theta\sin^2\theta + 20\mathrm{i}\cos^3\theta\sin^3\theta +$$

$$15\cos^2\theta\sin^4\theta - 6\mathrm{i}\cos\theta\sin^5\theta - \sin^6\theta)\big] =$$

---

① 读者最好注意转换的方法,这里所述的普遍公式乃是备检查之用.

$$\cos^6\theta - 15\cos^4\theta\sin^2\theta + 15\cos^2\theta\sin^4\theta - \sin^6\theta$$

对于 $\sin 6\theta$ 情形亦同.

为了书写简便起见,我们通常稍微改变一下写法. $\cos 6\theta$ 和 $\sin 6\theta$ 分别是 $e^{6i\theta}$ 或 $(\cos\theta + i\sin\theta)^6$ 的实部和虚部. 因此,只需将后面一式去括号,然后"取实部和虚部"即可. 像下面的写法是可以的

$$\cos 6\theta = \mathrm{Re}\big[(\cos\theta + i\sin\theta)^6\big] =$$
$$\mathrm{Re}\big[\cos^6\theta + 6i\cos^5\theta\sin\theta - 15\cos^4\theta\sin^2\theta - 20i\cos^3\theta\sin^3\theta +$$
$$15\cos^2\theta\sin^4\theta + 6i\cos\theta\sin^5\theta - \sin^6\theta\big] =$$
$$\cos^6\theta - 15\cos^4\theta\sin^2\theta + 15\cos^2\theta\sin^4\theta - \sin^6\theta$$

一般的公式为[①]

$$\cos n\theta = \cos^n\theta - C_n^2\cos^{n-2}\theta\sin^2\theta + C_n^4\cos^{n-4}\theta\sin^4\theta - \cdots \quad (4.60)$$
$$\sin n\theta = C_n^1\cos^{n-1}\theta\sin\theta - C_n^3\cos^{n-3}\theta\sin^3\theta + C_n^5\cos^{n-5}\theta\sin^5\theta - \cdots \quad (4.61)$$

5. 设要计算积分

$$J_m = \int_0^{2\pi}\cos^{2m}\theta\,d\theta$$

众所周知,从寻求原函数的观点来看,这多少是有点困难的.

但是假若利用式(4.58)中的第一式,我们即容易得出

$$J_m = \int_0^{2\pi}\cos^{2m}\theta\,d\theta =$$

$$\frac{1}{2^{2m-1}}\left(\frac{1}{2}C_{2m}^m\theta + C_{2m}^{m-1}\frac{\sin 2\theta}{2} + C_{2m}^{m-2}\frac{\sin 4\theta}{4} + \cdots + \frac{\sin 2m\theta}{2m}\right)\Bigg|_0^{2\pi}$$

当把限 0 和 2π 代入时,正如我们所容易看出的,等式右边除了第一项之外,所有其余各项皆为 0,于是我们立得最终的结果

$$J_m = \frac{1}{2^{2m}}C_{2m}^m[\theta]_0^{2\pi} = \frac{\pi}{2^{2m-1}}C_{2m}^m$$

但也可以不用式(4.58),而直接写下

$$J_m = \int_0^{2\pi}\left(\frac{e^{i\theta} + e^{-i\theta}}{2}\right)^{2m}d\theta = \frac{1}{2^{2m}}\int_0^{2\pi}(e^{i\theta} + e^{-i\theta})^{2m}d\theta$$

先注意,当积分时,在牛顿二项式展开式中,除了绝对项之外,其余各项皆为 0,我们即可得出结论:我们的积分化成了该绝对项的积分,即

$$J_m = \frac{1}{2^{2m}}\int_0^{2\pi}C_{2m}^m d\theta = \frac{\pi}{2^{2m-1}}C_{2m}^m$$

6. 我们已经知道,函数 $f(x)$ 的傅里叶展开式通常可以写成

---

① 　参看 73 页脚注.

$$f(x) \sim \frac{a_0}{2} + \sum_{n=1}^{\infty} (a_n \cos nx + b_n \sin nx) \qquad (4.62)$$

其中系数由公式

$$a_n = \frac{1}{\pi} \int_{-\pi}^{\pi} f(\xi) \cos n\xi \mathrm{d}\xi \quad (n \geqslant 0)$$

及

$$b_n = \frac{1}{\pi} \int_{-\pi}^{\pi} f(\xi) \sin n\xi \mathrm{d}\xi \quad (n \geqslant 1) \qquad (4.63)$$

定义.

若不用三角函数而引入指数函数,则此展开式可以写成"指数式". 这可如下得出

$$f(x) \sim \frac{a_0}{2} + \sum_{n=1}^{\infty} \left(a_n \frac{\mathrm{e}^{inx} + \mathrm{e}^{-inx}}{2} + b_n \frac{\mathrm{e}^{inx} - \mathrm{e}^{-inx}}{2i} \right) =$$

$$\frac{a_0}{2} + \sum_{n=1}^{\infty} \left(\frac{a_n - ib_n}{2} \mathrm{e}^{inx} + \frac{a_n + ib_n}{2} \mathrm{e}^{-inx} \right)$$

若令

$$\begin{cases} \dfrac{a_0}{2} = c_0 \\[2mm] \dfrac{a_n - ib_n}{2} = c_n \qquad (n \geqslant 1) \\[2mm] \dfrac{a_n + ib_n}{2} = c_{-n} = \bar{c}_n \end{cases}$$

则所得的展开式又可写成

$$f(x) \sim \sum_{n=-\infty}^{+\infty} c_n \mathrm{e}^{inx} \qquad (4.64)$$

此时,若 $n > 0$,则系数 c_n 由公式

$$c_n = \frac{a_n - ib_n}{2} = \frac{1}{2\pi} \int_{-\pi}^{\pi} f(\xi)(\cos n\xi - i\sin n\xi) \mathrm{d}\xi =$$

$$\frac{1}{2\pi} \int_{-\pi}^{\pi} f(\xi) \mathrm{e}^{-inx} \mathrm{d}\xi \qquad (4.65)$$

定义. 若 $n < 0$,则因 $c_n = \bar{c}_{-n}$,公式 (4.65) 仍旧不变,当 $n = 0$ 时,情形显然也是一样.

于是,"指数形"的傅里叶展开式就可写成一个既特别简便又对称的形式

$$f(x) \sim \sum_{n=-\infty}^{+\infty} c_n \mathrm{e}^{inx}, c_n = \frac{1}{2\pi} \int_{-\pi}^{+\pi} f(\xi) \mathrm{e}^{-inx} \mathrm{d}\xi \quad (n \gtreqless 0) \qquad (4.66)$$

7. 现设需要计算一个(在傅里叶级数论中要用到的)和数

$$S_n = \frac{1}{2} + \cos \theta + \cos 2\theta + \cdots + \cos n\theta$$

引入指数函数,我们即得到一个几何级数,它可按已知公式求和

$$S_n = \frac{1}{2} + \sum_{m=1}^{n} \frac{e^{im\theta} + e^{-im\theta}}{2} = \frac{1}{2} \sum_{m=-n}^{n} e^{im\theta} = \frac{1}{2} \frac{e^{-in\theta} - e^{i(n+1)\theta}}{1 - e^{i\theta}} =$$

$$\frac{1}{2} \left[\frac{e^{i\left(n+\frac{1}{2}\right)\theta} - e^{-i\left(n+\frac{1}{2}\right)\theta}}{2i} : \frac{e^{i\frac{\theta}{2}} - e^{-i\frac{\theta}{2}}}{2i} \right] =$$

$$\frac{1}{2} \frac{\sin\left(n+\frac{1}{2}\right)\theta}{\sin\frac{1}{2}\theta}$$

我们还要指出这项计算的一个更为简便的写法

$$S_n = \mathrm{Re}\left(\frac{1}{2} + \sum_{m=1}^{n} e^{im\theta} \right) = \mathrm{Re}\left(\frac{1}{2} + \frac{e^{i\theta} - e^{i(n+1)\theta}}{1 - e^{i\theta}} \right)$$

§20   圆正切和双曲正切

所说的函数由下列等式定义

$$\tan z \equiv \frac{\sin z}{\cos z} = \frac{1}{i} \frac{e^{iz} - e^{-iz}}{e^{iz} + e^{-iz}} \tag{4.67}$$

$$\mathrm{th}\, z \equiv \frac{\mathrm{sh}\, z}{\mathrm{ch}\, z} = \frac{e^z - e^{-z}}{e^z + e^{-z}} \tag{4.68}$$

容易明白,圆正切函数和双曲正切函数皆可以把一个用另一个表出,因而在本质上乃是同一个函数

$$\tan z = \frac{1}{i}\mathrm{th}(iz),\mathrm{th}\, z = \frac{1}{i}\tan(iz) \tag{4.69}$$

不言而喻,这时在公式(4.67)中要假定 $\cos z \neq 0$,即 $z \neq \frac{\pi}{2} + n\pi$;在公式(4.68)中,要假定 $\mathrm{ch}\, z \neq 0$,即 $z \neq i\frac{\pi}{2} + in\pi$.

关于函数 $\tan z$ 和 $\mathrm{th}\, z$ 在这些除外的点的附近的变化情形,以及它们是否可以展开成 $z - z_0$ 的幂级数(这里的 z_0 是一给定的数),我们将在后面论及(参看第八章,习题1).

§21   对   数

w 的方程

$$e^w = z \tag{4.70}$$

的所有根叫作数 z 的（自然）对数．要想求出给定的数 z 的所有对数，必须求出所有使得指数函数 e^w 取值 z 的那种点．我们已经看到，指数函数绝不取值 0．而所有其他的值，这个函数皆在无限多个点取到．由此已经可以看出，复变量 z 的对数乃是这个变量的一个无限多值函数，它除了 $z=0$ 这个值之外，对于所有其他的值皆有定义．

上面的定义说明，在复域中（也如在实域中），对数定义为指数函数的逆函数．

要想就给定的 z 从方程（4.70）中求出 w，就必须关于 w 解出方程（4.70），即是说，要用 z 表示它所有的根．换句话说，要用数 z 的实部和虚部（或模和辐角）表出这些根的实部和虚部（或模和辐角）．根据指数的性质，最简单的办法是一方面引进未知数 w 的实部和虚部，另一方面又引进已知数 z 的模和辐角．于是，令

$$w = u + \mathrm{i}v, z = r\mathrm{e}^{\mathrm{i}\theta} \quad (r > 0)$$

由复等式

$$\mathrm{e}^{u+\mathrm{i}v} = r\mathrm{e}^{\mathrm{i}\theta} \tag{4.71}$$

先比较左右两边的模，然后比较它们的辐角，我们即得两个实等式

$$\begin{cases} \mathrm{e}^u = r \\ v = \theta + 2k\pi \end{cases}$$

于此，k 表示任意一个整数．这也可改写成

$$\begin{cases} u = \ln r \\ v = \theta + 2k\pi \end{cases} \tag{4.72}$$

这里的 $\ln r$ 是通常（在分析课中所知道的）正数 r 的自然对数．于是，就得到

$$w = \ln r + \mathrm{i}(\theta + 2k\pi) \tag{4.73}$$

现用 $\mathrm{Ln}\,z$ 记关于 w 的方程（4.70）的解的全体，同时引进数 z 的模和辐角的普通记号

$$r = |z|, \theta + 2k\pi = \arg z$$

于是，式（4.73）就可以写成

$$\mathrm{Ln}\,z = \ln |z| + \mathrm{i}\arg z \tag{4.74}$$

于是，不等于 0 的数的复对数等于它的模的通常（自然）对数加上它的辐角乘上 i．这时，辐角是多值的，因而可以推出复对数也是多值的．

例如

$$\mathrm{Ln}(2 + 3\mathrm{i}) = \ln \sqrt{13} + \mathrm{i}\arg(2 + 3\mathrm{i}) = 1.283\,4 + \cdots + \mathrm{i}(0.982\,7 + \cdots + 2k\pi)$$

我们现在特别来注意几种特殊情形：

77

（1）z 是正数.

这时 $|z| = z, \arg z = 2k\pi$,于是,为简便起见,令 $\ln z = w$,我们即得 Ln z 的值如下

$$\cdots, w - 4\pi i, w - 2\pi i, w, w + 2\pi i, w + 4\pi i, \cdots$$

于是,式子 Ln z 就有无限多个值,但其中只有一个是实的,这就是初等代数中所知道的对数 $\ln z$ 的值.

（2）z 是负数.

这时 $|z| = -z, \arg z = (2k + 1)\pi$,于是,对于 Ln z 我们即得下面的值

$$\cdots, w - 3\pi i, w - \pi i, w + \pi i, w + 3\pi i, \cdots \quad (w = \ln|z|)$$

在这种情形,Ln z 的值有无限多,但其中没有一个是实的. 正是上面这种现象说明了为何(也就是初等代数所说的)"负数没有对数".

（3）数 z 的模等于 $1:|z| = 1$.

这种情形的特点是:(正如从式(4.74)中可以看出)z 的对数的一切值皆是虚数,即

$$\text{Ln } z = i \arg z \tag{4.75}$$

对数的基本函数性质

$$\text{Ln}(z_1 z_2) = \text{Ln } z_1 + \text{Ln } z_2 \tag{4.76}$$

可以像在实域中一样证明它在复域中成立. 根据指数函数的加法定理,由恒等式

$$e^{\text{Ln } z_1} = z_1 \text{ 和 } e^{\text{Ln } z_2} = z_2$$

即可推出恒等式

$$e^{\text{Ln } z_1 + \text{Ln } z_2} = z_1 z_2$$

另外,因

$$e^{\text{Ln}(z_1 z_2)} = z_1 z_2$$

故

$$e^{\text{Ln}(z_1 z_2)} = e^{\text{Ln } z_1 + \text{Ln } z_2}$$

于是即可证明(根据指数函数只有在相差 $2\pi i$ 的倍数的点才取同一数值)式(4.76)这种写法成立.

正如同在实域中一样,由等式(4.76)可以得出若干推论,例如

$$\text{Ln } \frac{z_1}{z_2} = \text{Ln } z_1 - \text{Ln } z_2, \text{Ln } z^n = n\text{Ln } z$$

等等.

从形如

$$Z_1 = Z_2 \tag{4.77}$$

这样的等式到等式

$$\operatorname{Ln} Z_1 = \operatorname{Ln} Z_2 \tag{4.78}$$

这种过程叫作求等式(4.77)的对数. 求形如

$$e^{z_1} = e^{z_2}$$

这样的等式的对数,结果可以写成

$$z_1 = z_2 + 2k\pi i$$

加上 $2k\pi i$ 一项是必要的,否则就不能指出在符号 Ln 里面(如在等式(4.78) 中)所包含的东西.

§22   任意的幂和根

式子 z^α(这里的 α 是一个任意的数,它不一定是实数,也可以是复数)正如在实域中一样由等式

$$z^\alpha = e^{\alpha \operatorname{Ln} z} \tag{4.79}$$

定义. 因为 $\operatorname{Ln} z$ 是一个无限多值的式子,所以一般说来,关于 z^α 的情形也可能一样. 但是这一次无限多值这种性质不是作为(被)加项出现,而是作为因子出现. 那就是,假如令 $\operatorname{Ln}_0 z$ 表示 $\operatorname{Ln} z$ 诸值中的任意一个,则由公式

$$\operatorname{Ln} z = \operatorname{Ln}_0 z + 2k\pi i$$

我们即得出 $\operatorname{Ln} z$ 的所有值,因而 z^α 的所有值可以用其中一个,即 $w_0 = e^{\alpha \operatorname{Ln}_0 z}$,表出如下

$$z^\alpha = e^{\alpha(\operatorname{Ln}_0 z + 2k\pi i)} = w_0 e^{2k\pi i\alpha} \tag{4.80}$$

我们现在来讨论一些个别的特殊情形:

(1)α 是整数:$\alpha = n$.

此时 $e^{2k\pi i\alpha} = e^{2k\pi in} = e^{2(kn)\pi i} = 1$

(因为 kn 是整数). 于是,对于所说的这一特殊情形,式子 z^α 是单值的,而且,假若 $\alpha > 0$,它的值无异就是先前(第一章,§2)所定义的,又若 $\alpha = -n < 0$,则显然有

$$z^{-n} = e^{-n\operatorname{Ln} z} = \frac{1}{e^{n\operatorname{Ln} z}} = \frac{1}{z^n}$$

最后,若 $\alpha = 0$,则

$$z^\alpha = 1$$

(2)α 是一有理分数:$\alpha = \dfrac{p}{q}\left(\dfrac{p}{q}\ \text{是既约分数}\right)$.

这时

$$e^{2k\pi i\alpha} = e^{2k\pi i\frac{p}{q}}$$

而这个式子只能取 q 个不同的值,即与 $k=0,1,2,\cdots,q-1$ 相应的值. 其实,当 $k=q$ 时,我们即得 1,这也就是 $k=0$ 时的值,等等.

在这种情形,式子

$$w=z^{\frac{p}{q}}$$

正好能取 q 个可能不同的数值,即形如

$$w_0\mathrm{e}^{2k\pi\mathrm{i}\frac{p}{q}}\qquad(0\leqslant k\leqslant q-1)\qquad\qquad(4.80')$$

的值,于是,w_0 是这些值当中的一个. 所有这些值皆是(关于 w 的) q 次方程

$$w^q=z^p$$

的根,而且这个方程不可能有多于 q 个根. 因之,数 $(4.80')$,或者,也是一样

$$w_0\omega_q^k\qquad(\omega_q=\mathrm{e}^{\frac{2\pi\mathrm{i}}{q}},k=0,1,2,\cdots,q-1)\qquad\qquad(4.81)$$

尽取了所有这些根的全体.

写成根式形式

$$w=\sqrt[q]{z^p}$$

的这种写法是具有多重意义的,它指上述所有的值的全体.

特别,若(例如) $q=2,p=1$,我们即得方程

$$w^2=z$$

设 w_0 是它的诸根(全部合起来记作 $\sqrt{z}$)中任意的一个,试注意 $\omega_2=\mathrm{e}^{\pi\mathrm{i}}=-1$,我们即可看到另外的一个根等于 $-w_0$.

若令 $q=3,p=1$,则得方程

$$w^3=z$$

它的根的全体记作 $\sqrt[3]{z}$,假若其中的一个是 w_0,则其余的两个是 $w_0\omega_3$ 和 $w_0\omega_3^2$,于此,$\omega_3=\mathrm{e}^{\frac{2\pi\mathrm{i}}{3}}=\dfrac{-1+\mathrm{i}\sqrt{3}}{2}$.

假若 $q=4,p=1$,我们即得方程

$$w^4=z$$

而 $w=\sqrt[4]{z}$ 这一写法则含有四个值. 因为现在 $\omega_4=\mathrm{e}^{\frac{\pi\mathrm{i}}{2}}=\mathrm{i}$,所以若用 w_0 记这些值当中的一个,则对其余的值我们即得 $w_0\mathrm{i}$,$-w_0$,$-w_0\mathrm{i}$.

对于更高次的根式,情形亦复类似.

(3) α 是一无理(或虚)数.

这时,式子 $\mathrm{e}^{2ki\alpha\pi}$ 的所有的值各不相同. 事实上,(例如)由等式

$$\mathrm{e}^{2k_1\pi\mathrm{i}\alpha}=\mathrm{e}^{2k_2\pi\mathrm{i}\alpha}\qquad(k_1\neq k_2)$$

可以推出

$$2k_1\pi\mathrm{i}\alpha=2k_2\pi\mathrm{i}\alpha+2k\pi\mathrm{i}$$

(于此,k 仍为整数),或

$$(k_1 - k_2)\alpha = k$$

因而在这样的情形,我们即得

$$\alpha = \frac{k}{k_1 - k_2}$$

而这与 α 为无理(或虚)数这一假设相关. 于是,在我们所讨论的这种情形之下,式子 z^α 是无限多值的,而它所有的值皆由式(4.80)给出.

特别,由这个式子我们可以看到:若 α 是一无理实数,则 z^α 所有的值皆具有同样的模;若 α 是一纯虚数($\alpha = i\gamma$,γ 为实数,$\gamma \neq 0$),则 z^α 所有的值皆具有同样的辐角,而模各不相同. 最后,对于最一般情形的虚值 α,我们有 $\alpha = \beta + i\gamma$,其中 $\beta \neq 0$,$\gamma \neq 0$. 这时 z^α 的各个值间的模和辐角都改变.

§23　反三角函数和反双曲函数

正如我们已经看到的,三角函数和双曲函数都可以非常简单地用指数函数表出. 因为对数函数是指数函数的逆函数,所以反三角函数和反双曲函数可以用对数函数非常简单地表出,这就没有什么值得奇怪的了.

我们先从反正切开始. 记号

$$w = \arctan z$$

指的是方程

$$\tan w = z$$

的解(最好是说解的全体),我们将这个方程改写成

$$\frac{1}{i} \frac{e^{iw} - e^{-iw}}{e^{iw} + e^{-iw}} = z$$

的形式,而这又可写成

$$e^{2iw} = \frac{1 + iz}{1 - iz}$$

于是即得

$$2iw = \mathrm{Ln} \frac{1 + iz}{1 - iz}$$

最后即得

$$w = \frac{1}{2i} \mathrm{Ln} \frac{1 + iz}{1 - iz}$$

于是,就有恒等式(不学习复变函数很难看出它的存在)

$$\arctan z = \frac{1}{2i} \mathrm{Ln} \frac{1 + iz}{1 - iz} \tag{4.82}$$

同理,由关系

$$w = \arcsin z$$

或由和它等价的关系

$$\sin w = z$$

即得

$$z = \frac{\mathrm{e}^{\mathrm{i}w} - \mathrm{e}^{-\mathrm{i}w}}{2\mathrm{i}}$$

于是得

$$\mathrm{e}^{2\mathrm{i}w} - 2\mathrm{i}z\mathrm{e}^{\mathrm{i}w} - 1 = 0$$

将这个等式看作 $\mathrm{e}^{\mathrm{i}w}$ 的二次方程,即得

$$\mathrm{e}^{\mathrm{i}w} = \mathrm{i}z + \sqrt{1 - z^2}$$

$$\mathrm{i}w = \mathrm{Ln}(\mathrm{i}z + \sqrt{1 - z^2})$$

$$w = \frac{1}{\mathrm{i}}\mathrm{Ln}(\mathrm{i}z + \sqrt{1 - z^2})$$

于是得到了恒等式

$$\arcsin z = \frac{1}{\mathrm{i}}\mathrm{Ln}(\mathrm{i}z + \sqrt{1 - z^2}) \qquad (4.83)$$

同理,对于反余弦,容易得出

$$\arccos z = \frac{1}{\mathrm{i}}\mathrm{Ln}(z + \mathrm{i}\sqrt{1 - z^2}) \qquad (4.84)$$

公式 (4.82),(4.83) 和 (4.84) 都是无限多值的,因为对数是无限多值的.此外,不应忽视,公式 (4.83) 和 (4.84) 中的根式是二值的.

现在来讨论双曲函数的逆(反)函数.

由等式(例如)

$$z = \mathrm{ch}\, w \text{ 或 } z = \frac{\mathrm{e}^w + \mathrm{e}^{-w}}{2}$$

即得(关于 w 解出方程)和它等价的等式

$$w = \mathrm{Ln}(z + \sqrt{z^2 - 1})$$

于是

$$\mathrm{arch}\, z = \mathrm{Ln}(z + \sqrt{z^2 - 1}) \qquad (4.85)$$

同理,可得

$$\mathrm{arsh}\, z = \mathrm{Ln}(z + \sqrt{z^2 + 1}) \qquad (4.86)$$

和

$$\mathrm{arth}\, z = \frac{1}{2}\mathrm{Ln}\frac{1 + z}{1 - z} \qquad (4.87)$$

公式 $(4.85) \sim (4.87)$ 的形式与 $(4.82) \sim (4.84)$ 相似,它们可以完全用

实域中的方法同样得出. 但从复变函数论的观点,必须特别强调它下面的特点:
(1)自变量可以取任何复数值. (2)对数所指的是"复的",无限多值的.
(3)在两个公式(4.85)和(4.86)中的根式是二值的.

习　　题

1. 试算出

$$e^{2+3i},2^i,\sin i,\cos \frac{\pi}{2}i,\tan(1 + i)$$

的实部和虚部,模和辐角.

2. 试将函数

$$e^{z^2},xe^z,z^2\cos z,\tan z,\mathrm{Ln}\ z$$

的实部和虚部分开(将它们用 x,y 表出).

3. 试算出:(1)$\cos 1$,(2)$\cos i$ 等于什么(计算到小数后五位).

4. 试解方程

$$(1)\sin z = 2,(2)\mathrm{ch}\ z = 0$$

试说明方程

$$(1)\mathrm{th}\ z = 1,(2)\tan z = 0$$

有几个根.

5. 试证明下面的等式成立(其中是将所给的复数表示成 $z = re^{i\theta}$ 的形式)

$$1 + i = \sqrt{2}e^{i\frac{\pi}{4}},1 + i\sqrt{3} = 2e^{i\frac{\pi}{3}}$$

$$1 - i\sqrt{3} = 2e^{-i\frac{\pi}{3}},4 + 3i \approx 5e^{0.64i}$$

(求出第三位小数).

6. 试证明指数函数 e^z 可以用三角函数表示成下面的形式

$$e^z = \cos iz - i\sin iz$$

7. 试算出不等式 $|\sin z| < 1$,并在 z 平面上用虚线画出使得这个不等式成立的区域. 写出这个区域的边界的方程式.

8. 试求出函数

$$\frac{1}{1 - z},\frac{1}{1 - iz},\frac{1}{\cos z - \sin z}$$

的奇部分和偶部分.

9. 试求出下列的数和式子的对数

$$-1,1 + i,3 - 4i,z^2,e^z$$

10. 试证明

$$i^i = e^{-\frac{\pi}{2}} \cdot e^{2k\pi}$$

$$(-1)^i = e^{(2k+1)\pi}$$

$$(-1)^{\sqrt{2}} = \cos(2k+1)\pi\sqrt{2} + i\sin(2k+1)\pi\sqrt{2}$$

(k 是任意整数).

11. 试证明写法 $(z^{\alpha_1})^{\alpha_2}$，$(z^{\alpha_2})^{\alpha_1}$ 和 $z^{(\alpha_1\alpha_2)}$ 不完全等价.

12. 试证明，若 $\alpha = \beta + i\gamma (\beta \neq 0, \gamma \neq 0)$，则 $w = z^{\alpha}$ 的各种可能值皆在 $w = Re^{iw}$ 平面上形如

$$R = Ce^{-\frac{\gamma}{\beta}w}$$

的对数螺线上.

13. 注意 $\mathrm{Ln}\, z$ 为多值函数，试证明指数函数 $a^z (a \neq 0)$ 也是多值函数(但若 a 是正数，通常就只算对数的主值 $\ln z = \ln r + i\theta, 0 \leqslant \theta < 2\pi$).

14. 设 z 为实数 $(z = x)$，则在式(4.82)的右边我们就得到

$$\frac{1}{2i}\mathrm{Ln}\,\frac{1+ix}{1-ix} = \frac{1}{2i}\left(\ln\left|\frac{1+ix}{1-ix}\right| + i\arg\frac{1+ix}{1-ix}\right) = \arctan x$$

试就函数 $\arcsin x$ 和 $\arccos x$ (自然要假定 $|x| \leqslant 1$) 作同样的验算.

15. 试证明式子 $\cos n\arccos z$ 是单值的，并且是一个 n 次多项式("切比雪夫(Chebyshev)多项式")

$$\cos n\arccos z = \frac{1}{2}\left[(z + \sqrt{z^2-1})^n + (z - \sqrt{z^2-1})^n\right]$$

导数及积分

§24　复变函数导数的概念

设 $w = f(z)$ 是在点 $z = z_0$ 及其某一邻域 $|z - z_0| < \rho_0(\rho_0 > 0)$ 内定义的函数, 这里的 z 是复变量.

我们现在来研究比值

$$\frac{f(z_0 + h) - f(z_0)}{h}$$

这里的 h 是由不等式 $|h| < \rho$ 所规定的异于 0 的某一复数. 这个比是 h 的函数.

我们可以先提出这样的问题: 当 h 趋于 0 时, 这个函数(比值)的极限是否存在, 且等于什么? 假若这样的极限存在且有限, 我们就说, 函数 $f(z)$ 在点 $z = z_0$ 可以微分, 且在该点具有导数, 其值等于所说的极限. 函数 $f(z)$ 在 z_0 的导数记作 $f'(z_0)$, 于是, 它是由等式

$$f'(z_0) = \lim_{h \to 0} \frac{f(z_0 + h) - f(z_0)}{h} \tag{5.1}$$

定义的.

就外表看来,复变函数论中导数的定义和实变函数论中导数的定义是一样的. 但绝不可不注意,由于关于极限的了解不同,这两者在本质上也就不同:我们现在就必须假定,对于无论什么样趋于 0 的复数列 $\{h_n\}$,序列

$$\left\{\frac{f(z_0 + h_n) - f(z_0)}{h_n}\right\}$$

必具有同一极限. 换句话说,极限不以增量 h 接近于 0 的"方式"为转移,又因在复域中这种"方式"的选择异常复杂,所以在复变函数论中函数可以微分这一性质比起在实变函数论中,给予人们的限制简直无法比较.

这可以用例子来说明.

例 5.1

$$f(z) = \mathrm{e}^{-\frac{1}{z^2}} \quad (z \neq 0)$$

假若只在实域中来考虑这个函数(令 $z = x + iy, y = 0$),我们即得

$$\lim_{x \to 0} f(x) = 0$$

在点 $x = 0$,我们有一"可除去的"不连续点,因为若引进补充条件

$$f(0) = 0 \tag{5.2}$$

即得一连续函数. 容易证明,这个函数在点 $x = 0$ 处具有等于 0 的导数

$$f'(0) = 0$$

因为对于实值 h,有

$$\lim_{h \to 0} \frac{f(h) - f(0)}{h} = \lim_{h \to 0} \frac{1}{h} \mathrm{e}^{-\frac{1}{h^2}} = 0$$

又若保留条件(5.2),在整个复平面上来考虑函数 $f(z)$,则得:假定 $z_0 = 0$,则当 h 为实数且趋于 0 时

$$\frac{f(z_0 + h) - f(z_0)}{h} = \frac{1}{h} \mathrm{e}^{-\frac{1}{h^2}} \to 0$$

但当 h 为纯虚数($h = \mathrm{i}k, k = |h|$)且趋于 0 时

$$\left|\frac{f(z_0 + h) - f(z_0)}{h}\right| = \frac{1}{k} \mathrm{e}^{\frac{1}{k^2}} \to +\infty$$

这就是说,从复变函数的观点看,函数 $f(z)$ 在点 $z_0 = 0$ 处没有导数.

例 5.2

$$f(z) = (x + y) + \mathrm{i}xy$$

再假定 $z_0 = 0$,并设 $z_0 + h = z(z = x + \mathrm{i}y)$,则得

$$\frac{f(z_0 + h) - f(z_0)}{h} \equiv \frac{f(z) - f(z_0)}{z - z_0} = \frac{(x + y) + \mathrm{i}xy}{x + \mathrm{i}y}$$

对于实的 z(即当 $y = 0$ 时),若 $z \neq 0$,则所论的比值恒等于 1;对于纯虚的 z(即当 $x = 0$ 时),则在同一条件 $z \neq 0$ 之下,它恒等于 $-\mathrm{i}$. 在这种情形,极限(5.1)显然

不存在.

我们要注意,在例 5.1 中,所论的函数 $f(z)$ 本身在点 $z = 0$ 是不连续的;但在例 5.2 中,函数 $f(z)$ 在这点则是连续的,可是两者都是不可微分的.

我们下面就将看到,函数可以微分这一要求,使得函数的实部和虚部遭受到非常重大的限制(这些限制在上述的例题中皆没有得到满足).

注释 以后,除了在点 z_0 可微分这一概念之外,我们还将用到关于所给的集 E 一致可微分这一概念. 我们说在集 E 上可微分的函数 $f(z)$ 在该集上一致可微分,是说对于无论任何 $\varepsilon (> 0)$,我们可以得出这样的一数 $\delta (> 0)$,它使得对于 E 上的任何一点 z_0,从不等式

$$| h | < \delta$$

即可推出不等式

$$\left| \frac{f(z_0 + h) - f(z_0)}{h} - f'(z_0) \right| < \varepsilon \qquad (5.3)$$

从 $f(z)$ 在 E 上一致可微分这一要求,可以推知,对于任何 $\varepsilon (> 0)$,我们可以选取 $\delta (> 0)$,使得只要 z 和 z_0 两点属于 E,则从不等式

$$| z - z_0 | < \delta \qquad (5.4)$$

即可推出不等式

$$\left| \frac{f(z) - f(z_0)}{z - z_0} - f'(z_0) \right| < \varepsilon \qquad (5.5)$$

换句话说,在假定 (5.4) 之下,我们可以写

$$\frac{f(z) - f(z_0)}{z - z_0} - f'(z_0) = \theta \varepsilon \qquad （\text{于此}, | \theta | < 1）$$

或 $$f(z) = f(z_0) + (z - z_0)[f'(z_0) + \theta \varepsilon] \qquad (5.6)$$

定理 若函数 $f(z)$ 在某一点 $z = z_0$ 可微分,则它在这点连续.

这个定理的证明和在实域中所作的证明一样,我们把它省去.

顺便提一下,这个定理的意义在于它可以使我们不必把证明函数连续和证明函数可以微分这两件事分开来做. 在证明可以求导数的时候,就已经证明了函数连续.

有关函数微分的一些基本定理,可以完全如同在实域中一样给以陈述和证明.

例如:两函数 $f(z)$ 和 $\varphi(z)$ 之和在点 $z = z_0$ 的导数存在且等于 $f'(z_0) + \varphi'(z_0)$,只要函数 $f(z)$ 和 $\varphi(z)$ 在该点具有导数.

在微分学中已经知道的关于两个函数之差 $f(z) - \varphi(z)$,之积 $f(z)\varphi(z)$,之比 $\frac{f(z)}{\varphi(z)}$ 的定理在复域中也成立(在论及两个函数之比时,还须加上一句:$\varphi(z)$ 在所论之点 z_0 的值 $\varphi(z_0)$ 异于 0).

最后,关于函数的函数("复合函数")的微分定理也仍然有效. 下面就是该定理的叙述:

若函数 $w = \varphi(z)$ 在点 $z = z_0$ 具有导数 $\varphi'(z_0)$,又若函数 $f(w)$(自变量 w 的函数) 在点 $w_0 = \varphi(z_0)$ 具有导数 $f'(w_0)$,则复合函数 $f(\varphi(z))$ 在点 $z = z_0$ 具有导数,其值等于 $f'(w_0) \cdot \varphi'(z_0)$.

实域中的全部证明可以毫无任何外在变化地搬到复域中来,它们各自依据的是相应的极限定理.

我们现在不一一去证明上面这些定理,而只把最后一个定理的证明的主要部分描述一下作为一个例子.

令 $F(z) = f(\varphi(z))$,则得

$$\frac{F(z_0 + h) - F(z_0)}{h} = \frac{f(\varphi(z_0 + h)) - f(\varphi(z_0))}{h} =$$

$$\frac{f(\varphi(z_0 + h)) - f(\varphi(z_0))}{\varphi(z_0 + h) - \varphi(z_0)} \cdot \frac{\varphi(z_0 + h) - \varphi(z_0)}{h}$$

$$(5.7)$$

若 h 趋于 0,则两个分数因子中的第二个因子 $\dfrac{\varphi(z_0 + h) - \varphi(z_0)}{h}$ 趋于 $\varphi'(z_0)$. 至于第一个因子,假若除了 h 之外再引进新的变量

$$k = \varphi(z_0 + h) - \varphi(z_0)$$

我们即得

$$\frac{f(\varphi(z_0 + h)) - f(\varphi(z_0))}{\varphi(z_0 + h) - \varphi(z_0)} = \frac{f(\varphi(z_0) + k) - f(\varphi(z_0))}{k} =$$

$$\frac{f(w_0 + k) - f(w_0)}{k}$$

当 $h \to 0$ 时,必然(由于 $\varphi(z)$ 在 $z = z_0$ 为连续)$k \to 0$. 但在这种情形,当 $h \to 0$ 时,上式中的最后一个比趋于 $f'(w_0)$,因而它的最初一个比趋于 $f'(w_0)$. 于是,根据积的极限定理,式(5.7)右边趋于积 $f'(w_0) \cdot \varphi'(z_0)$,因而它的左边也趋于 $f'(w_0) \cdot \varphi'(z_0)$.

于是

$$F'(z_0) = f'(w_0) \cdot \varphi'(z_0)$$

这也就是我们所要证明的.

这个定理中的变量 $w = \varphi(z)$ 适于叫作中间变量.

所给函数 $f(z)$ 在所给点 $z = z_0$ 的导数 $f'(z_0)$ 显然是某一复数. 但若我们需要研究所给函数 $f(z)$ 在某一集 E_1 上的一切点 z_0 的导数,则导数 $f'(z_0)$ 就是一个在集 E_1 上定义的复变量 z_0 的函数. 但集 E_1 不是任意的集,它只能由函数 $f(z)$

本身有定义的集 E 上的内点所组成. 事实上, 若点 z_0 不是集 E 的内点, 我们就不可能得出正数 ρ, 使得圆 $|z - z_0| < \rho$ 整个属于域 E, 而在这种情形之下, 就有一些逼近点的"方式"要去掉, 因而"在复变函数论的意义之下", 可微分这种性质就没有完全满足所需具备的要求.

在我们把导数看作点函数时, 这时我们最好是用字母 z(无零圈)来记该点. 于是, 我们就可用式子

$$f'(z) = \lim_{h \to 0} \frac{f(z + h) - f(z)}{h} \qquad (5.8)$$

定义函数 $f(z)$ 在点 z 的导数, 这只直接用于函数 $f(z)$ 的定义集 E 的内点.

令

$$w = f(z), h = \Delta z, f(z + h) - f(z) = \Delta w, f'(z) = \frac{\mathrm{d}w}{\mathrm{d}z}$$

则式(5.8)也经常用微分符号写成

$$\frac{\mathrm{d}w}{\mathrm{d}z} = \lim_{\Delta z \to 0} \frac{\Delta w}{\Delta z} \qquad (5.9)$$

前面(第二章中)已经说过, 所有的点皆为内点的集在复变函数论中叫作域.

设函数 $f(z)$ 在域 D 内有定义, 若 $f(z)$ 在 D 内每一点皆可微分, 我们就说它在这域内可以微分. 如是, 可微分这种性质(正如同连续性一样)先可以关于点("局部的")定义, 然后再关于域("大范围的")定义.

前面所述的一些定理可以直接从点的情形搬到集的情形上来. 例如:

若函数 $f(z)$ 在某一域内可以微分, 则它在这域内连续.

若函数 $f(z)$ 与 $\varphi(z)$ 在域 D 内可微分, 则和 $f(z) + \varphi(z)$ 在这个域内也可微分, 且有

$$[f(z) + \varphi(z)]' = f'(z) + \varphi'(z) \qquad (5.10)$$

我们现在不再一一叙述关于两个函数之差、之积、之比的类似定理, 而只叙述关于复合函数的如下定理:

若函数 $\varphi(z)$ 在域 D 内可以微分, 又若(自变量 w 的)函数 $f(w)$ 在域 D_1 内可以微分, 而且函数 $w = \varphi(z)$ 将域 D 映射到域 D_1, 则函数 $F(z) \equiv f(\varphi(z))$ 在域 D 内可以微分, 且有等式

$$[f(\varphi(z))]' = f'(\varphi(z)) \cdot \varphi'(z) \qquad (5.11)$$

上式可以用微分符号写成

$$\frac{\mathrm{d}F}{\mathrm{d}z} = \frac{\mathrm{d}F}{\mathrm{d}w} \cdot \frac{\mathrm{d}w}{\mathrm{d}z} \qquad (5.12)$$

§25 初等函数的导数

复域中初等函数的微分规则和实域中完全一样. 我们现在把它们简单论述一下. 这样做是必要的, 特别是在某些情形, 由于我们所用的定义不同, 对于它们的推求或修改有必要加以补充说明.

1. 正整数幂的微分规则

$$(z^n)' = nz^{n-1} \tag{5.13}$$

直接(如在实变函数论中一样)可由归纳法得出.

当 $n = 1$ 时, 式(5.13)是对的, 因为显然有 $z' = 1$. 假定这个公式对某一 n 是对的, 我们来证明它对 $n + 1$ 也是对的. 事实上, 作为乘积来微分, 我们有

$$(z^{n+1})' = (z^n \cdot z)' = nz^{n-1} \cdot z + z^n \cdot 1 = (n+1)z^n$$

这也就是我们所要证明的.

2. 借助上节的定理, 我们可以推出多项式的微分规则

$$(az^n + bz^{n-1} + \cdots + kz + l)' =$$
$$naz^{n-1} + (n-1)bz^{n-2} + \cdots + k \tag{5.14}$$

3. 再有, 若将任意分式有理函数看作多项式之比

$$R(z) = \frac{P(z)}{Q(z)}$$

即得

$$\left[\frac{P(z)}{Q(z)}\right]' = \frac{Q(z)P'(z) - P(z)Q'(z)}{Q^2(z)} \tag{5.15}$$

我们可以取整个复平面作为式(5.13)和式(5.14)的存在域 D, 因而这两个式子对于任何 z 值皆成立: 整有理函数处处可以微分.

至于分式有理函数, 式(5.15)对于任何使得 $Q(z) \neq 0$ 的 z 值皆成立. 因而分式有理函数除了极点之外皆可微分, 换句话说, 把极点除掉之后的整个平面可以取来作为这里的域 D.

4. 指数函数 $f(z) = e^z$ 已经被定义成级数之和, 然后又确定了它的函数性质. 利用这些性质, 我们有

$$\frac{f(z+h) - f(z)}{h} = \frac{e^{z+h} - e^z}{h} = e^z \cdot \frac{e^h - 1}{h}$$

上式中的第一个因子与 h 无关, 要想证明 $f'(z) = e^z$, 只需证明

$$\lim_{h \to 0} \frac{e^h - 1}{h} = 1$$

或证明

$$\lim_{z \to 0} \frac{e^z - 1}{z} = 1 \tag{5.16}$$

但由关系

$$\left| \frac{e^z - 1}{z} - 1 \right| = \left| \frac{\left(1 + \dfrac{z}{1!} + \dfrac{z^2}{2!} + \cdots\right) - 1}{z} - 1 \right| =$$

$$\left| \frac{z}{2!} + \frac{z^2}{3!} + \cdots \right| \leqslant r\left(\frac{1}{2!} + \frac{r}{3!} + \cdots \right)$$

式(5.16)显然成立,因为(比如说)当 $r < 1$ 时,最后一个括号内的式子小于

$$\frac{1}{2!} + \frac{1}{3!} + \cdots = e - 2 < 1$$

于是立得关系式(5.16).

于是,在全平面上,我们有公式

$$(e^z)' = e^z \text{①} \tag{5.17}$$

5. 当我们来求函数 $f(z) = \mathrm{Ln}\, z$ 的导数时,我们必须:(1) 假设 $z \neq 0$(因为当 $z = 0$ 时,函数 $\mathrm{Ln}\, z$ 无意义).(2) 消除由于 $\mathrm{Ln}\, z$ 为多值函数而引起的障碍. 后面一点我们可以这样做到,即假设我们所选取的 $\mathrm{Ln}\, z$ 的值满足不等式 $2k\pi < I\mathrm{Ln}\, z < 2(k + 1)\pi$②. 然后,在作增量 $\Delta w = \mathrm{Ln}(z + h) - \mathrm{Ln}\, z$ 时,我们又规定选取满足同样不等式

$$2k\pi < I\mathrm{Ln}(z + h) < 2(k + 1)\pi$$

的值 $\mathrm{Ln}(z + h)$,于是我们就得到

$$| I\Delta w | = | I\mathrm{Ln}(z + h) - i\mathrm{Ln}\, z | = \left| I\mathrm{Ln}\left(1 + \frac{h}{z}\right) \right| < 2\pi$$

因而有

$$\frac{\mathrm{Ln}(z + h) - \mathrm{Ln}\, z}{h} = \frac{1}{h} \ln \frac{z + h}{z} = \frac{1}{h} \ln\left(1 + \frac{h}{z}\right) \tag{5.18}$$

(关于 $\mathrm{Ln}\, z$ 的定义,可参考第四章习题13——译者注) 当 $h \to 0, z \neq 0$ 时,分数 $\dfrac{h}{z}$ 趋于 0,同时(按照上面所作的取法), $\ln\left(1 + \dfrac{h}{z}\right)$ 也趋于 0. 我们现在按照公式 $\dfrac{h}{z} = k$ 引入变量 k 以代替变量 h,则得

$$\frac{1}{h} \ln\left(1 + \frac{h}{z}\right) = \frac{1}{z} \cdot \frac{\ln(1 + k)}{k} \tag{5.19}$$

---

① 将级数逐项微分立刻可以得出同样的结果. 有关级数微分的论述后面将要讲到(参看第六章).

② 若 $I\mathrm{Ln}\, z$ 是 2π 的倍数,则下面的验证必须做一些修改(我们现在不予讨论).

现来证明

$$\lim_{k \to 0} \frac{\ln(1 + k)}{k} = 1 \tag{5.20}$$

令

$$\ln(1 + k) = u, k = e^u - 1$$

以引入新的变量,则得

$$\frac{\ln(1 + k)}{k} = \frac{u}{e^u - 1}$$

由关系 $k \to 0$ 即得 $u \to 0$.

依照关系(5.16),有

$$\lim_{u \to 0} \frac{e^u - 1}{u} = 1$$

故得

$$\lim_{u \to 0} \frac{u}{e^u - 1} = 1$$

于是,式(5.20)已经得到证明. 根据这个式子,并利用式(5.18)及式(5.19),即得

$$(\operatorname{Ln} z)' = \frac{1}{z} \tag{5.21}$$

于是,尽管函数为多值函数,但对数函数除了 $z = 0$ 一点外对于所有的 z 值皆可微分.

6. 设 $f(z) = z^{\alpha}$,α 为常数,但不是正整数. 由定义,我们有恒等式

$$z^{\alpha} = e^{\alpha \operatorname{Ln} z}$$

假定 $z \neq 0$,则利用复合函数的微分定理,上式右边可以微分,因而左边也可以微分,即

$$(z^{\alpha})' = (e^{\alpha \operatorname{Ln} z})' = e^{\alpha \operatorname{Ln} z} \cdot (\alpha \operatorname{Ln} z)' = e^{\alpha \operatorname{Ln} z} \cdot \frac{\alpha}{z} = z^{\alpha} \cdot \frac{\alpha}{z} = \alpha z^{\alpha - 1}$$
$$\tag{5.22}$$

特别,若(例如)$\alpha = \frac{1}{2}$,则得

$$(\sqrt{z})' = \frac{1}{2\sqrt{z}} \tag{5.23}$$

7. 三角函数的微分规则

$$(\sin z)' = \cos z, (\cos z)' = -\sin z$$

等等,可以完全同在实域中一样由关系

$$\lim_{z \to 0} \frac{\sin z}{z} = 1 \tag{5.24}$$

推出,而且对于 z 的数值毫无限制. 显而易见,正是上面这个关系有重新证明之必要，因为根据极限的定义，在复变函数论中只考虑实的"达限"（допредельвные）值 z 是不够的. 新的证明所根据的是把 $\sin z$ 定义为一级数和,于是即有

$$\left| \frac{\sin z}{z} - 1 \right| = \left| \frac{1}{z}\left(\frac{z}{1!} - \frac{z^3}{3!} + \frac{z^5}{5!} - \cdots \right) - 1 \right| \leqslant$$

$$\frac{r^2}{3!} + \frac{r^4}{5!} + \cdots = r^2\left(\frac{1}{3!} + \frac{r^2}{5!} + \cdots \right)$$

下面的事情就很清楚,我们不再说明.

另外一种与复变函数的思想更为适应的想法是以采用公式

$$(\sin z)' = \left(\frac{e^{iz} - e^{-iz}}{2i} \right)' = \frac{e^{iz} + e^{-iz}}{2} = \cos z$$

$$(\cos z)' = \left(\frac{e^{iz} + e^{-iz}}{2i} \right)' = -\frac{e^{iz} - e^{-iz}}{2i} = -\sin z$$

等作为根据的.

8. 正如在实域中一样,双曲函数的微分规则可以从这些函数的指数函数表达式得出. 例如对于任何 z 值

$$(\operatorname{ch} z)' = \left(\frac{e^z + e^{-z}}{2} \right)' = \frac{e^z - e^{-z}}{2} = \operatorname{sh} z \tag{5.25}$$

9. 反三角函数（或反双曲函数）的导数完全可以借助它的指数表示自然求出. 例如由公式我们可得

$$(\arctan z)' = \left(\frac{1}{2i}\operatorname{Ln}\frac{1 + iz}{1 - iz} \right)' = \frac{1}{2}\left(\frac{1}{1 + iz} + \frac{1}{1 - iz} \right) = \frac{1}{1 + z^2} \quad (z \neq \pm i)$$

$$\tag{5.26}$$

$$(\operatorname{arcth} z)' = \left(\frac{1}{2}\operatorname{Ln}\frac{1 + z}{1 - z} \right)' = \frac{1}{2}\left(\frac{1}{1 + z} + \frac{1}{1 - z} \right) = \frac{1}{1 - z^2} \quad (z \neq \pm 1)$$

$$\tag{5.27}$$

同理,由公式可得

$$(\arcsin z)' = \left[\frac{1}{i}\operatorname{Ln}(iz + \sqrt{1 - z^2}) \right]' = \frac{1}{\sqrt{1 - z^2}} \quad (z \neq \pm 1) \tag{5.28}$$

$$(\operatorname{arcsh} z)' = \left[\operatorname{Ln}(z + \sqrt{z^2 + 1}) \right]' = \frac{1}{\sqrt{1 + z^2}} \quad (z \neq \pm i) \tag{5.29}$$

其中的根号是二值的,它的符号的取法取决于 $\arcsin z$（或 $\operatorname{arcsh} z$）的取法.

§26　柯西 – 黎曼条件

前面曾经讲过,要复变函数可以微分这一要求是十分受限制的,满足这一要求的函数是非常狭小的一类. 设所论的函数是 $f(z) = u(x,y) + iv(x,y)$,则表示这种要求,最清楚的莫过于 $u(x,y)$ 和 $v(x,y)$ 的偏导数

$$\frac{\partial u}{\partial x}, \frac{\partial u}{\partial y}, \frac{\partial v}{\partial x}, \frac{\partial v}{\partial y} \tag{5.30}$$

所必须满足的一个特殊关系.

我们现在来证明:假若函数 $f(z)$(于此,$z = x + iy$)在某一点可以微分,则(1)式(5.30)中所有的偏导数在这点都存在,而且(2)它们是由一个所谓"柯西 – 黎曼(Riemann)条件"互相联系起来的

$$\begin{cases} \dfrac{\partial u}{\partial x} = \dfrac{\partial v}{\partial y} \\[2mm] \dfrac{\partial u}{\partial y} = -\dfrac{\partial v}{\partial x} \end{cases} \tag{5.31}$$

假定在所论之点偏导数(5.30)之存在为已知,则要得出定理的第二部分就很容易. 令 $z = x + iy$,则在所论之点的邻近,关于 x 和 y,我们有恒等式

$$f(z) = u(x,y) + iv(x,y) \tag{5.32}$$

我们现在将上式两边关于实变量 x 求微分,这时设想 z 为一中间变量,而将左边作为一个复合函数微分[①]

$$f'(z) \cdot \frac{\partial z}{\partial x} = \frac{\partial u}{\partial x} + i\frac{\partial v}{\partial x}$$

注意 $\dfrac{\partial z}{\partial x} \equiv 1$,即得

$$f'(z) = \frac{\partial u}{\partial x} + i\frac{\partial v}{\partial x} \tag{5.33}$$

我们现在又将等式(5.32)的两边关于实变量 y 求微分,这时设想 z 为一中间变量,而将左边作为一个复合函数微分

$$f'(z) \cdot \frac{\partial z}{\partial y} = \frac{\partial u}{\partial y} + i\frac{\partial v}{\partial y}$$

[①]　关于左边,我们采用 §24 的最后一个定理. 不过那里用的 w 我们这里用 z,此外,我们不写 $\dfrac{dz}{dx}$,而写 $\dfrac{\partial z}{\partial x}$,这为的是要表明 y 是视为一个常数而存在的.

注意 $\dfrac{\partial z}{\partial y} \equiv i$，即得

$$if'(z) = \frac{\partial u}{\partial y} + i\frac{\partial v}{\partial y}$$

以 $-i$ 乘两边，最后即得

$$f'(z) = \frac{\partial v}{\partial y} - i\frac{\partial u}{\partial y} \tag{5.34}$$

由等式(5.33) 和(5.34) 可知，在所论之点的邻近，特别是在该点本身，有

$$\frac{\partial v}{\partial x} + i\frac{\partial u}{\partial x} = \frac{\partial v}{\partial y} - i\frac{\partial u}{\partial y}$$

于是，若将一个复等式代之以两个实等式，即得

$$\begin{cases} \dfrac{\partial u}{\partial x} = \dfrac{\partial v}{\partial y} \\[2mm] \dfrac{\partial v}{\partial x} = -\dfrac{\partial u}{\partial y} \end{cases}$$

这同方程组(5.31) 是等价的.

　　至于所说定理的第一部分，即 $u(x,y)$ 和 $v(x,y)$ 的偏导数的存在问题，我们可以证明如下.

　　假定 h（特别是）取实数值，我们即可写出极限关系

$$\frac{f(z+h) - f(z)}{h} \to f'(z)$$

然后又可把它写成

$$\frac{u(x+h,y) - u(x,y)}{h} + i\frac{v(x+h,y) - v(x,y)}{h} \to f'(z)$$

但若左边式子的极限存在，则它的实部和虚部极限也存在

$$\lim_{h\to 0} \frac{u(x+h,y) - u(x,y)}{h} = \operatorname{Re} f'(z)$$

$$\lim_{h\to 0} \frac{v(x+h,y) - v(x,y)}{h} = \operatorname{Im} f'(z)$$

（参看 §8 的定理，但不是运用于序列，而是运用于函数）. 但所写出来的极限不是别的，恰就是偏导数 $\dfrac{\partial u}{\partial x}$ 和 $\dfrac{\partial v}{\partial x}$.

　　要想同样地证明偏导数 $\dfrac{\partial u}{\partial y}$ 和 $\dfrac{\partial v}{\partial y}$ 存在，只需重复同样的论证，假定 h 为纯虚数，$h = ik$，k 为实数即可. 于是即得（当 $k \to 0$）

$$\frac{f(z+ik) - f(z)}{ik} \to f'(z)$$

即
$$\frac{f(z + ik) - f(z)}{k} \to if'(z)$$

或写成

$$\frac{u(x, y + k) - u(x, y)}{k} + i \frac{v(x, y + k) - v(x, y)}{k} \to if'(z)$$

下面的事情就很清楚.

上述的定理带有一点"局部的"性质,因为在定理里只讲到了柯西 – 黎曼条件在单个的点是否成立. 但从它立刻也可以推出关系到区域的"大范围的"定理.

若函数 $f(z) \equiv u(x, y) + iv(x, y)$ 在某一域 D 内可以微分,则:

(1)在这域内存在导数

$$\frac{\partial u}{\partial x}, \frac{\partial v}{\partial x}, \frac{\partial u}{\partial y}, \frac{\partial v}{\partial y}$$

(2)它们相互之间由一个在域 D 内恒成立的柯西 – 黎曼条件(5.31)联系在一起.

例5.3

$$f(z) = z^2$$

在这种情形

$$u = x^2 - y^2, v = 2xy$$

因而

$$\frac{\partial u}{\partial x} = 2x, \frac{\partial u}{\partial y} = -2y$$

$$\frac{\partial v}{\partial x} = 2y, \frac{\partial v}{\partial y} = 2x$$

柯西 – 黎曼条件(正如所希望的)在全平面上恒成立.

例5.4

$$f(z) = (x + y) + ixy$$

设

$$u = x + y, v = xy$$

因而

$$\frac{\partial u}{\partial x} = 1, \frac{\partial u}{\partial y} = 1$$

$$\frac{\partial v}{\partial x} = y, \frac{\partial v}{\partial y} = x$$

柯西 – 黎曼条件只在

$$x = 1, y = 1$$

时成立.

仅是在这一点,$z = 1 - i$,导数 $f'(z)$ 可能存在. 实际上,不难验证,在这一点导数是存在的,且有

$$f'(1 - i) = 1 - i$$

对于函数可微分这一点来说,柯西 – 黎曼条件成立是必要的. 假若(作为在某一域内的恒等式)在"大范围内"来理解,它对于(在同一域内)可微分这一点来说也是充分的. 但后面这一结果要到相当后面才讲到.

§27 积分法的基本引理

这样的一个事实是十分初等的,即若函数 $f(z)$ 在某一域 D 内为一常数,
$$f(z) \equiv C$$
则它在这域内具有导数,其值恒等于 0,即
$$f'(z) \equiv 0 \qquad\qquad (5.35)$$
逆定理也成立(这对以后特别重要):

若在某一连通域 D 内函数 $f(z)$ 的导数存在,且恒等于 0,则这个函数在该域内为一常数.

在实变函数论中,这一命题可以借助拉格朗日(Lagrange)的"中值"定理来证明. 但所说的定理不能直接推广到复域上去. 因此,使我们感兴趣的这一定理需要另外加以证明. 我们采用下面把函数的实部和虚部分开来的方法.

由复恒等式(5.35)(它是已经假定在域 D 内成立的),我们即可借助关系(5.33)和(5.34)推出在域 D 内恒成立的实恒等式
$$\begin{cases} \dfrac{\partial u}{\partial x} = \dfrac{\partial u}{\partial y} = 0 \\[2mm] \dfrac{\partial v}{\partial x} = \dfrac{\partial v}{\partial y} = 0 \end{cases}$$

所得的前一对等式证明函数 $u(x,y)$ 在域 D 内为一常数: $u(x,y) \equiv A$;第二对等式可以引出类似结论: $v(x,y) \equiv B$. 于是,最后可以推知,对于整个域 D,有
$$f(z) \equiv C = (A + iB)$$

注释   在本定理中,域须为连通域这一要求是很重要的. 例如说,若 D 由两个无公共点的圆所组成,则函数 $f(z)$ 可以在这一圆内等于某一常数,而在另一圆内则等于另一与之相异的常数,但在两个圆内它的导数皆恒等于 0.

§28 原 函 数

我们已经看到,对于在域 D 内定义的函数 $F(z)$,有时(假如函数在该域内可以微分)可以造出另外一个也在同一域内定义的函数 $f(z)$,适合下面的要求:在域 D 内恒满足关系

$$F'(z) = f(z) \qquad (5.36)$$

根据函数 $F(z)$ 去求 $F(z)$ 的"导数"$f(z)$ 叫作微分. 显而易见,微分(只要它是可能的)是一种一义的(однозначной)手续.

我们现在来谈逆问题:根据在域 D 内定义的函数 $f(z)$ 去定出在同一域 D 内满足要求(5.36)的函数 $F(z)$.

这样提出的问题是求不定积分的问题. 所求的函数 $F(z)$ 叫作 $f(z)$ 的原函数,也叫不定积分,或简称积分. 记法如实变函数论中一样

$$F(z) = \int f(z)\,\mathrm{d}z \qquad (5.37)$$

一个已经给定的函数 $f(z)$ 可能有多少个不同的原函数呢?

假若 $F_0(z)$ 是任意一个原函数,则无论对于任何复常数 C,函数 $F(z) \equiv F_0(z) + C$ 也是一个原函数.

另外,假若 $F_0(z)$ 和 $F(z)$ 是两个原函数,则差式

$$\Omega(z) \equiv F(z) - F_0(z)$$

具有恒等于 0 的导数

$$\Omega'(z) \equiv 0$$

因而根据 §27 的定理,函数 $\Omega(z)$ 本身为一常数,这就是说,$F(z)$ 与 $F_0(z)$ 不过差一常数

$$F(z) \equiv F_0(z) + C \qquad (5.38)$$

我们现在可以回答所提出的问题:假若在域 D 内定义的函数 $f(z)$ 在 D 内具有原函数,则这种函数有无限多个,但其中任何两个只相差一复常数.

为了不使写法变得复杂,我们规定,在形如式(5.37)的式子中,右边的积分既指单个的原函数,也指它们的全体(在后一种情形,假定常数项已为积分符号本身所隐含在内).

例如:

(1) $\int \mathrm{e}^z \mathrm{d}z = \mathrm{e}^z$,因为 $(\mathrm{e}^z)' = \mathrm{e}^z$.

(2) $\int z^n \mathrm{d}z = \dfrac{z^{n+1}}{n+1}$($n$ 为正整数,$n \neq 1$),因为 $\left(\dfrac{z^{n+1}}{n+1}\right)' = z^n$.

(3) $\int \dfrac{\mathrm{d}z}{z^2} = -\dfrac{1}{z}$,因为 $\left(-\dfrac{1}{z}\right)' = \dfrac{1}{z^2}$.

(4) $\int \dfrac{\mathrm{d}z}{z} = \mathrm{Ln}\ z$①,因为 $(\mathrm{Ln}\ z)' = \dfrac{1}{z}$.

---

① 所指的是函数 Ln z 的哪一支,这是无所谓的,因为任意两支之差为一常数.

对于已经给定的函数 $f(z)$,它的原函数是不是存在呢? 有时(例如在上述的例子中)可以从求出原函数这一事实得出肯定的回复;对于比较一般的情形,问题在以后(参看§32和§47)还要加以研究.

我们没有必要去讨论复数域中求初等函数的不定积分的方法(技巧),因为它基本上是和实数域中一样的. 值得注意的是:在实数域中求积分,由于要求"避免虚数出现",就会有一些纠葛,而在复数域中,要被这种要求牵制住就会很不自然. 例如,在实数域中,我们写

$$\int \frac{\mathrm{d}z}{z^2 + 1} = \arctan z$$

而在复数域中,则可以"施行部分分式",因而有

$$\frac{1}{z^2 + 1} = \frac{1}{2\mathrm{i}}\left(\frac{1}{z - \mathrm{i}} - \frac{1}{z + \mathrm{i}}\right), \int \frac{\mathrm{d}z}{z^2 + 1} = \frac{1}{2\mathrm{i}}\mathrm{Ln}\frac{z - \mathrm{i}}{z + \mathrm{i}}$$

但结果并无矛盾(参看第四章式(4.82)).

注释 对于以后来说,下面的论证决不可不予注意. 由定义,原函数在域 D 内是可微分的,因而也是连续的. 因此,假如所给函数的原函数是在某一域中进行讨论的,那么在该域上似乎不可避免地要加上某些限制. 我们现在用上述例子(1) ~ (4)来说明这点.

在例(1)及(2)中,所说的现象并没有在域 D 上引进任何的限制. 在例(3)中,域 D 不应包含原点 $z = 0$,因为函数 $f(z) = \frac{1}{z^2}$ 在这点不连续. 然而,没有什么可以妨碍我们把函数 $F(z) = -\frac{1}{z}$ 认为是 $f(z)$ 在(例如)环状域 $R_1 < |z| < R_2(0 < R_1 < R_2)$ 中的原函数.

至于例(4),在这种情形,原点显然也要除外,另外由于函数为多值而推出来的其他限制也是必需的(根据定义,函数 $F(z)$ 假定为单值的). 仅只是所说的环状域,对我们现在是不够的,因为(例如)点 z 沿圆周 $|z| = R(R > 0)$ 绕一全周,则 $\mathrm{Ln}\, z$ 在连续变化之后,即增加 $2\pi\mathrm{i}$,因而单值性就破坏掉了. 反之,在不包含(例如)正半轴$(x \geqslant 0, y = 0)$上任何一点的整个域 D,函数 $F(z) = \mathrm{Ln}\, z$ 为单值的,因而就可以充当原函数. 正半轴可代之以任何从原点出发而趋于无穷(本身没有交叉点)的曲线,例如对数螺旋线.

关于使得我们如何避免产生必要的限制的方法,我们后面将要谈到(在第七章中).

上面的(特别关系初等函数的)例子指出,许多的初等函数皆有原函数,但有时必须限制所论的域,要求它们不包含某些个别的点,或不要跨出某些曲线之外(这时曲线的选择多少是有点随意的).

下面的定理告诉我们,在所给的域中具有原函数的函数类,它的范围是很

受限制的.

定理 若复变函数

$$f(z) = u(x,y) + iv(x,y) \qquad (5.39)$$

定义在某一域 D 中,而且它的实部 $u(x,y)$ 和虚部 $iv(x,y)$ 在这域中具有一阶连续偏导数

$$\frac{\partial u}{\partial x}, \frac{\partial u}{\partial y}, \frac{\partial v}{\partial x}, \frac{\partial v}{\partial y}$$

又若在域 D 中,$f(z)$ 具有原函数

$$F(z) = U(x,y) + iV(x,y) \qquad (5.40)$$

则所给的函数在 D 内满足柯西 – 黎曼条件.

实际上,因为函数 $F(z)$ 具有导数 $f(z)$,故将恒等式(5.40)分别关于 x 和关于 y 微分,即得

$$F'(z) = \frac{\partial U}{\partial x} + i\frac{\partial V}{\partial x} = \frac{\partial V}{\partial y} - i\frac{\partial U}{\partial y}$$

将上之恒等式与恒等式(5.39)比较,即得

$$\begin{cases} u = \dfrac{\partial U}{\partial x} = \dfrac{\partial V}{\partial y} \\[2mm] v = \dfrac{\partial V}{\partial x} = -\dfrac{\partial U}{\partial y} \end{cases} \qquad (5.41)$$

分别关于 x 和关于 y 微分,即得

$$\begin{cases} \dfrac{\partial u}{\partial x} = \dfrac{\partial^2 V}{\partial x \partial y}, & \dfrac{\partial v}{\partial y} = \dfrac{\partial^2 V}{\partial y \partial x} \\[2mm] \dfrac{\partial v}{\partial x} = -\dfrac{\partial^2 U}{\partial x \partial y}, & \dfrac{\partial u}{\partial y} = \dfrac{\partial^2 U}{\partial y \partial x} \end{cases} \qquad (5.42)$$

由此即得

$$\begin{cases} \dfrac{\partial u}{\partial x} = \dfrac{\partial v}{\partial y} \\[2mm] \dfrac{\partial u}{\partial y} = -\dfrac{\partial v}{\partial x} \end{cases}$$

我们的定理即已证明[①].

---

① U 和 V 的所有一阶导数皆存在,这可从 §26 的定理推出. 关系(5.41)是可微分的,因为它的左边是可微分的. 混合导数的相等

$$\frac{\partial^2 U}{\partial x \partial y} = \frac{\partial^2 U}{\partial y \partial x} \quad 及 \quad \frac{\partial^2 V}{\partial x \partial y} = \frac{\partial^2 V}{\partial y \partial x}$$

可以从分析中的一般定理推出(参看菲赫金哥尔茨,微积分学教程,第一卷,§180),因为所有这些导数皆是连续的,这可根据等式(5.41)的左边为连续这项假定由该等式推出.

例 5.5　因函数 $f(z) = (x + y) + \mathrm{i}xy$ 不满足柯西 – 黎曼条件,故它不可能具有原函数.

§29　复积分的概念

我们假定复变函数 $f(z)$ 在 z 平面内某一曲线 C 上有定义,又假定这条曲线是有向的,而且 A 和 B 是它的始点和终点,分别以 $z = a$ 和 $z = b$ 为附标,又设这条曲线具有有限长 $L^{①}$.

我们设想曲线 C 由相继分布的点 $z_0, z_1, z_2, \cdots, z_{n-1}, z_n$(其中 $z_0 = a, z_n = b$)分成 n 个弧段 $z_{k-1}z_k$,令 $z_k = x_k + \mathrm{i}y_k (k = 0, 1, 2, \cdots, n)$. 此外,我们再引进简写记号

$$\Delta z_k = z_k - z_{k-1} \quad (k = 1, 2, \cdots, n)$$

在每一个弧段 $z_{k-1}z_k$ 上,我们随意选取一点 ζ_k(特别,并不排除 $\zeta_k = z_{k-1}$ 或 $\zeta_k = z_k$ 这种可能).

我们现在规定把曲线 C 上的点 z_k 和 ζ_k 的全体叫作这曲线的“分割”,简记为 $\{z_k, \zeta_k\}$(图 14).

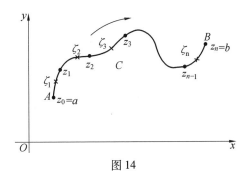

图 14

---

①　因之,即假定 C 为一可求长曲线.

所谓“曲线”,这里指的是一个闭区间的连续映象. 换句话说,指的是“曲线”可以由参数方程

$$z = x + \mathrm{i}y, \begin{cases} x = x(t) \\ y = y(t) \end{cases} \quad (0 \leqslant t \leqslant 1)$$

来定义,其中 $x(t)$ 和 $y(t)$ 是连续函数. 我们假定

$$x(0) + \mathrm{i}y(0) = a, x(1) + \mathrm{i}y(1) = b$$

假若函数 $x(t)$ 和 $y(t)$ 对于所论区间中一切 t 值,或者,也可以除去其中有限多个点外,皆有连续导数 $x'(t)$ 和 $y'(t)$,则要求弧长 L 存在和假定等式

$$\int_0^1 \sqrt{x'^2(t) + y'^2(t)} \, \mathrm{d}t = L$$

成立是等价的.

我们现在作一个与函数 $f(z)$ 和曲线 C 上我们所选取的分割 $\{z_k, \zeta_k\}$ 有关系的"积分和" S

$$S = \sum_{k=1}^{n} f(\zeta_k) \Delta z_k$$

以 Δ_k 记弧段 $z_{k-1} z_k$ 的"直径",即 $z_{k-1} z_k$ 上任意两点的距离中的最大者,以 Δ 记"分割"的"直径",即诸数 $\Delta_k (1 \le k \le n)$ 的最大者.

我们设想对于曲线 C 有一系列的"分割",分别以符号

$$\{z_k^{(1)}, \zeta_k^{(1)}\}, \{z_k^{(2)}, \zeta_k^{(2)}\}, \cdots, \{z_k^{(N)}, \zeta_k^{(N)}\}, \cdots$$

记之,又设

$$S^{(1)}, S^{(2)}, \cdots, S^{(N)}, \cdots$$

分别表示按和数 S 的方式表示的积分和,并设

$$\Delta^{(1)}, \Delta^{(2)}, \cdots, \Delta^{(N)}, \cdots$$

分别表示"分割的直径". 现在,所考虑的一系列分割所应满足的唯一要求就是,极限关系

$$\lim_{N \to \infty} \Delta^{(N)} = 0 \tag{5.43}$$

必须成立.

从这个要求我们可以推知,当数码 N 无限增大时,分割 $\{z_k^{(N)}, \zeta_k^{(N)}\}$ 中的部分弧段的数目 n_N 也无限增大. 而且,对于任何预先给定的任意小的正数 δ,当 N 充分大时,分割的直径 $\Delta^{(N)}$ 将比 δ 来得小. 因而,对于以 $z_0^{(N)}, z_1^{(N)}, \cdots, z_{n_N}^{(N)}$ 为顶点的折线上任意一个弦的长 $\Delta z_k^{(N)}$,同样的事情也成立.

若在曲线 C 上定义的函数 $f(z)$ 在这曲线上连续,则由条件 (5.43) 即可推出积分和存在有限极限,它与分割序列 $\{z_k^{(N)}, \zeta_k^{(N)}\}$ 的选取无关.

这极限叫作函数 $f(z)$ 沿有向曲线 C 所取的复积分.

写作
$$\lim_{\Delta \to 0} S = \int_C f(z) \, \mathrm{d}z \tag{5.44}$$

或
$$\lim_{\Delta \to 0} S = \int_{AB} f(z) \, \mathrm{d}z \tag{5.45}$$

要证明复积分的极限存在,这可从这样的事实推出,即复积分是两个沿着实平面 xOy 上同一曲线 C 所取的线积分之和.

事实上,若引入补充记号

$$z_k = x_k + \mathrm{i} y_k, \Delta z_k = \Delta x_k + \mathrm{i} \Delta y_k, \zeta_k = \xi_k + \mathrm{i} \eta_k$$
$$f(z) \equiv u(x, y) + \mathrm{i} v(x, y)$$

我们就可以把积分和 S 改写成下之形式

$$S = \sum_{k=1}^{n} \left[u(\xi_k, \eta_k) + \mathrm{i} v(\xi_k, \eta_k) \right] (\Delta x_k + \mathrm{i} \Delta y_k) =$$

$$\sum_{k=1}^{n} \left[u(\xi_k, \eta_k) \Delta x_k - v(\xi_k, \eta_k) \Delta y_k \right] +$$

$$i \sum_{k=1}^{n} \left[v(\xi_k, \eta_k) \Delta x_k + u(\xi_k, \eta_k) \Delta y_k \right]$$

不难证明,由函数 $f(z)$ 在曲线 C 上连续,即可推知函数 $u(x,y)$ 和 $v(x,y)$ 在同一曲线上也连续. 在这条件之下(我们假定读者从平面上线积分的理论中已经知道),后面两个和数当曲线分割的直径无限减小时,分别趋于积分

$$\int_C \left[u(x,y) dx - v(x,y) dy \right] \ \text{和} \int_C \left[v(x,y) dx + u(x,y) dy \right]$$

由此即可推知有限极限(5.44)存在,且有等式

$$\int_C f(z) dz = \int_C \left[u(x,y) dx - v(x,y) dy \right] + i \int_C \left[v(x,y) dx + u(x,y) dy \right]$$

$$(5.46)$$

它同时也表示把积分

$$\int_C f(z) dz$$

分成实部和虚部.

复积分的存在也可以直接证明,无须引用线积分的理论,这种理论本身也依赖于实域上的普通积分理论. 我们现在来给出一个证明,它与集的上下限这些概念无关,它是按"归谬法"这项原则给出的.

我们首先证明,对于任何任意小的数 $\varepsilon(>0)$,可以得出这样的 $\delta(>0)$,使得任何两个积分和 S' 和 S'' 相差不到 ε,,即

$$| S' - S'' | < \varepsilon \tag{5.47}$$

只需与它们的分割 $\{z_k'\}$ 和 $\{z_k''\}$ 相应的直径 Δ' 和 Δ'' 小于 δ[①],即

$$\Delta' < \delta, \quad \Delta'' < \delta \tag{5.48}$$

因为曲线 C 是一闭集,我们就知道函数 $f(z)$(由假定,它在 C 上连续)在曲线 C 上同时也一致连续. 因此,对于预先给定的正数 $\dfrac{\varepsilon}{2L}$,我们可以选取 δ,使得对于 C 上的任何两点 z' 和 z'',只要

$$| z' - z'' | < \delta \tag{5.49}$$

即得

$$| f(z') - f(z'') | < \frac{\varepsilon}{2L} \tag{5.50}$$

我们假定 δ 按所说方法选取,并假定所给的分割 $\{z_k'\}$ 和 $\{z_k''\}$ 的直径满足不等式(5.49).

----

① 这里将点 ζ_k 略去不提,因为它的选取在后面是无关紧要的.

设 $\{z_k\}$ 是由点集 z'_k 和 z''_k 的和集(即在分割 $\{z'_k\}$ 上插入分割 $\{z''_k\}$ 中之点)中之点 z_k 产生的新分割. 显而易见,这分割的直径也满足不等式

$$\Delta < \delta \tag{5.51}$$

以 S 记与分割 $\{z_k\}$ 相应的积分和,然后把积分和[1] S 与 S' 相比较

$$S' = \sum_{m=1}^{n'} f(\zeta'_m)\Delta z'_m, \quad S = \sum_{v=1}^{n} f(\zeta_v)\Delta z_v$$

因为每一个分点 z'_k 同时也是一个分点 z_v,所以每一个弧形区间 $z'_{m-1}z'_m$ 乃是分割 S 中几个相继的区间之和. 我们用 $\Delta^{(m)}z_v$ 记差 $\Delta z'_m$ 中的各个组成部分,即

$$\Delta z'_m = \sum_v \Delta^{(m)}z_v$$

于是我们可以写

$$S' = \sum_{m=1}^{n'} f(\zeta'_m)\sum_v \Delta^{(m)}z_v = \sum_{m=1}^{n'}\sum_v f(\zeta'_m)\Delta^{(m)}z_v$$

同时也有(适当改变点 ζ'_m 的附标的编号)

$$S = \sum_{m=1}^{n'}\sum_v f(\zeta_v^{(m)})\Delta^{(m)}z_v$$

但这样一来

$$S - S' = \sum_{m=1}^{n'}\sum_v \left[f(\zeta_v^{(m)}) - f(\zeta'_m)\right]\Delta^{(m)}z_v \tag{5.52}$$

点 $\zeta_v^{(m)}$ 和 ζ'_m 属于分割 $\{z_k\}$ 中同一弧形区间 $z'_{m-1}z'_m$,故有

$$|\zeta_v^{(m)} - \zeta'_m| < \delta$$

因而有

$$|f(\zeta_v^{(m)}) - f(\zeta'_m)| < \frac{\varepsilon}{2L}$$

于是

$$|S - S'| \leqslant \sum_{m=1}^{n'}\sum_v \frac{\varepsilon}{2L}\cdot|\Delta^{(m)}z_v| = \frac{\varepsilon}{2L}\sum_{m=1}^{n'}\sum_v |\Delta^{(m)}z_v| \leqslant$$

$$\frac{\varepsilon}{2L}\cdot L = \frac{\varepsilon}{2} \tag{5.53}$$

同法可证

$$|S - S''| \leqslant \frac{\varepsilon}{2} \tag{5.54}$$

于是即可推出不等式(5.47),这也就是我们所要证明的.

---

① 以后,区间的分点、分点的数目以及积分和中的直径等上面的小撇皆同积分和本身的记法一致,即对于和数 S' 是一撇,对于 S'' 是两撇,而对于 S 则没有撇.

另外,由于 $f(z)$ 在 C 上连续,故 $f(z)$ 之值的全体有界,即

$$|f(z)| < M$$

因而积分和也有界,即

$$|S| = \left| \sum_{k=1}^{n} f(\zeta_k) \Delta z_k \right| \leqslant M \sum_{k=1}^{n} |\Delta z_k| \leqslant ML$$

于是,任何一个积分和的序列皆不能有无限极限.

假定(归谬法)有某一个服从要求(5.43)的积分和序列没有有限极限,或者说,有两个积分和序列具有不同的极限,我们就可得出这样的结论,那就是存在这样的正数 ε^*,使得对于某些对分割,无论它们的直径如何小,相应的积分和之差的绝对值不小于 ε^*.

这样,我们得到了一个与不等式(5.47)相矛盾的结论,于是我们的定理即已证明.

例 5.6 我们来算积分

$$I = \int_C z^p \mathrm{d}z \tag{5.55}$$

于此,p 是正整数或 0,C 是任意一条以 $z = a$ 为始点、以 $z = b$ 为终点、长为 L 的曲线(a 与 b 是任意的复数).

我们现在利用一个富有技巧的方法. 设 $\{z_k\}_0^n$ 是曲线 C 的任意一个分割. 在这样情形之下,下之恒等式成立

$$b^{p+1} - a^{p+1} = \sum_{k=1}^{n} (z_k^{p+1} - z_{k-1}^{p+1}) = \sum_{k=1}^{n} (z_k^p + z_k^{p+1} z_{k-1} + \cdots + z_{k-1}^p) \Delta z_k =$$

$$\sum_{k=1}^{n} z_k^p \Delta z_k + \sum_{k=1}^{n} z_k^{p-1} z_{k-1} \Delta z_k + \cdots +$$

$$\sum_{k=1}^{n} z_k^m z_{k-1}^{p-m} \Delta z_k + \cdots + \sum_{k=1}^{n} z_{k-1}^p \Delta z_k \tag{5.55'}$$

最后一个式子的最初一个和最后一个和数是通常的积分和,只不过在前一个是令 $\zeta_k = z_k$,在后一个是令 $\zeta_k = z_{k-1}$. 因之,在施行积分计算时(此时弧形区间变得越来越小,并满足条件(5.43)),所说的每一个和皆趋于极限 I.

至于其他各和,那就是,虽然其中没有一个是通常的积分和,但正如我们立刻将要证明的,当施行积分计算时,它们也都趋于极限 I.

事实上,若(比如说)将和数

$$S_n' = \sum_{k=1}^{n} z_k^m z_{k-1}^{p-m} \Delta z_k \quad (1 < m < p)$$

与和数

$$S_n = \sum_{k=1}^{n} z_{k-1}^p \Delta z_k$$

比较,我们即得

$$
| S'_n - S_n | = \left| \sum_{k=1}^{n} z_{k-1}^{p-m} (z_k^m - z_{k-1}^m) \Delta z_k \right| =
$$

$$
\left| \sum_{k=1}^{n} z_{k-1}^{p-m} (z_k^{m-1} + z_k^{m-2} z_{k-1} + \cdots + z_{k-1}^{m-1}) \Delta z_k^2 \right| \leqslant
$$

$$
\sum_{k=1}^{n} | z_{k-1} |^{p-m} (| z_k |^{m-1} + | z_k |^{m-2} | z_{k-1} | + \cdots +
$$

$$
| z_{k-1} |^{m-1}) | \Delta z_k |^2 \leqslant m R^p \sum_{k=1}^{n} | \Delta z_k |^2 \qquad (5.55'')
$$

于此, R 是任意一个这样的数,它比从原点到曲线 C 上任意点的距离都大.

但当施行积分计算时,和数 $\sum_{k=1}^{n} | \Delta z_k |^2$ 趋于 0. 实际上

$$
\sum_{k=1}^{n} | \Delta z_k |^2 = \sum_{k=1}^{n} | \Delta z_k | \cdot | \Delta z_k | \leqslant \Delta \sum_{k=1}^{n} | \Delta z_k | \leqslant \Delta L
$$

而分割的直径 Δ 趋于 0.

由不等式 $(5.55'')$ 可知,和数 S'_n 的极限与和数 S_n 的极限相同,即等于 I.

在恒等式 $(5.55')$ 中取极限,即得

$$
b^{p+1} - a^{p+1} = (p + 1) I
$$

由此即得所求的积分 I 的值

$$
I = \frac{1}{p+1} (b^{p+1} - a^{p+1}) \qquad (5.56)
$$

§30　复积分的性质

1. 若函数 $f(z)$ 与 $g(z)$ 在曲线 C 上定义且连续,则对于任何复常数 A 与 B,常有等式

$$
\int_C [A f(z) + B g(z)] \mathrm{d}z = A \int_C f(z) \mathrm{d}z + B \int_C g(z) \mathrm{d}z \qquad (5.57)
$$

要证明上式,只需在恒等式

$$
\sum_{k=1}^{n} [A f(\zeta_k) + B g(\zeta_k)] \Delta z_k = A \sum_{k=1}^{n} f(\zeta_k) \Delta z_k + B \sum_{k=1}^{n} g(\zeta_k) \Delta z_k
$$

中令 $\Delta \to 0$ 取极限即可.

2. 若曲线 C_2 的始点与曲线 C_1 的终点一致,令 C 记曲线 C_1 与 C_2 合在一起所成的曲线,并保持其方向,假定函数 $f(z)$ 在曲线 C 上定义且连续,则有

$$
\int_C f(z) \mathrm{d}z = \int_{C_1} f(z) \mathrm{d}z + \int_{C_2} f(z) \mathrm{d}z \qquad (5.58)
$$

这可从恒等式

$$\sum f(\zeta_k)\Delta z_k = \sum_{\mathrm{I}} f(\zeta'_k)\Delta z'_k + \sum_{\mathrm{II}} f(\zeta''_k)\Delta z''_k$$

得出,于此,$\{z'_k,\zeta'_k\}$ 是曲线 C_1 的分割,$\{z''_k,\zeta''_k\}$ 是曲线 C_2 的分割,而整个曲线 C 的分割则以 $\{z_k,\zeta_k\}$ 记之,它是由点 z'_k 与 z''_k 的全体以及点 ζ'_k 与 ζ''_k 的全体所组成.

3. 若曲线 C' 与曲线 C 仅有方向不同(即是说,C' 与 C 是同一条曲线,但 C 以 a 为始点,b 为终点,而 C' 则相反),又假定 $f(z)$ 在 C 上连续,则积分

$$\int_{C'} f(z)\,\mathrm{d}z$$

有意义,而且与积分 $\int_C f(z)\,\mathrm{d}z$ 仅有符号之差.

上述命题可以从恒等式

$$\sum_{k=1}^{n} f(\zeta_k)(z_k - z_{k-1}) = -\sum_{k=1}^{n} f(\zeta_k)(z_{k-1} - z_k)$$

推出.

4. 若函数 $f(z)$ 在长为 L 的曲线 C 上定义,并在 C 上连续,且在 C 上满足不等式

$$|f(z)| \leqslant M$$

则

$$\left|\int_C f(z)\,\mathrm{d}z\right| \leqslant LM \tag{5.59}$$

事实上,这可由不等式

$$\left|\sum_{k=1}^{n} f(\zeta_k)\Delta z_k\right| \leqslant \sum_{k=1}^{n} |f(\zeta_k)| \cdot |\Delta z_k| \leqslant M\sum_{k=1}^{n} |\Delta z_k| \leqslant ML$$

取极限得出.

5. 复积分中的变量变换.

设 C 为一以 a 为始点、以 b 为终点、长 L 为有限的一条曲线;$w = \varphi(z)$ 是一个在曲线 C 上任何一点皆有连续导数 $\varphi'(z)$ 的函数. 我们再假定:函数 $w = \varphi(z)$ 把 z 平面上的曲线 C 映射到 w 平面上的某一曲线 C_1,而 C_1 的始点为 A,终点为 B,因而

$$\varphi(a) = A, \varphi(b) = B$$

最后,我们假定自变量 w 的函数 $f(w)$ 在曲线 C_1 上连续.

在这些条件皆成立之下,我们有等式

$$\int_{C_1} f(w)\,\mathrm{d}w = \int_C f(\varphi(z))\varphi'(z)\,\mathrm{d}z \tag{5.60}$$

由左边的积分变到右边的积分(或反过来)的这种过程叫作积分的变量变换("置换").

我们现在来证明等式(5.60). 在证明中,我们假定函数 $\varphi(z)$ 在包含曲线 C 的某一域内一致可微.

作曲线 C 的一分割 $\{z_k, \zeta_k\}$；在每一弧形区间中，我们可以取它的始点作为它的区间点 $\zeta_k : \zeta_k = z_{k-1}$. 于是，我们就来讨论曲线 C 的分割 $\{z_k, z_{k-1}\}$. 令 $w_k = \varphi(z_k)(k = 0, 1, \cdots, n)$，我们也就得到了曲线 C_1 的一分割 $\{w_k, w_{k-1}\}$. 我们来研究积分和

$$S = \sum_{k=1}^{n} f(w_{k-1}) \Delta w_k$$

于此，$\Delta w_k = w_k - w_{k-1}$.

我们要注意，由于 $\varphi(z)$ 一致可微，故若分割的直径充分小，则有

$$\varphi(z_k) = \varphi(z_{k-1}) + (z_k - z_{k-1})[\varphi'(z_{k-1}) + \theta_k \varepsilon]$$

于此，ε 是一个预先给定的任意小的数，而 $|\theta_k| < 1$. 因之

$$\Delta w_k = w_k - w_{k-1} = \varphi(z_k) - \varphi(z_{k-1}) = [\varphi'(z_{k-1}) + \theta_k \varepsilon] \Delta z_k$$

同时，积分和则变成

$$\sum_{k=1}^{n} f(w_{k-1}) \Delta w_k = \sum_{k=1}^{n} f(\varphi(z_{k-1})) \varphi'(z_{k-1}) \Delta z_k + R \tag{5.61}$$

于此

$$R = \varepsilon \sum_{k=1}^{n} f(\varphi(z_{k-1})) \theta_k \Delta z_k \tag{5.61'}$$

函数 $f(w)$ 在 C 上是连续的，故可假定它在 C 上的绝对值不超过某一数 M，又假定 L 是 C 之长，则得

$$|R| \leq \varepsilon ML \tag{5.61''}$$

现在假定积分条件已经满足（即在式(5.61′)中令分割的直径趋于 0 取极限），则式(5.61)中的两个积分和分别趋于式(5.60)左右两边[1]的积分，而 R，正如我们从关系(5.61″)中可以看出，则趋于 0.

由此即得所要的结论.

利用等式(5.60)，假定它是从左到右，或从右到左的，在计算复积分时，即可代以另外一个具有同样数值的积分. 有时，经过一回代换，或经过一连串次数的代换，可以变到某一个不难直接算出的积分.

例 5.7 （1）设有积分

$$\int_{\Gamma} \frac{\mathrm{d}w}{(w - a)^n}$$

其中曲线 Γ 是一条闭曲线[2]，点 a 包含在它的内部，也可以改成另外一个说法，

---

[1] 在 §50 中我们将要证明，若函数一致可微，则它必然具有连续导数.

[2] 若一曲线的终点 b 与始点 a 相同，则这曲线叫作闭曲线. 在这种情形之下，要想把方向确定下来，只需在曲线上再举出（至少）两点，并把它们按顺序安排即可，例如：$amna$，假若曲线本身不相交，用这种方式也可以说明它是否为正方向或反方向.

即曲线 Γ "包围" 着点 a.

令 $w = z + a$, 利用上述理论, 我们可以把积分化成

$$\int_C \frac{\mathrm{d}z}{z^n}$$

其中 C 是一条闭曲线, 它是由点 $z = w - a$, 当点 w 过曲线 Γ 时所描成的曲线 (保持原有方向). 容易明白, 从 Γ 经过沿向量 $\overrightarrow{0, -(a)}$ 的平行移动可以得出 C, 此时点 $z = 0$ 包含在 C 的内部.

（2）我们现在来研究积分

$$\int_{C_R} \frac{\mathrm{d}z}{z^n}$$

于此, n 是一整数, C_R 则是按正方向作出的以原点为心, 以 R 为半径的圆.

（3）代换 $z = Rw$ 把积分变成

$$\frac{1}{R^{n-1}} \int_{C_1} \frac{\mathrm{d}w}{w^n}$$

于此, C_1 是绕正向旋转的单位圆.

令 $w = \mathrm{e}^{\mathrm{i}z}$, 我们即得 $w' = \mathrm{i}\mathrm{e}^{\mathrm{i}z}$, 由此即得积分

$$\frac{\mathrm{i}}{R^{n-1}} \int_0^{2\pi} \mathrm{e}^{-\mathrm{i}(n-1)z} \mathrm{d}z$$

积分路径应当如下定出: 必须确定, 假若要想使点 w 跑过圆 C_1, 点 $z = \dfrac{1}{\mathrm{i}} \mathrm{Ln}\, w$ 将是如何移动的. 不难明白, 要想这样, 只需点 z 跑过实轴上 (比如说) 从 0 到 2π 这一线段即可.

在我们面前的, 是一个复变函数沿着实轴上的一线段所取的积分. 要想把这积分算出, 只需把被积函数的实部和虚部分开, 这可借助欧拉公式作出.

现在已经不难得出最后的结果.

若 $n = 1$, 则积分为 $\mathrm{i} \displaystyle\int_0^{2\pi} \mathrm{d}z$, 它显然等于 $2\pi\mathrm{i}$.

若 $n \neq 1$, 则积分等于 0, 因为

$$\int_0^{2\pi} \cos(n-1)z\,\mathrm{d}z = 0, \int_0^{2\pi} \sin(n-1)z\,\mathrm{d}z = 0$$

关于一致可微这一假定, 我们要注意, 在例 5.5（1）及（2）中, 这项假定之成立乃是显而易见的, 因为变量 w 是 z 的线性函数, 至于（3）, 那就是, 当 $\varphi(z) = \mathrm{e}^{\mathrm{i}z}$ 时, 我们有 (当 z 为实数时)

$$\left| \frac{\varphi(z+h) - \varphi(z)}{h} - \varphi'(z) \right| = \left| \frac{\mathrm{e}^{\mathrm{i}(z+h)} - \mathrm{e}^{\mathrm{i}z}}{h} - \mathrm{i}\mathrm{e}^{\mathrm{i}z} \right| = \left| \frac{\mathrm{e}^{\mathrm{i}h} - 1}{h} - \mathrm{i} \right| = $$

$$\left| -\frac{1 - \cos h}{h} + \mathrm{i}\left(\frac{\sin h}{h} - 1 \right) \right|$$

而最后一个式子则与 z 无关,且随 $h \to 0$ 而趋于 0.

不难明白(比较例 5.5(1) ~ (3)),对于(1)及(2)中所讨论的积分,我们的结论都是一样的,即:

按正方向沿以 a 为心,以任意长为半径之圆周所取之积分

$$\int \frac{\mathrm{d}z}{(z-a)^n}$$

视 n 等于 1 或等于不为 1 之整数,而等于 $2\pi\mathrm{i}$ 或 0.

§31　视作原函数增量的定积分

我们已经看到(§29),要想函数 $f(z)$ 沿着某一条联结 a,b 两点长为有限的曲线 C 所取的积分存在,只需要求函数 $f(z)$ 连续即可. 在最一般的情形,设函数 $f(z)$ 在某一域 D 内已经预先给定,且在 D 内连续,又设在 D 内已经给定两点 a 和 b,照说,应该预先可以看得到,根据积分"路径"的不同,也就是说,根据我们进行积分的联结 a,b 两点的曲线之不同,积分(5.46)将取不同之值.

然而,用一些简单的例子就可以证明,在某些情形,积分之值与积分路径的选择无关. 比如在 §29 的例子中,我们已经看到,若把整个复平面取作域 D,则可证明,积分的值仅与始点和终点 a,b 有关,而与路径毫不相干. 这个例子使得我们想到,在这种情况之下,所论的积分到底等于什么. 下面的定理成立.

定理　若在连通域 D 中定义之函数 $f(z)$ 在 D 内具有原函数 $F(z)$,则由点 a 到点 b 沿某一条全部属于域 D 的曲线 C 所取的积分

$$J = \int_C f(z)\,\mathrm{d}z \tag{5.62}$$

与这曲线的选择无关. 它等于原函数 $F(z)$ 从点 a 转到点 b 的增量

$$J = F(b) - F(a) \tag{5.63}$$

下面所作的证明从这样的一个假定出发,即函数 $F(z)$ 在所论之域内一致可微. 以后我们将要阐明,这项假定是不重要的,由原函数 $F(z)$ 的存在即可推出所给函数 $f(z)$ 解析(§47),因而函数 $F(z)$ 也解析(§49,8),而由所论之函数解析,即可推出它在所论域中的任何闭域内一致可微.

设 C 是域 D 内一条联结 a,b 两点的曲线,又设 $\{z_k,\zeta_k\}$ 是它的一个分割 $(z_0 = a, z_n = b)$,假定 $\zeta_k = z_{k-1}(k = 1,2,\cdots,n)$.

我们有

$$F(b) - F(a) = \sum_{k=1}^{n} \left[F(z_k) - F(z_{k-1}) \right] \tag{5.64}$$

若分割的直径很小,则由 $F(z)$ 一致可微,即得等式

$$F(z_k) = F(z_{k-1}) + (z_k - z_{k-1})[f(z_{k-1}) + \theta_k \varepsilon] \qquad (5.65)$$

于此，ε 是预先给定的一个任意小的正数，而 $|\theta_k| < 1(k = 1, 2, \cdots, n)$.

我们可以把等式(5.65)写成

$$F(z_k) - F(z_{k-1}) = f(z_{k-1})\Delta z_k + \varepsilon \theta_k \Delta z_k$$

在这种情况下，式(5.64)即变为

$$F(b) - F(a) = \sum_{k=1}^{n} f(z_{k-1})\Delta z_k + \varepsilon \sum_{k=1}^{n} \theta_k \Delta z_k$$

上式右边第一个和数是一积分和，因而在进行积分时，其极限即趋于一积分，第二和数就绝对值而言可以使之任意小，即趋于 0. 结果我们就得到(取极限并交换等式两边的位置)

$$\int_C f(z)\,\mathrm{d}z = F(b) - F(a) \qquad (5.66)$$

§29 中所论的求非负整数幂的积分的例子很清楚地说明了所证明的定理.

设 $p \neq 1$，我们现在再来研究一个关于负整数 $-p$ 次幂的例子

$$f(z) = \frac{1}{z^p}$$

这类函数在全部 z 平面上除去原点 $z = 0$ 之后所成之域中具有原函数

$$F(z) = -\frac{1}{p-1} \cdot \frac{1}{z^{p-1}}$$

因此，假若曲线 C 不穿过原点，而无任何另外的限制(当然 C 必须为可求长的)，则可证明

$$\int_C \frac{\mathrm{d}z}{z^p} = \frac{1}{p-1}\left(\frac{1}{a^{p-1}} - \frac{1}{b^{p-1}}\right) \qquad (5.67)$$

最后，设 $p = -1$，即得

$$f(z) = \frac{1}{z}$$

在这种情形，并不是对于任何域 D，即使不包含原点，可以证明其中存在一个一意定义的原函数. 但却有(例如)这样的特殊结果：在从全平面除去正半轴 Ox 后所得之域 D 中，存在原函数 $F(z) = \ln z$("主"自然对数). 因此，假若曲线 C 与半轴 Ox 没有公共点，则有公式

$$\int_C \frac{\mathrm{d}z}{z} = \ln \frac{b}{a} \qquad (5.68)$$

以后，这个问题还将在 §34 中得到阐明.

§32　复积分与积分路径无关的条件

前面已经证明过,假若函数 $f(z)$ 在域 D 中具有原函数,则积分 $\int_C f(z)\,\mathrm{d}z$ 与积分路径 C 无关,而只与函数 $f(z)$ 本身以及曲线 C 的始点和终点有关(只要 C 不跑到 D 的外面去).

我们现在设法来说明:在什么样的条件之下可以证明在域 D 中存在 $f(z)$ 的原函数.

为此,我们只需把复积分的实部和虚部分开并利用一下线积分的性质即可.

我们已经看到,要想原函数存在,必须所给的函数满足柯西 - 黎曼条件(§28),我们现在来证明,这些条件同时也是原函数存在的充分条件.

假若我们只限于讨论单连通域,我们现在先来说明,要想沿着这域中从点 $z=a$ 到点 $z=b$ 的某一曲线 C 所取的积分

$$J = \int_C f(z)\,\mathrm{d}z \tag{5.69}$$

与曲线 C 的选择无关,则必要且充分的条件是什么. 正如我们已经看到,由于等式

$$J = \int_C \left[u(x,y)\,\mathrm{d}x - v(x,y)\,\mathrm{d}y \right] + \mathrm{i}\int_C \left[v(x,y)\,\mathrm{d}x + u(x,y)\,\mathrm{d}y \right]$$

成立,故所说的要求与两个线积分

$$\int_C \left[u(x,y)\,\mathrm{d}x - v(x,y)\,\mathrm{d}y \right]$$

及

$$\int_C \left[v(x,y)\,\mathrm{d}x + u(x,y)\,\mathrm{d}y \right] \tag{5.70}$$

与曲线 C 之选择无关这一要求等价.

众所周知,要想线积分

$$\int_C \left[P(x,y)\,\mathrm{d}x + Q(x,y)\,\mathrm{d}y \right]$$

与积分路径无关,则必须(若域 D 为单连通域,则也是充分的[①])"可积条件"

$$\frac{\partial P}{\partial y} \equiv \frac{\partial Q}{\partial x}$$

(恒)成立.

对于积分(5.70),这条件变成

---

①　参看菲赫金哥尔茨,微积分学教程,第三卷第一分册. 偏导数 $\dfrac{\partial P}{\partial y}$ 和 $\dfrac{\partial Q}{\partial x}$ 存在且连续,这里已经预先假定.

$$\frac{\partial u}{\partial y} = -\frac{\partial v}{\partial x}, \frac{\partial v}{\partial y} = \frac{\partial u}{\partial x} \tag{5.71}$$

所得的方程组不是别的,而正是柯西 – 黎曼条件.

于是,我们就得到了所谓的柯西基本定理:若函数 $f(z)$ 在单连通域 D 内具有连续导数 $f'(z)$,则积分(5.69)与积分路径 C 之选择无关,它只与函数 $f(z)$ 以及与路径 C 的始点和终点有关.

实际上,若函数 $f(z) \equiv u(x,y) + iv(x,y)$ 具有连续导数 $f'(z)$,则 $u(x,y)$ 和 $v(x,y)$ 的一阶连续偏导数存在,而且满足条件(5.71).

柯西基本定理推广了上节中所说的事实.

我们现在注意,若在某一单连通域 D 中,积分(5.69)与积分路径 C 无关,则在积分号下就没有必要说明这一路径. 因此,在这种情形之下,写法(5.69)可以写成

$$J = \int_a^b f(z)\,\mathrm{d}z \tag{5.72}$$

最后,在规定采用这种写法之下,我们可以证明下之定理.

定理 若在某一单连通域 D 中,函数 $f(z)$ 连续,且积分

$$F(z) = \int_{z_0}^z f(\zeta)\,\mathrm{d}\zeta ① \tag{5.73}$$

(于此,z_0 为域 D 内之一固定点)与积分路径无关(如果路径属于 D 的话),则这个积分是函数 $f(z)$ 的原函数.

我们必须指出,在域 D 中之任何一点 z

$$F'(z) \equiv \frac{\mathrm{d}}{\mathrm{d}z}\int_{z_0}^z f(\zeta)\,\mathrm{d}\zeta = f(z) \tag{5.74}$$

作函数 $F(z)$ 的增量与其变量的增量之比

$$\frac{F(z+h) - F(z)}{h} = \frac{1}{h}\left[\int_{z_0}^{z+h} f(\zeta)\,\mathrm{d}\zeta - \int_{z_0}^z f(\zeta)\,\mathrm{d}\zeta\right]$$

注意右边第一个积分与积分路径之选择无关,我们即可把这路径选择得使它穿过点 z,而且这条路径中联结点 z 和点 $z + h$ 的部分为一直线段,假若 $|h|$ 相当小,使得点 $z + h$ 落在以点 z 为心,以 $\rho < \delta$(这里的 δ 是由点 z 到域 D 的边界的距离)为半径的圆内(图15),则这是可能的.

在这种情形,从 z_0 到 z 符号相反的两个积分互相抵消了,我们即得到

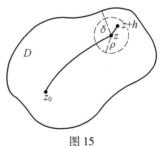

图 15

---

① 积分变量所用的文字改变了,为的是避免与积分上限引起混淆.

$$\frac{F(z+h)-F(z)}{h} = \frac{1}{h}\int_z^{z+h} f(\zeta)\,\mathrm{d}\zeta$$

由此即得

$$\left| \frac{F(z+h)-F(z)}{h} - f(z) \right| = \left| \frac{1}{h}\int_z^{z+h} [f(\zeta)-f(z)]\,\mathrm{d}\zeta \right| \leqslant$$

$$\frac{1}{|h|}\cdot|h|\cdot\max|f(\zeta)-f(z)| =$$

$$\max|f(\zeta)-f(z)|$$

其中最大值是就固定的 z 关于以 z 和 $z+h$ 为端点的线段上一切可能的位置 ζ 而取的. 因为在所论之点满足柯西 – 黎曼条件的函数 $f(z)$ 在该点也连续,所以这项极大值可以使它变得小于任意 $\varepsilon(>0)$,只需量 $|h|$ 充分小.

换句话说,我们已经证明了

$$\lim_{h\to 0}\frac{F(z+h)-F(z)}{h} = f(z)$$

(这也就是所要证明的).

于是,我们已经证明了(至少是对于单连通域)函数下列的两个性质等价:

(1) 原函数存在;(2) 复积分 $\int f(z)\mathrm{d}z$ 与积分路径无关. 具备这两种性质的函数 $f(z)$ 叫作可积函数. 我们已经证明了,在单连通域 D 中,要函数 $f(z)$ 可积,只需函数在 D 内存在连续导数("连续可微分")即可(这可将 §26 与 §32 中之定理加以比较得出).

最后,我们要注意,我们也已经证明了,在复数域中,微分和积分这两种运算是互逆的,它们可以由下面的等式表出

$$\frac{\mathrm{d}}{\mathrm{d}z}\int_{z_0}^z f(\zeta)\,\mathrm{d}\zeta = f(z),\quad \int_{z_0}^z f'(\zeta)\,\mathrm{d}\zeta = f(z)-f(z_0) \tag{5.75}$$

§33　闭曲线上的积分

下面的两个命题 A 和 B,正如我们所证明,完全是等价的.

A. 在单连通域 D 内的积分 $\int_C f(z)\mathrm{d}z$ 与积分路径无关.

更确切些:对于域 D 内的任意两点 a 和 b,以及任意两条具有公共始点 a 和公共终点 b 的曲线 C_1 和 C_2,沿这两条曲线所取的积分相等

$$\int_{C_1} f(z)\mathrm{d}z = \int_{C_2} f(z)\mathrm{d}z$$

B. 沿域 D 内任意一条闭曲线 Γ 所取的积分 $\int_{\Gamma} f(z)\,\mathrm{d}z$ 皆等于 0[①].

更确切些:对于任意一条整个属于单连通域 D 内之曲线 Γ,只要它的始点和终点相同,则沿这曲线所取的积分

$$\int_{\Gamma} f(z)\,\mathrm{d}z$$

等于 0[②].

我们现在先从 A 推出 B.

设已经给定了闭曲线 Γ. 在它上面我们取两个不同的点 a 和 b. 这两点(如我们在图 16 中所看到的)把曲线 Γ 分成两个有向弧,即以 a 为始点,b 为终点的弧 amb,及以 b 为始点,a 为终点的弧 bna(图 16)[③]. 由 A,我们有

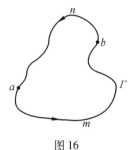

图 16

$$\int_{amb} f(z)\,\mathrm{d}z = \int_{anb} f(z)\,\mathrm{d}z$$

于是即得

$$\int_{amb} f(z)\,\mathrm{d}z = -\int_{bna} f(z)\,\mathrm{d}z$$

$$\int_{amb} f(z)\,\mathrm{d}z + \int_{bna} f(z)\,\mathrm{d}z = 0$$

即

$$\int_{ambna} f(z)\,\mathrm{d}z = 0$$

或

$$\int_{\Gamma} f(z)\,\mathrm{d}z = 0$$

我们现在从 B 推出 A. 设已给定两点 a 和 b,及两条不同的曲线 C_1 和 C_2,对于其中每一条,a 皆为始点,b 皆为终点.

正如从图 17 中可以看出,由弧 amb 和 bna[④] 所组成的曲线(其中 amb 与 C_1 一致,bna 与 C_2 仅有方向之差)是一条闭曲线,因而由 B,即得

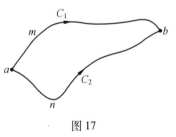

图 17

----

① 若无特别申明,闭曲线的转向皆假定是这样取,即当沿曲线移动时,曲线的内部总保持在左边("正向").

② 自然,对于形如 $\int (P\mathrm{d}x + Q\mathrm{d}y)$ 的实线积分,命题 A 和 B 也同样等价.

③ m 和 n 分别是所说的第一个弧和第二个弧的内点.

④ m 与 n 分别是曲线 C_1 和 C_2 的两个内点.

$$\int_{ambna} f(z)\,dz = 0$$

但这时
$$\int_{amb} f(z)\,dz + \int_{bna} f(z)\,dz = 0$$

于是即得
$$\int_{amb} f(z)\,dz - \int_{anb} f(z)\,dz = 0$$

即
$$\int_{amb} f(z)\,dz = \int_{anb} f(z)\,dz$$

或
$$\int_{C_1} f(z)\,dz = \int_{C_2} f(z)\,dz = 0$$

这也就是我们所要证明的.

注释 无论是曲线 Γ 可能有的自己相交,或者是曲线 C_1 和 C_2 的相交,都将使证明变得复杂,但不会改变结果. 我们在这方面并不感兴趣.

定理 设 Γ_1 为一闭曲线,Γ_2 为在 Γ_1 之内的一条闭曲线. 若函数 $f(z)$ 在一个包含曲线 Γ_1 和 Γ_2,以及 Γ_1 和 Γ_2 之间的整个环状区域的域内具有连续导数,则有等式

$$\int_{\Gamma_1} f(z)\,dz = \int_{\Gamma_2} f(z)\,dz \tag{5.76}$$

我们在曲线 Γ_1 上任取一点 p_1,在曲线 Γ_2 上任取一点 p_2,用一条整个属于环状区域之内的曲线 γ 把它们联结起来. 环状区域内不属于 γ 之点所成之集是一个单连通域 Δ,它是由曲线 $p_1 q_1 r_1 p_1 p_2 r_2 q_2 p_2 p_1$ 所围而成(图 18). 以 Γ 记此曲线,根据柯西定理,则有

$$\int_{\Gamma} f(z)\,dz = 0$$

$$\int_{p_1 q_1 r_1 p_1} f(z)\,dz + \int_{p_1 p_2} f(z)\,dz + \int_{p_2 r_2 q_2 p_2} f(z)\,dz + \int_{p_2 p_1} f(z)\,dz = 0$$

第一个积分是就(换另一句话说)曲线 Γ_1 取的,第三个是就曲线 Γ_2 取的,但是依相反方向,第二个和第四个显然互相抵消,因为是沿着同一曲线但依不同的方向所取的.

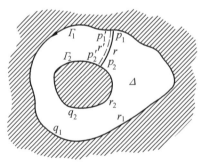

图 18

于是

$$\int_{\Gamma_1} f(z)\,\mathrm{d}z - \int_{\Gamma_2} f(z)\,\mathrm{d}z = 0$$

由此即得等式(5.76).

注释　对于用来围区域 Δ 的曲线,弧 γ 是"双边周界"这一点,读者可能感到惶惑.然而这种现象无碍于我们采用柯西定理.事实上,设端点 p_1' 和 p_2' 在曲线 Γ_1 和 Γ_2 上的弧 γ'(图 18)与 γ 不相交,则毫无妨碍的可以证明,沿曲线 $p_1'q_1r_1p_1p_2r_2q_2p_2'p_1'$ 所取的积分为 0,令 γ "靠近" γ(其中 $p' \to p, p_2' \to p_2$),取极限,即得我们所要的结果①.

例5.8　沿任意一条包围点 a 的闭曲线 Γ 所取的积分

$$\int_{\Gamma} \frac{\mathrm{d}z}{(z-a)^n}$$

视 n 等于 1 或等于异于 1 的整数而等于 $2\pi\mathrm{i}$ 或 0(参看 §30).

§34　由积分来定义对数

在任何包含点 $z = 1$ 但不包含原点 $z = 0$ 的单连通域中,积分

$$F(z) = \int_1^z \frac{\mathrm{d}\zeta}{\zeta} \tag{5.77}$$

是变量 $z = re^{i\theta}$ 的一个一意定义的函数.不难证明,在条件 $z \neq 0, 0 \leq \theta < \pi$ 之下,这函数与对数的主值

$$F(z) = \ln z \tag{5.78}$$

相同.

实际上,若在式(5.77)中沿着由:(1)从 1 到 r 的直线段,及(2)以点 O 为心,r 为半径,r 和 z 为端点的圆弧这两条线所组成的路径求积分,在这样情形之下,若用 x 记在直线段上求积分时的变量,用 $\zeta = re^{i\varphi}$ 记在圆弧上求积分时的变量,则得

$$\int_1^z \frac{\mathrm{d}\zeta}{\zeta} = \int_1^r \frac{\mathrm{d}\zeta}{\zeta} + \int_r^z \frac{\mathrm{d}\zeta}{\zeta} = \int_1^r \frac{\mathrm{d}x}{x} + \mathrm{i}\int_0^\theta \mathrm{d}\varphi = \ln r + \mathrm{i}\theta = \ln z$$

(参看图 19).

根据柯西定理,式(5.78)中的结果经常成立,只要从 1 到 z 所引的这一条

---

①　对于证明关系

$$\int_{\gamma'} f(z)\,\mathrm{d}z \to \int_{\gamma} f(z)\,\mathrm{d}z$$

成立所必要的一切形式上的过程,我们留给读者.

积分路径不环绕原点即可. 这时, 我们要注意, 要使得式(5.78)成立, 并不需要积分路径上全部的点一起不绕过原点. 例如对于图 20 中所画的积分路径 C_1 和 C_2, 就有同样的结果(5.78), 因为沿着画有阴影的那些区域的周界所取的积分等于 0.

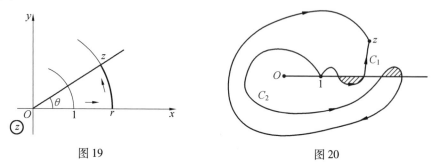

图 19   图 20

假若积分路径环绕原点, 结果就会改变. 我们现在来看(例如)图 21(a)中的路径 C, 我们有

$$\int_C \frac{\mathrm{d}\zeta}{\zeta} = \int_{1mnz} \frac{\mathrm{d}\zeta}{\zeta} = \int_{1mn} \frac{\mathrm{d}\zeta}{\zeta} + \int_n^z \frac{\mathrm{d}\zeta}{\zeta} =$$

$$\int_{1mn} \frac{\mathrm{d}\zeta}{\zeta} + \int_n^1 \frac{\mathrm{d}\zeta}{\zeta} + \int_1^n \frac{\mathrm{d}\zeta}{\zeta} + \int_n^z \frac{\mathrm{d}\zeta}{\zeta} =$$

$$\int_{1mn1} \frac{\mathrm{d}\zeta}{\zeta} + \int_{1nz} \frac{\mathrm{d}\zeta}{\zeta}$$

右边第一个积分, 正如上面所证明, 等于 $2\pi \mathrm{i}$, 依照式(5.78), 第二个积分等于 $\ln z$. 于是, 假若积分路径依正方向绕原点转过一周, 则得

$$\int_C \frac{\mathrm{d}\zeta}{\zeta} = \ln z + 2\pi \mathrm{i}$$

同理, 假若依正方向绕原点转过两周(图 21(b)), 则有

$$\int_C \frac{\mathrm{d}\zeta}{\zeta} = \ln z + 4\pi \mathrm{i}$$

一般言之, 若转过正的 n 转, 则得结果 $\ln z + 2n\pi \mathrm{i}$.

另外, 假若是按反方向来环绕原点, 如图 21(c)中那样, 则得

$$\int_C \frac{\mathrm{d}\zeta}{\zeta} = \int_{1mnz} \frac{\mathrm{d}\zeta}{\zeta} = \int_{1mn1} \frac{\mathrm{d}\zeta}{\zeta} + \int_{1nz} \frac{\mathrm{d}\zeta}{\zeta}$$

因为右边第一个积分等于 $-2\pi \mathrm{i}$, 故总起来得 $\ln z - 2\pi \mathrm{i}$.

在最一般的情形(只要积分路径不经过原点), 从 1 到 z 所取的积分之值如

$$\ln z + 2N\pi \mathrm{i} \tag{5.79}$$

于此, N 为积分路径绕过原点的回数, 这种回数是依代数来理解的(即指正转的回数与负转的回数之差).

但式(5.79)恰好就和 $\dfrac{1}{z}$ 的原函数 $\mathrm{Ln}\, z$ 的普通公式相同.

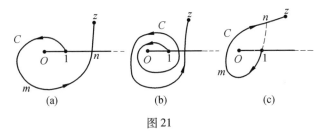

图 21

于是,沿着不经过原点的路径所取的积分

$$\int_1^z \frac{\mathrm{d}\zeta}{\zeta} \tag{5.80}$$

恰好等于原函数 Ln z 的一个值. 这时,值的选取完全由积分路径来决定,即是说,积分等于 ln $z + 2N\pi\mathrm{i}$,这里的 N 是路径绕过原点的回数,这种回数是依代数来理解的.

从下述的观点来看,我们所研究的例子是值得注意的:

(1)它指出,作为(积分的)上限的函数来理解的积分,它是如何因为所给区域为多连通域而为多值函数的:在某种程度上,积分取决于路径.

(2)它阐明了 §21 中所说的对数函数为多值函数这一现象.

(3)就现在而言,我们遇到了最简单的分式有理函数的积分.

§35　求有理函数的积分

一方面,假设已经给定了一个有理函数 $R(z)$,而另一方面,又任意给定一条从某一点 a 到某一点 b 的曲线 C,但 C 绕开了 $R(z)$ 所有的极点(假若它有极点的话). 我们现在来研究如何算出积分

$$I = \int_C R(z)\,\mathrm{d}z \tag{5.81}$$

对于整有理函数(多项式)的积分,我们不难根据 §31 中的公式(5.66)借助原函数求出. 因此,我们就把注意力集中在分式有理函数的情形上面. 而且,我们可以只限于讨论真分式.

因为真分式可以写成初等分式之和的形式(§15). 因此,我们只需分开来专门研究各个初等分式的积分.

至于形如

$$\int_C \frac{\mathrm{d}z}{(z - z_0)^n}$$

的积分,那就是,若 $n \neq 1$,则它可用与 §33 同样的方法计算,但若 $n = 1$,则经变换 $z - z_0 = z'$,即可把它变成

$$\int_{C'} \frac{dz'}{z'}$$

而上面这一积分已经在前面 §34 中讨论过了.

特别重要的是 Γ 为一次经过的简单(本身无交点的)闭曲线的情形,这时必须假定它的终点和始点相同. 在这种情形,整有理函数的积分为 0,形如 $\frac{1}{(z-z_0)^n}$ 的初等分式的积分也为 0,这里的 $n > 1$,若 z_0 在曲线 Γ 的外部,则形如 $\int_\Gamma \frac{dz}{z-z_0}$ 的积分也为 0,若点 z_0 在曲线 Γ 的内部,则积分等于 $2\pi i$(参看 §33).

于是,若将函数展开成初等分式,则在求展开式中与(例如)极点 a 相应的主要部分

$$A(z) = \frac{A_0}{(z-a)^\alpha} + \frac{A_1}{(z-a)^{\alpha-1}} + \cdots + \frac{A_{\alpha-1}}{z-a}$$

的积分时,所有分式的积分皆为 0,除了最后一个之外,假若点 a 在积分路径内部的话. 于是,$(z-a)^{-1}$ 的系数 $A_{\alpha-1}$ 的值就很明显,这个系数称为对应于极点 a 的残数(或作留数).

对于每一极点运用同样的论证,我们就得到了下面的定理(一般柯西残数定理的特殊情形):

设 $R(z)$ 为一有理函数,Γ 为一条不穿过 $R(z)$ 的极点的单闭曲线,依正方向沿 Γ 所取的 $R(z)$ 的积分(5.81)等于 $2\pi i$ 乘上与 Γ 内部的极点相应的残数之和.

例 5.9   试计算沿圆 $|z| = 2$ 所取的积分

$$I = \int_\Gamma \frac{(z+1)dz}{z^2(z-1)(z-3)}$$

在圆 Γ 内,被积函数有两个极点:0(二重极点)和 1(一重极点). 在点 0 附近,被积函数有一个关于 z 的幂级数展开式,它的主要部分等于

$$\frac{1}{3} \cdot \frac{1}{z^2} + \frac{7}{9} \cdot \frac{1}{z}$$

在点 1 的附近,同一函数有一个关于 $z-1$ 的方幂的展开式,它的主要部分等于

$$-1 \cdot \frac{1}{z-1}$$

因之,积分的值等于

$$I = 2\pi i\left(\frac{7}{9} - 1\right) = -\frac{4}{9}\pi i$$

习   题

1. 将下列函数的实部和虚部分开,并验证它们满足柯西 – 黎曼条件:

$(1) z^3$. $(2) \dfrac{1}{z}$. $(3) e^z$. $(4) \sin z$. $(5) \ln z$.

2. 试证明,在极坐标下,柯西 – 黎曼条件变成

$$
\begin{cases}
\dfrac{\partial u}{\partial r} = \dfrac{1}{r}\dfrac{\partial v}{\partial \theta} \\[2mm]
\dfrac{1}{r}\dfrac{\partial u}{\partial \theta} = -\dfrac{\partial v}{\partial r}
\end{cases}
$$

并用第 1 题中之例 $(1),(2),(3)$ 就此公式加以验算.

3. 将复积分 $\displaystyle\int_C z^p \mathrm{d}z$($p$ 为正整数)的实部和虚部表成线积分的形式,并直接验算所得的线积分与积分路径无关.

4. 试利用变量变换证明等式

$$
\frac{1}{2\pi\mathrm{i}}\int_\Gamma \frac{e^z \mathrm{d}z}{z} = \frac{1}{\pi}\int_0^\pi e^{\cos\theta}\cos(\sin\theta)\,\mathrm{d}\theta
$$

于此 Γ 是任意一条包围原点的闭曲线.

5. 利用前面的等式证明

$$
\int_0^\pi e^{\cos\theta}\cos(\sin\theta)\,\mathrm{d}\theta = \pi
$$

6. 设 C 是点 z 依正方向所经过的圆 $|z|=1$,试从积分和的分点皆为等距

$$
z_k = e^{\frac{k\pi\mathrm{i}}{n}} \quad (k = 0, 1, 2, \cdots, 2n-1)
$$

这样一个特别假定出发,证明等式

$$
\int_C \frac{\mathrm{d}z}{z} = 2\pi\mathrm{i}
$$

成立.

7. 试证明函数

$$
F(z) = \int_0^z e^{\zeta^2}\mathrm{d}\zeta
$$

是函数 $f(z) = e^{z^2}$ 的原函数. 并证明,若 $|x| \geqslant |y|$,则有不等式

$$
|F(z)| \leqslant \sqrt{x^2 + y^2}\cdot e^{x^2 - y^2}
$$

8. 试计算沿圆 $|z|=2$ 所取的积分

$$
J_1 = \int_C \frac{(z+1)\,\mathrm{d}z}{z(z-1)^2(z-3)} \quad \text{及} \quad J_2 = \int_C \frac{(z+1)\,\mathrm{d}z}{z(z-1)(z-3)^2}
$$

函数列和函数级数

第
六
章

§36　关于一致收敛的一般知识

上几章中我们曾多少详细研究过的那些函数,它们的总范围并不是很大的,它们是整有理函数和分式有理函数(第三章)以及初等超越函数(第四章).在本章中,我们将要说明一种方法,它可以用来构造非常广泛的一类新函数;我们将要引入取极限这一运算来做到这一点.这种运算已经使得我们引进了初等超越函数;现在乃是从这种特殊的例子转到比较一般的理论.

在第二章中,我们已经介绍过了取复数列的极限这一概念(或者说,介绍过了关于无穷数字级数之和的研究,这并没有原则上的差别);但是现在我们要去注意的,则是基于我们现在是去处理函数(而不是数字)列和函数级数这一事实而推演出来的一些情况.

我们必须立刻指出,今后我们将特别注意函数列在某一个区域内是否一致收敛.我们将假定,集 E 包含无限多个点,而且其中有内点.后面这一假定无疑是要求集 E 包含一个半径为有限的圆全部在内.

122

一致收敛乃是最简单的一种收敛. 假如说,函数列 $\{f_n(z)\}$ 在某一集 E 中一致收敛于极限函数 $f(z)$,那么,这就是说,无论对于任意小的 $\varepsilon(>0)$,总可得出一仅与 ε 有关的 N,使得当 $n>N$ 时,对于 E 中所有的点 z 必有不等式

$$|f_n(z)-f(z)|<\varepsilon \tag{6.1}$$

"简单"(就是说,不必是一致)收敛乃是较为复杂的一种收敛,它比较不大受到我们的注意. 简单收敛的定义与一致收敛的定义差别在于它不要求 N 仅与 ε 有关,即允许 N 也可以与(属于集 E 中的) z 的值有关.

假若集 E 是由有限多个点 $z_1,z_2,\cdots,z_p$ 组成,则函数列 $\{f_n(z)\}$ 在这集上的收敛(假若它是的话)必为一致收敛. 事实上,由假定,函数 $\{f_n(z_k)\}$(这里的 k 是表示从 1 到 p 的诸整数当中的任意一个)具有极限 $f(z_k)$. 这就是说,存在着 N_k,使得当 $n>N_k$ 时,不等式

$$|f_n(z_k)-f(z_k)|<\varepsilon \quad (1\leqslant k\leqslant p) \tag{6.2}$$

成立. 于是,只需在诸数

$$N_1,N_2,\cdots,N_p$$

中选取最大的一个,并取之作 N,则当 $n>N$ 时,不等式(6.2)对于所有的 k 皆成立,而这也就是我们所要证明的.

至于集 E 的内点的重要性,那我们暂时只提一下:只有当内点存在的时候,对于极限函数的性质我们才能进行深入的研究.

为了表示函数列 $\{f_n(z)\}$ 在集 E 上一致收敛于函数 $f(z)$,通常是采用记号

$$f_n(z)\rightrightarrows f(z)(E)$$

我们现在来研究几个一致收敛的例子(其中 E 取全平面).

例 6.1

$$f_n(z)=\frac{1}{1+n^2z^2}①$$

若 $z=0$,则易看出, $f_n(z)$ 以 1 为极限;但若 $z\neq 0$,则变形

$$f_n(z)=\frac{1}{n^2z^2}\cdot\frac{1}{1+\frac{1}{n^2z^2}}$$

指出 $f_n(z)$ 以 0 为极限. 于是,在本例题中,极限函数 $f(z)$ 由下之等式所定义

$$f(z)=\begin{cases}1, & \text{当 } z=0 \\ 0, & \text{当 } z\neq 0\end{cases}$$

---

① 麻烦之处不在于 $f_n(z)$ 具有极点,而在于点 $z=\pm\dfrac{i}{n}$ "失去意义".

例 6.2

$$f_n(z) = \frac{n}{1 + n^2 z^2}$$

因 $f_n(0) = n$，故当 $z = 0$ 时，序列 $\{f_n(0)\}$ 以 ∞ 为极限；另外，当 $z \neq 0$ 时，我们得到（如同例 6.1）极限 0.

于是，在全平面上，除了点 $z = 0$ 之外，皆收敛于极限函数 $f(z) \equiv 0$，而在 $z = 0$ 时，则（就精确的意义而言）不收敛.

例 6.3

$$f_n(z) = \frac{1}{1 + n^2 \left(z - \dfrac{1}{\sqrt{n}}\right)^2}$$

于此，当 $z = 0$ 时，我们有 $f_n(0) = \dfrac{1}{1 + n}$，因而 $f_n(0)$ 趋于 0. 但若 $z \neq 0$，则由变形

$$f_n(z) = \frac{1}{n^2 z^2} \cdot \frac{1}{\dfrac{1}{n^2 z^2} + \left(1 - \dfrac{1}{z\sqrt{n}}\right)^2}$$

即可看出，$f_n(z)$ 仍旧趋于 0. 因之，对于一切 z 值，极限函数 $f(z)$ 毫无例外地等于 0.

在例 6.1 ~ 6.3 中，没有一个函数列在 $z = 0$ 的附近一致收敛. 这可从这样的事实直接看出，即在该点附近，函数 $f_n(z)$ 当 n 充分大时可以取任何异于 0 的值，而这与不等式（6.1）自然是不相容的.

下面的定理以及它的证明皆和实变函数论中相应的定理相似.

定理 6.1 若函数列 $\{f_n(z)\}$ 中的函数在 E 上的任何点皆连续，又若此函数列一致收敛于函数 $f(z)$，则函数 $f(z)$ 在 E 的任何点亦连续.

设 z_0 是 E 的任意一点，又设 $z_0 + h$ 亦属于 E，则

$$| f(z_0 + h) - f(z_0) | \leqslant | f(z_0 + h) - f_n(z_0 + h) | + $$
$$| f_n(z_0 + h) - f_n(z_0) | + | f_n(z_0) - f(z_0) | \tag{6.3}$$

取 n 甚大，使得对于 E 中任何一点 z 不等式（6.1）皆成立，则式（6.3）中右边第一项和第三项皆小于 $\dfrac{\varepsilon}{3}$. 然后再取 h 适当小，由于 $f_n(z)$ 连续，可以使得第二项小于 $\dfrac{\varepsilon}{3}$，只需 $| h |$ 充分小. 最后，式（6.3）右边，因而它的左边即小于任意小的正数 ε.

要想证明上述例题 6.1 和 6.2 中之函数列非一致收敛，只需引用定理 6.1 即可；但对于例 6.3，这却是不够的.

定理 6.2 在定理 6.1 的条件下,若曲线 C 属于集 E,则关系

$$\int_C f_n(z)\,\mathrm{d}z = \int_C f(z)\,\mathrm{d}z \tag{6.4}$$

成立.

这可由下之积分估值得出

$$\left|\int_C f_n(z)\,\mathrm{d}z - \int_C f(z)\,\mathrm{d}z\right| = \left|\int_C [f_n(z) - f(z)]\,\mathrm{d}z\right| \leqslant$$
$$L \cdot \max_C |f_n(z) - f(z)|$$

于此,L 为 C 之长. 对于充分大的 n 值,无论是 E 中任何一点 z,差数 $f_n(z) - f(z)$ 的绝对值皆小于 ε;因而它在 C 上的极大模也小于 ε.

对于这个定理,我们还可补充如下.

定理 6.2′ 假若除了上述条件之外,集 E 尚包有域 D,所有的函数 $f_n(z)$ 在 D 中皆可积①,则函数 $f(z)$ 在 D 中亦可积.

事实上,若 Γ 为属于域 D 的一闭曲线,则由关系

$$\int_\Gamma f_n(z)\,\mathrm{d}z = 0 \quad (n = 1, 2, \cdots)$$

即得(式(6.4))

$$\int_\Gamma f(z)\,\mathrm{d}z = 0$$

定理 6.3 假若除了定理 6.1 的条件之外,集 E 尚包有域 D,所有的函数 $f_n(z)$ 在 D 中具有连续导数 $f'_n(z)$,而且函数列 $\{f'_n(z)\}$ 在域 D 中一致收敛

$$f'_n(z) \rightrightarrows f_*(z) \tag{6.5}$$

则函数 $f(z)$ 在 D 中可微分,而且它的导数与 $f_*(z)$ 相同

$$f'(z) \equiv f_*(z) \tag{6.6}$$

事实上,(依照定理 6.2,6.2′)将关系(6.5)沿 D 中从点 z_0 到点 z 的某一曲线积分,则得

$$\lim\{f_n(z) - f_n(z_0)\} = \int_{z_0}^z f_*(\xi)\,\mathrm{d}\xi$$

另外,由假定,$f_n(z)$ 一致收敛于 $f(z)$,即得

$$\lim\{f_n(z) - f_n(z_0)\} = f(z) - f(z_0)$$

于是

$$\int_{z_0}^z f_*(\xi)\,\mathrm{d}\xi = f(z) - f(z_0) \ 或 \ f(z) = \int_{z_0}^z f_*(\xi)\,\mathrm{d}\xi + f(z_0) \tag{6.7}$$

由定理 6.1,函数 $f_*(z)$ 在 D 中连续,故等式(6.7)右边关于 z 的导数存在.

---

① "可积"一词按照 §32 中所下的定义来理解.

这就是说,左边关于 z 的导数也存在,而等式(6.6)于是证明.

注 定理6.3中的条件在以后将被减弱,而结论则大为推广(参看§50).因此,本定理上面的这种表达形式对于复域来说则是平凡无奇的,但刚才我们是希望指出,所有在实变函数论中成立的定理6.1~6.3在复变函数论中连同它们的证明一起一并有效.

对于那种非常重要的情形,即当所谈论的是函数级数(因而考虑到由该级数的部分和所做成的序列)是否收敛时,一致收敛这一要求可表示为:

对于在集 E 上定义的函数构成的级数

$$\sum u_n(z) \equiv u_1(z) + u_2(z) + \cdots + u_n(z) + \cdots$$

假若无论 $\varepsilon(>0)$ 如何小,总可得出一 N,它仅与 ε 有关,使得当 $n > N$ 时,对于 E 中所有之点 z 皆有不等式

$$|f_n(z) - f(z)| < \varepsilon$$

则称该级数在集 E 上一致收敛于函数 $f(z)$,于此 $f_n(z)$ 是表示级数的部分和

$$f_n(z) \equiv \sum_{k=1}^{n} u_k(z) \quad (n = 1,2,0) \tag{6.8}$$

倘注意到每一序列皆容易写成级数的形式,而对每一级数,则又有它的部分和做成的序列和它密切相关,所以我们可以直接陈述关于级数情形的定理6.4~6.6而不必加以证明:

定理6.4 若函数级数 $\sum u_n(z)$ 的每一项 $u_n(z)$ 在 E 中所有(非孤立)的点皆连续,又若在 E 上,级数一致收敛于函数 $f(z)$,则级数和 $f(z)$ 在 E 中所有(非孤立)的点也连续.

定理6.5 在同样条件之下,若曲线 C 属于集 E,则沿该曲线,"级数可以逐项积分"

$$\int_C \left[\sum_{n=1}^{\infty} u_n(z) \right] \mathrm{d}z = \sum_{n=1}^{\infty} \int_C u_n(z) \mathrm{d}z$$

定理6.5′ 假若除此之外,集 E 尚包有一域 D,在 D 中,所有的函数 $u_n(z)$ 皆可积,则在该域中,级数和 $f(z)$ 亦可积.

定理6.6 在定理6.4条件之下,假若除此之外,集 E 尚包有域 D,在 D 中,所有的函数 $u_n(z)$ 皆具有连续导数 $u_n'(z)$,又若由这些导数做成的级数在 D 中一致收敛,则在域 D 中可以"逐项微分"

$$\left[\sum_{n=1}^{\infty} u_n(z) \right]' \equiv \sum_{n=1}^{\infty} u_n'(z)$$

正如在实变函数论中一样,对此还必须加上一个非常简单而重要的(充分)检验法,用来判断级数是否一致收敛:

假若存在一正项收敛级数 $\sum\limits_{n=1}^{\infty} U_n$，它在集 E 上"控制了"所给的级数 $\sum\limits_{n=1}^{\infty} u_n(z)$，即是说，对于所有 E 中之点 z，不等式

$$|u_n(z)| \leqslant U_n \quad (n = 1, 2, \cdots) \tag{6.9}$$

皆成立，则级数 $\sum\limits_{n=1}^{\infty} u_n(z)$ 在集 E 上一致收敛.

实际上：① 正项级数 $\sum |u_n(z)|$ 的收敛可以从关系式(6.9)将一般项 $|u_n(z)|$ 和 U_n 加以比较得出，而 $\sum u_n(z)$ 的收敛则可从 $\sum |u_n(z)|$ 的收敛得出.

② 令

$$\sum_{n=1}^{\infty} u_n(z) = f(z) , \sum_{k=1}^{\infty} u_k(z) = f_n(z) \quad (n = 1, 2, \cdots)$$

则有

$$|f_n(z) - f(z)| = \left| \sum_{k=n+1}^{\infty} u_k(z) \right| \leqslant \sum_{k=n+1}^{\infty} |u_k(z)| \leqslant \sum_{k=n+1}^{\infty} U_k$$

而右边最后一个级数，则由于级数 $\sum U_n$ 收敛，当 n 充分大时，可以使之小于任意的数 $\varepsilon(>0)$，因而我们就得到了不等式

$$|f_n(z) - f(z)| < \varepsilon$$

它对于 E 中任何点皆成立.

为了要构造新的函数，下面的两种无限过程皆同样是适用的，这就是直接从所给的序列取极限以及求函数(项)级数之和. 我们不需要利用别的无限过程(其中最简单的可以列举出无限乘积，无限连分数，无限多阶的行列式，等等).

至于级数，那我们要注意，在研究了它的各种类型之后，我们所特别加以注意的是各项为变量 z 的整有理函数的级数("多项式级数")，我们规定用记号 $\sum\limits_{n=1}^{\infty} P_n(z)$ 或 $\sum\limits_{n=0}^{\infty} P_n(z)$ 来记这种级数的一般形状. 在多项式级数中，幂级数占有特殊的位置，所谓幂级数，就是它的一般项系由形如

$$P_n(z) \equiv c_n(z - a)^n$$

的公式所定义的级数(这里的 a 是一复常数).

我们现在来详细研究幂级数的性质.

§37 幂级数和它的性质

所有形如

$$\sum_{n=0}^{\infty} c_n(z-a)^n \equiv c_0 + c_1(z-a) + c_2(z-a)^2 + \cdots + c_n(z-a)^n + \cdots$$

(6.10)

的级数,无论它的系数 c_n 是什么样的复数,皆叫作"按 $z-a$ 的非负整数幂展开的"幂级数,为简便起见,我们把数 a 叫作级数的中心.

利用变量变换

$$z - a = z'$$

则具有任意中心的幂级数即化为中心在原点 $z=0$ 的幂级数. 因此,当只研究一个单独取出来的幂级数时,不失其普遍性,我们可以假定 $a=0$,即级数的中心与原点一致.

特别值得我们注意的问题是:(1) 对于什么样的(复)数值 z,所给的级数 $\sum_{n=0}^{\infty} c_n z^n$ 收敛?

(2) 对于什么样的 z 值它绝对收敛?

(3) 关于什么样的集 E,我们可以肯定:级数 $\sum_{n=0}^{\infty} c_n z^n$ 在 E 上一致收敛?

显而易见,这些问题的答案和所给级数的系数 $c_n(n=1,2,\cdots)$ 有关. "所给级数"一词应该理解成"具有已给系数的级数".

我们首先要注意,系数 c_n 可能会是这样的:(1) 级数对于所有的(复)数值 z 皆收敛. (2) 级数除了 $z=0$ 一值外,对于任何 z 值皆不收敛(当 $z=0$ 时,级数一定是收敛的,因为除了首项可能不为 0 外,所有其余各项皆为 0). 比如

$$\sum_{n=0}^{\infty} \frac{z^n}{n!} = 1 + \frac{z}{1!} + \frac{z^2}{2!} + \cdots + \frac{z^n}{n!} + \cdots$$

和

$$\sum_{n=0}^{\infty} n!\, z^n = 1 + 1!\, z + 2!\, z^2 + \cdots + n!\, z^n + \cdots$$

就可用来作为这样的例子.

上述的级数中前一级数我们已经遇见过(参看第四章),而且我们知道,它"在全平面上"(即对于一切 z 值)绝对收敛;现在我们还要进一步证明,它在一切有界集 E 上一致收敛. 实际上,假若 R 是 E 中点的模的上确界,则有不等式

$$\left| \frac{z^n}{n!} \right| \leqslant \frac{R^n}{n!}$$

由此即可得出命题,因为级数 $\sum\limits_{n=0}^{\infty} \dfrac{R^n}{n!}$ 是收敛的(以 e^R 为其和).

相反,第二级数对于任何 $z \neq 0$ 皆发散,因为它的一般项不趋于 0[①].

为要得出更进一步的结果,我们现在利用下面的引理(阿贝尔(Abel)引理):

引理　若级数 $\sum\limits_{n=0}^{\infty} c_n z^n$,当 $z = z_0 (\neq 0)$ 时收敛,则它对于所有满足不等式 $|z| < |z_0|$ 的 z 值皆收敛,而且是绝对收敛.

证明　由级数 $\sum\limits_{n=0}^{\infty} c_n z_0^n$ 收敛,即可推知它的一般项趋于 0,因而对于充分大的 $n(n > n_0)$,此一般项就模而言小于 1

$$|c_n z_0^n| < 1$$

于是,令 $|z_0| = r_0$,则得

$$|c_n| < \frac{1}{r_0^n}$$

现在我们假定 $|z| = r < r_0$,而来研究级数 $\sum c_n z^n$. 当 $n > n_0$ 时,我们有

$$|c_n z^n| = |c_n| \cdot r^n < \frac{1}{r_0^n} \cdot r^n = \left(\frac{r}{r_0}\right)^n$$

将级数 $\sum |c_n z^n|$ 与级数 $\sum \left(\dfrac{r}{r_0}\right)^n$(这是一个收敛的几何级数)比较,即可推知 $\sum |c_n z^n|$ 收敛,即 $\sum c_n z^n$ 绝对收敛.

推论　若级数 $\sum\limits_{n=0}^{\infty} c_n z^n$ 当 $z = z_0$ 时发散,则它对于所有满足不等式 $|z| > |z_0|$ 的 z 皆发散.

实际上,若级数 $\sum c_n z^n$ 对于 $z = z_1$ 收敛,于此,$|z_1| > |z_0|$,则(按引理)级

---

① 实际上,令 $|z| = r > 0, a_n = |n! z^n| = n! r^n$,则得

$$\frac{a_{m+1}}{a_m} = (m+1)r$$

若 $m > \dfrac{1}{r}$,则

$$\frac{a_{m+1}}{a_m} > 1 + r, a_{m+1} > (1+r)a_m$$

于是(当 $n > m$)

$$a_n > (1+r)^{n-m} a_m$$

上式当 $n \to \infty$ 时趋于无限.

数当 $z = z_0$ 时也收敛.

定理6.7 若级数 $\sum\limits_{n=0}^{\infty} c_n z^n$ 不是对于所有的(复)数值z,但也不仅对于一个唯一的值 $z = 0$ 收敛,则存在正数 R,使得所论的极数对于所有满足条件 $|z| < R$ 的 z 值皆(绝对)收敛,对于所有满足条件 $|z| > R$ 的 z 值皆发散.

证明 我们首先只讨论属于正实半轴上的点.在每一个这样的点,我们的级数或收敛,或发散.于是,半轴上所有的点就分成两类,而且只分成两类,我们分别以 A 和 B 记之. A 类中的任何一点皆在 B 类中任何一点的左边(否则就会与上面的引理,或者是它的推论发生矛盾),同时,(依照定理的条件)每一个类皆不是空类.在这样的情况之下,根据由所有非负实数作成之集的连续性,存在一个而且只有一个正数 R,它或者是 A 类中最大的数,或者是 B 类中最小的数.

今设 z 是任一复数.我们来证明,若 $|z| < R$,则在点 z 我们的级数收敛.依条件 $|z| < R_1 < R$ 取正数 R_1.因为 $R_1 < R$,故 R_1 属于 A 类,因而级数在点 R_1 收敛;但这样一来,根据不等式 $|z| < R_1$,由引理,它也在点 z 绝对收敛.

同理,设 $|z| > R$.这时我们按条件 $|z| > R_2 > R$ 取正数 R_2.因为 $R_2 > R$,故 R_2 属于 B 类,因为级数在点 R_2 发散;又由不等式 $|z| > R_1$,它在点 z 也发散(参看"推论").

若 R 属于 A 类,则级数在点 R 收敛;若 R 属于 B 类,则它在点 R 发散.可以用例子证明,可能会发生模棱两可的情形:对于使得 $|z| = R$ 的那种点 z,级数是收敛抑是发散这一问题,只根据本定理中的条件不可能得到任何的结论.

圆 $|z| \leqslant R$ 叫作收敛圆;域 $|z| < R$ 叫作收敛圆的内部;圆周 $|z| = R$ 是收敛圆的边界[1];数 R 本身叫作收敛半径[2].

(在适当的给定级数的系数之后)收敛半径可以取任何预先给定的正数值.例如幂级数

$$\sum_{n=0}^{\infty} \left(\frac{z}{R} \right)^n$$

就可证实这种说法.这是一个几何级数,它当 $\left| \dfrac{z}{R} \right| < 1$ 时,即 $|z| < R$ 时收敛,而当 $\left| \dfrac{z}{R} \right| > 1$ 时,即 $|z| > R$ 时发散.

---

[1]　在初等数学中,众所周知,通常把"圆"和"圆周"这两个几何概念分得很清楚,但在复变函数论中通常就不说"收敛圆周".

[2]　正如由前面的论证可以看到的,利用上确界和下确界的观念,收敛半径可以定义作:使得级数收敛的实点 $z(z \geqslant 0)$ 所成之集 A 的上确界,或定义作:使得级数发散的点 $z(z \geqslant 0)$ 所成之集 B 的下确界.除了集 A 和 B 的上、下确界之外,还可以分别利用这两个集的上、下限.

为方便计,我们规定,假若级数在全平面上收敛,则认为它的收敛半径"等于无限大"($R = \infty$);若它只在 $z = 0$ 一点收敛,则认为它的收敛半径"等于0"($R = 0$).

采用这项规定之后,我们就可以断言:每一幂级数 $\sum\limits_{n=0}^{\infty} c_n z^n$ 必有某一唯一的收敛半径 $R(0 \leqslant R \leqslant \infty)$ 与之相应. 级数在收敛圆内(当 $|z| < R$)收敛,在收敛圆外(当 $|z| > R$)发散. 特别,若 $R = 0$,则在收敛圆"内"一个点也没有;若 $R = \infty$,则在收敛圆"外"一个点也没有(在前一种情形,收敛圆化成了一点,在后一种情形,全平面都是"收敛圆的内部").

幂级数的收敛半径当然与级数的系数 $c_n (n = 0, 1, 2, \cdots)$ 有关. 存在一个直接由系数表出 R 的公式[①]

$$R = \frac{1}{\varlimsup\limits_{n \to \infty} \sqrt[n]{|c_n|}} \qquad (6.11)$$

我们先假定分母中的上限为有限且异于0. 设 $0 \neq |z| < R$,于此 R 由等式(6.11)所定义. 把等式(6.11)改写成

$$\varlimsup\limits_{n \to \infty} \sqrt[n]{|c_n|} = \frac{1}{R}$$

由序列上限的定义,可知

(1)

$$\sqrt[n]{|c_n|} < \frac{1}{R} + \varepsilon, \varepsilon > 0 \qquad (6.12)$$

对于任意小的 ε 及充分大的 $n(n > n_\varepsilon)$ 皆成立.

(2)

$$\sqrt[n]{|c_n|} > \frac{1}{R} - \varepsilon, \varepsilon > 0 \qquad (6.13)$$

对于任意小的 $\varepsilon \left(0 < \varepsilon < \dfrac{1}{R}\right)$ 及无限多个 $n(n = n_1, n_2, n_3, \cdots, n_i \to \infty)$ 皆成立. 不等式(6.12)和(6.13)可以写成

$$|c_n| < \left(\frac{1}{R} + \varepsilon\right)^n \qquad (6.14)$$

$$|c_n| > \left(\frac{1}{R} - \varepsilon\right)^n \qquad (6.15)$$

设 $|z| < R$. 假定 ε 按照条件:$\varepsilon < \dfrac{1}{2}\left(\dfrac{1}{|z|} - \dfrac{1}{R}\right)$ 取出,因而 $|z| < \dfrac{R}{1 + 2\varepsilon R}$.

---

① 该公式先由柯西预先揣度出来,后由法国学者阿达玛(Hadamard)在1893年证明.

于是可知,当 $n > n_\varepsilon$ 时

$$|c_n z^n| < \left(\frac{1}{R} + \varepsilon\right)^n \left(\frac{R}{1 + 2\varepsilon R}\right)^n = \left(\frac{1 + \varepsilon R}{1 + 2\varepsilon R}\right)^n$$

因 $$\frac{1 + \varepsilon R}{1 + 2\varepsilon R} < 1$$

故级数 $\sum c_n z^n$ 收敛,且绝对收敛.

另外,设

$$|z| > R$$

假定 ε 是按照条件

$$\varepsilon < \frac{1}{2}\left(\frac{1}{R} - \frac{1}{|z|}\right)$$

取出,因而 $|z| > \dfrac{R}{1 - 2\varepsilon R}$. 于是对于任意大的 n,有

$$|c_n z^n| > \left(\frac{1}{R} - \varepsilon\right)^n \left(\frac{R}{1 - 2\varepsilon R}\right)^n = \left(\frac{1 - \varepsilon R}{1 - 2\varepsilon R}\right)^n$$

因 $$\frac{1 - \varepsilon R}{1 - 2\varepsilon R} > 1$$

故级数 $\sum c_n z^n$ 的一般项不趋于 0,这就是说,级数发散.

于是,对于上限 $\varlimsup\limits_{n \to \infty} \sqrt[n]{|c_n|}$ 为有限但异于 0 的情形定理已经证明.

假若这个上限为无限,这时容易证明级数 $\sum c_n z^n$ 对于所有的 $z \neq 0$ 皆发散,即 $R = 0$. 实际上,在这种情形,对于任何正数 M 有无限多个 n,使得除了不等式 (6.15) 之外,不等式

$$\sqrt[n]{|c_n|} > M \tag{6.16}$$

即 $$|c_n| > M^n \tag{6.17}$$

也成立. 设选取 M 满足不等式

$$M < \frac{2}{|z|}$$

因而 $$|z| < \frac{2}{M}$$

在这种情形,对于无限多个 n,我们有

$$|c_n z^n| > M^n \left(\frac{2}{M}\right)^n = 2^n$$

即级数 $\sum c_n z^n$ 发散.

最后,我们假定 $\varlimsup\limits_{n \to \infty} \sqrt[n]{|c_n|} = 0$. 这时所论的级数在全平面上收敛,即收敛半径等于无限. 实际上,对于所有充分大的 n

$$\sqrt[n]{|c_n|} < \varepsilon$$

即

$$|c_n| < \varepsilon^n$$

设 $z \neq 0$，并取 ε 满足条件

$$\varepsilon < \frac{1}{2|z|}$$

因而

$$|z| < \frac{1}{2\varepsilon}$$

于是可知,对于充分大的 n

$$|c_n z^n| < \varepsilon^n \left(\frac{1}{2\varepsilon}\right)^n = \frac{1}{2^n}$$

因而级数 $\sum c_n z^n$ 收敛.

于是,柯西 - 阿达玛定理对于所有的情形皆已证明.

我们现在假定,级数 $\sum_{n=0}^{\infty} c_n z^n$ 具有一异于 0 且有限的收敛半径 $R:0 < R < \infty$；我们要来看,该级数在它的收敛圆 $|z| = R$ 上如何变化.

上面已经说到的例子 $\sum_{n=1}^{\infty} \left(\frac{z}{R}\right)^n$ 证明,幂级数可能在它收敛圆的边界上所有的点皆发散.

另外,例如 $\sum_{n=1}^{\infty} \frac{z^n}{n^2 R^n}$ 这样的级数在它收敛圆的边界上的所有点皆收敛(而且是绝对收敛). 事实上,当 $|z| = R$,我们有

$$\sum_{n=1}^{\infty} \left|\frac{z^n}{n^2 R^n}\right| \leqslant \sum_{n=1}^{\infty} \frac{1}{n^2}$$

而右面的级数,正如大家所知道的,是一个收敛级数；显而易见,收敛半径不可能小于 R, 但也不可能大于 R, 因为当 $z = R' > R$ 时,我们得到了发散级数 $\sum_{n=1}^{\infty} \frac{1}{n^2} \left(\frac{R'}{R}\right)^n$ (运用达朗贝尔(d'Alembert) 判别法).

最后,我们再来研究级数 $\sum_{n=1}^{\infty} \frac{z^n}{n R^n}$. 我们立刻可以看到,当 $z = R$ 时,这个级数变成了发散(调和) 级数 $\sum_{n=1}^{\infty} \frac{1}{n}$；当 $z = -R$ 时,反过来,它又变成了收敛级数 $\sum_{n=1}^{\infty} \frac{(-1)^n}{n}$. 于是已经可以推知,收敛半径不可能异于 R. 除此之外,我们的例子还指出,幂级数可能在收敛圆的边界上这一点收敛,而在另一点发散.

由上所说可以推知:

(1) 若幂级数在全平面上收敛($R = \infty$ 的情形), 则它在全平面上绝对

收敛.

（2）若幂级数有一个半径为 R 的有限收敛圆 Γ，R 不为 0，则使得该级数收敛的那种点所成之集系由圆 Γ 的内部 Δ 及属于 Γ 的某一集 Γ' 所组成；而使得级数绝对收敛的那种点所成之集，则由圆 Γ 的内部 Δ 及属于 Γ' 的某一 Γ'' 所组成（不排除 $\Gamma' \equiv \Gamma$，$\Gamma'' \equiv \Gamma'$ 以及 $\Gamma \equiv \Gamma' \equiv \Gamma''$ 这几种可能情形）.

在本书里，对于幂级数在它收敛圆上的情况，我们将不做更为详细的研究.

现在我们再来谈幂级数的一致收敛问题.

定理 6.8　（1）若级数 $\sum\limits_{n=0}^{\infty} c_n z^n$ 对于所有的 z 值皆收敛（即收敛半径 R 为无穷），则无论正数 ρ 如何大，这级数在圆 $|z| \leqslant \rho$ 中皆一致收敛.

（2）若级数 $\sum\limits_{n=1}^{\infty} c_n z^n$ 具有有限收敛半径 $R(>0)$，则对于任何小于 R 的正数 ρ，级数在圆 $|z| \leqslant \rho$ 中皆一致收敛.

现在先证明命题（2）.

设 z_0 为满足不等式

$$\rho < |z_0| < R \tag{6.18}$$

的数. 根据右边的不等式，级数 $\sum\limits_{n=0}^{\infty} c_n z^n$ 当 $z = z_0$ 时收敛，因而根据阿贝尔引理，对于充分大的 n，我们即得（令 $|z_0| = r_0$）

$$|c_n z^n| < \left(\frac{r}{r_0}\right)^n$$

于此 $r = |z|$.

今设 $|z| \leqslant \rho$，此时我们有

$$|c_n z^n| < \left(\frac{\rho}{r_0}\right)^n \tag{6.19}$$

正如从式（6.9）的右边可以推知，由上之不等式可知级数 $\sum |c_n z^n|$ 被一在圆 $|z| \leqslant \rho$ 内收敛的几何级数所控制，因而在这圆内一致收敛.

定理的（1）也可以同样证明：不同的只是在证明中所选取的点 z_0 只需满足更宽一点的条件

$$\rho < |z_0| \tag{6.20}$$

上述定理的（1）和（2）包含于下述的命题之中，从外表上看，这命题似乎广泛一些，然而在实际中，它们却是互相等价的：

幂级数在任何全部属于收敛圆内部的闭域内一致收敛.

实际上，我们先假定收敛半径 R 有限；设 $\bar{D}$ 是任意一个包含在圆 $|z| = R$ 之内的闭域. 以 $\delta(>0)$ 记圆 $|z| = R$ 与 $\bar{D}$ 之间的距离，而来讨论满足不等式

$$R - \delta \leqslant \rho < R（图 22）$$

的数 ρ.

圆 $|z| \leqslant \rho$ 包含域 $\overline{D}$, 而且, 由前面的定理 6.8, 所论的级数在该圆内一致收敛. 显而易见, 在 $\overline{D}$ 内的收敛也是一致的.

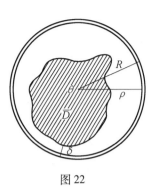

图 22

假若收敛半径 R 是无限的, 则可取任何使得圆 $|z| \leqslant \rho$ 包含整个域 $\overline{D}$ 的数作为 ρ.

但在上述的命题中, 对于一般具有有限收敛半径 R 的幂级数, 假若有人认为"整个属于收敛圆 $|z| \leqslant R$ 内部的闭域"这一句话可以代之以属于收敛圆 $|z| \leqslant R$ 的闭域或(尤其是)此圆本身, 那就是错的.

顺便提一下, 上面所说的定理带有一种"一致收敛的充分条件"的性质, 因而在一些特别的幂级数中, 刚才所说的这种代替(代之以)是可能的.

例如对于级数 $\sum_{n=1}^{\infty} \dfrac{1}{n^2}\left(\dfrac{z}{R}\right)^n$, 整个包含边界在内的收敛圆 $|z| \leqslant R$ 皆是一致收敛域. 实际上, 在这域的范围内, 我们的级数由数字级数

$$\sum_{n=1}^{\infty} \frac{1}{n^2}$$

控制.

我们现在来研究身为幂级数之和的那种函数, 并阐明它们的一些基本性质.

定理 6.9 在收敛圆内, 即在域 $|z| < R, 0 < R \leqslant \infty$ 中, 级数和

$$f(z) = \sum_{n=0}^{\infty} c_n z^n$$

是变量 z 的连续函数.

设 $|z_0| < R$. 我们要求证明函数 $f(z)$ 在点 $z = z_0$ 连续. 取数 ρ 满足不等式

$$|z_0| < \rho < R$$

依照定理 6.8, 级数 $\sum_{n=0}^{\infty} c_n z^n$ 在圆 $|z| \leqslant \rho$ 中一致收敛, 因而(按定理 6.1)它的和在这圆内是一连续函数. 特别, 它在点 z_0 也连续.

但点 z_0 只受到 $|z_0| < R$ 这样一个限制; 这就是说, 函数 $f(z)$ 在整个域 $|z| < R$ 内连续.

将幂级数逐项积分或微分, 我们重新得到一个幂级数. 说明这些级数的收敛域为何, 证明经过逐项积分所得级数之和就是原级数之和的积分, 以及经过逐项微分所得级数之和就是原级数之和的导数等, 这些都是重要的事情.

定理 6.10 将所给级数 $\sum_{n=0}^{\infty} c_n z^n$ 逐项积分所得的级数 $\sum_{n=0}^{\infty} c_n \dfrac{z^{n+1}}{n+1}$ 与原级数

具有同样的收敛半径 $R(0 \leqslant R \leqslant \infty)$. 在收敛圆 $|z| < R$ 的内部，级数 $\sum_{n=0}^{\infty} c_n \cdot \dfrac{z^{n+1}}{n+1}$ 之和是所给级数 $\sum_{n=0}^{\infty} c_n z^n$ 之和的积分.

推论　在收敛圆内，幂级数之和是一可积函数[①].

现设所论的值 z_0 满足不等式 $|z_0| < R$. 取数 ρ，使得 $|z_0| < \rho < R$. 在圆 $|z| \leqslant \rho$ 内，所给的级数一致收敛，因而在该圆内可以逐项（沿圆内任意一条路径从 0 到 z_0）积分.

因为点 z_0 是任意的，它只受到唯一的一个限制 $|z_0| < R$，故上述的命题对收敛圆 $|z| < R$ 内部的任意点皆成立. 于是可知，级数 $\sum c_n \dfrac{z^{n+1}}{n+1}$ 的收敛半径不小于 R. 直到现在我们还没有证明这个收敛半径不大于 R.

定理 6.11　将所给级数 $\sum_{n=0}^{\infty} c_n z^n$ 逐项微分所得的级数 $\sum_{n=1}^{\infty} n c_n z^{n-1}$ 与原级数具有同样的收敛半径 $R(0 \leqslant R \leqslant \infty)$. 在收敛圆 $|z| < R$ 内，级数 $\sum_{n=1}^{\infty} n c_n z^{n-1}$ 之和是所给级数 $\sum_{n=0}^{\infty} c_n z^n$ 之和的导数.

推论　在收敛圆内，幂级数之和是一可微函数.

设 $0 < \rho < R$，并设 z_0 是满足关系 $\rho < |z_0| = r_0 < R$ 的一点. 于是，所给级数 $\sum_{n=0}^{\infty} c_n z^n$ 在点 $z = z_0$ 收敛，因而对于充分大的 n（参看阿贝尔引理），我们有

$$|c_n| < \frac{1}{r_0^n}$$

如是，设 $|z| = r \leqslant \rho$，则得

$$|n c_n z^{n-1}| = n|c_n| \cdot r^{n-1} < n \frac{r^{n-1}}{r_0^n} \leqslant n \frac{\rho^{n-1}}{r_0^n}$$

于是可知，级数 $\sum n c_n z^{n-1}$ 在圆 $|z| \leqslant \rho$ 中一致收敛，因为由不等式 $\rho < r_0$ 即得级数 $\sum n \dfrac{\rho^{n-1}}{r_0^n} \equiv \dfrac{1}{r_0} \sum n \left(\dfrac{\rho}{r_0}\right)^{n-1}$ 收敛的缘故.

由 §36 定理 6.3，可知级数 $\sum c_n z^n$ 在圆 $|z| \leqslant \rho$ 中可逐项微分；但 ρ 只需满足唯一的条件 $\rho < R$ 即可，而这也就是说，级数 $\sum c_n z^n$ 的逐项微分在半径为 R 的收敛圆内皆可施行. 因而证明了：级数 $\sum n c_n z^{n-1}$ 的收敛半径不小于 R. 至于

---

① 　参看 125 页脚注.

这个半径不大于 R,现在还未证明. 根据"反证"法,用一个非常简单的论证,即可将定理 6.10 及 6.11 的证明完成.

假若级数 $\sum c_n \dfrac{z^{n+1}}{n+1}$ 的收敛半径大于 R,则根据定理 6.11 中已证明的部分,从级数 $\sum c_n \dfrac{z^{n+1}}{n+1}$ 经过微分之后所得的级数 $\sum c_n z^n$ 的收敛半径也要不小于 R(即大于 R),而这与假设相连.

假若级数 $\sum n c_n z^{n-1}$ 的收敛半径大于 R,则根据定理 6.10 中已经证明的部分,从级数 $\sum n c_n z^{n-1}$ 经过积分得到的级数 $\sum c_n z^n$ 的收敛半径也要不小于 R(即大于 R),而这与假设相连.

附注 两个级数(所给的级数以及经过积分所得到的级数,或所给的级数以及经过微分所得到的级数)的收敛圆具有同样的收敛半径这种现象不能解释成它们在同样的点集上收敛:在边界上的点可能不一致. 例如级数 $\sum\limits_{n=0}^{\infty} z^n$ 在边界 $|z|=1$ 上所有的点皆发散,而在经过积分之后我们就得到了级数 $\sum\limits_{n=0}^{\infty} \dfrac{z^{n+1}}{n+1}$,它当 $z=-1$ 时收敛.

推论 假若幂级数的收敛半径在经过一次微分运算(或积分运算)之后不变,则在经过多次之后显然也不变. 因此,在幂级数的收敛圆内可以施行任意次数的微分(积分自然也是一样).

§38 泰 勒 级 数

用幂级数的和来表示幂级数的系数

我们现在假定幂级数的中心就是坐标系的原点. 但是,正如上面所说,所有前面的定理对于任意中心 a 的情形也成立. 不同之处只是:对于中心为 a 的情形,收敛圆是由不等式 $|z-a| \leqslant R$ 所定义;它的边界是由等式 $|z-a| = R$ 所定义. 任何级数 $\sum\limits_{n=0}^{\infty} c_n (z-a)^n$ 在所有包含在圆 $|z-a| < R$ 中的闭域内皆为一致收敛;例如在圆 $|z-a| \leqslant \rho$(于此,ρ 为小于 R 的任意一数)内就是这样.

设 $f(z)$ 是级数 $\sum\limits_{n=0}^{\infty} c_n (z-a)^n$ 在收敛圆内之和,因而恒等式

$$f(z) \equiv \sum_{n=0}^{\infty} c_n (z-a)^n \quad (|z-a| < R) \tag{6.21}$$

成立.

原来,系数 c_n 可以很简单地由函数 $f(z)$ 表出. 将式(6.21)微分一次,两次,$\cdots$,n 次,等等,我们就得到了一系列恒等式,我们把它们详细(不加省略)地写出

$$f(z) = c_0 + c_1(z - a) + c_2(z - a)^2 + \cdots + c_n(z - a)^n + \cdots$$

$$f'(z) = c_1 + 2c_2(z - a) + \cdots + nc_n(z - a)^{n-1} + \cdots$$

$$f''(z) = 1 \cdot 2c_2 + \cdots + (n - 1)nc_n(z - a)^{n-2} + \cdots \qquad (6.22)$$

$$\vdots$$

$$f^{(n)}(z) = 1 \cdot 2 + \cdots + nc_n + \cdots$$

$$\vdots$$

根据已经证明的事实,上式中每一个等式当 $|z - a| < R$ 皆成立.

今于所有得到的恒等式中令 $z = a$,则

$$f(a) = c_0$$

$$f'(a) = 1! \ c_1$$

$$f''(a) = 2! \ c_2$$

$$\vdots$$

$$f^{(n)}(a) = n! \ c_n$$

$$\vdots$$

于是即得

$$c_0 = f(a), c_1 = \frac{f'(a)}{1!}, c_2 = \frac{f''(a)}{2!}, \cdots, c_n = \frac{f^{(n)}(a)}{n!}, \cdots$$

或简写为

$$c_n = \frac{f^{(n)}(a)}{n!} \quad (n = 0, 1, 2, \cdots) \qquad (6.23)$$

于是,要想能够算出中心在点 $z = a$ 的幂级数的系数,只需知道级数在这点附近的和即可. 这由公式(6.23)即可得出.

特别,以同一点 $z = a$ 为中心的两个幂级数,若在该点的附近有同样的和,则无论对于任何 $n(n = 0, 1, 2, \cdots)$,$(z - a)^n$ 恒有同样的系数.

换句话说,假若当 $|z - a| < R(R > 0)$ 时,有

$$\sum_{n=0}^{\infty} c_n(z - a)^n \equiv \sum_{n=0}^{\infty} c'_n(z - a)^n$$

则

$$c_0 = c'_0, c_1 = c'_1, c_2 = c'_2, \cdots, c_n = c'_n, \cdots$$

在引入"函数在所给的点被展开成幂级数"(或将函数在所给点展成幂级数)这样的术语(措辞)之后,上述的命题还可以换另一种方式来叙述. "函数

$f(z)$ 在点 $z = a$ 被展开成级数 $\sum_{n=0}^{\infty} c_n (z - a)^n$" 一语乃表示:

(1) 存在数 $R(>0)$,使得当 $|z - a| < R$ 时,级数 $\sum_{n=0}^{\infty} c_n (z - a)^n$ 收敛.

(2) 它的和等于 $f(z)$(今后一起都按写法(6.23)来理解).

于是,我们就可以说:假若一函数在所给的点可以展成幂级数,则只有一种展法(所谓"展法",系指系数的选择方法而言).

下面是一个很特殊的命题:假若一个以点 $z = a$ 为中心的幂级数在这点的附近收敛,且其和恒等于 0,则它所有的系数皆为 0[①].

换言之,若当 $|z - a| < R(R > 0)$ 时,有

$$\sum_{n=0}^{\infty} c_n (z - a)^n \equiv 0$$

则

$$c_0 = 0, c_1 = 0, c_2 = 0, \cdots, c_n = 0, \cdots$$

上面所述的这些命题指出了:幂级数,根据它的许多性质来看,乃是整有理函数的一直接推广.

我们现来把上面所证明的命题进一步加以解释.读者在分析课程中无疑已经知道,根据式(6.23)计算出的幂级数的系数 c_n,称为"泰勒系数";而级数

$\sum_{n=0}^{\infty} c_n (z - a)^n$,假若它的系数是按照这个公式来计算的,则称为以 $z = a$ 为中心"关于函数 $f(z)$ 的泰勒级数"("рядтэйлора", с центром $z = a$, "связанный с функцией $f(z)$"). 要想从函数 $f(z)$ 能够作出在点 $z = a$ 关于它的泰勒级数,只需要求这个函数在点 $z = a$ 能无限次微分就行.

函数 $f(z)$ 与其在点 $z = a$ 的泰勒级数之间的关系用写法

$$f(z) \sim \sum_{n=0}^{\infty} \frac{f^{(n)}(a)}{n!} (z - a)^n \tag{6.24}$$

来表示.

在而且只有在已经知道了函数 $f(z)$ 在点 $z = a$ 的邻域 $|z - a| < R$ 之内可以展成级数 $\sum_{n=0}^{\infty} \frac{f^{(n)}(a)}{n!} (z - a)^n$ 的时候,"对应"符号"~"才可以代之以通常的等号(表示当 $|z - a| < R$ 时恒等,于此,R 为某一正数). 这时,通常我们就把这一事实简单(而不十分正确的)说成是:"函数 $f(z)$ 在点 $z = a$ 可以展开成泰勒级数".

---

① 试与多项式的唯一性定理(第三章)相比较.

根据上面所述,我们可以得出这样的结论:若函数 $f(z)$ 在点 $z=a$ 可以展成幂级数,则此级数是这函数的泰勒级数.

或者,所有的幂级数,假若它在它的中心的某一邻域内收敛,则是它的和的泰勒级数.

幂级数在中心的零点·它的重数·孤立性

假若形如

$$f(z) = \sum_{n=0}^{\infty} c_n(z-a)^n \quad (\mid z-a \mid < R, R > 0)$$

的恒等式成立,而且

$$c_0 = c_1 = \cdots = c_{p-1} = 0, c_p \neq 0 \tag{6.25}$$

那么,我们就说,函数 $f(z)$ 在点 $z=a$ 具有 p 重零点.

注意等式(6.23)以及后来关于泰勒级数所说的一切,我们就可以对零点的重数另外下一个定义.

对于函数 $f(z)$,假若在点 $z=a$,关系

$$f(a) = 0, f'(a) = 0, \cdots, f^{(p-1)}(a) = 0, f^{(p)}(a) \neq 0 \tag{6.26}$$

成立,则称 $f(z)$ 在点 a 有 p 重零点.

容易明白,对于一个不恒为 0 而且在点 $z=a$ 可以展成泰勒级数的函数 $f(z)$,是有可能按照在所说的点的零点重数进行详尽的分类. 那就是,展开式的所有系数 c_n 不可能同时为 0(否则函数 $f(z)$ 恒为 0);这就是说,在这些系数中可以找到第一个不为 0 者,设为 c_p;对于这种情形,我们在点 $z=a$ 就得到了一个 p 重零点. 这时,我们准许使用下述推广了的结论:若 $p=0$,则 $c_0 \neq 0$;这时 $f(a) \neq 0$,在这种情形,我们规定把点 a 叫作"零重"零点(为简便计,我们说:点 $z=a$ 不是零点).

定理 6.12 假若一不恒为 0 的函数 $f(z)$ 在点 $z=a$ 可展成泰勒级数

$$f(z) \equiv \sum_{n=0}^{\infty} c_n(z-a)^n \quad (\mid z-a \mid < R, R > 0)$$

则可得出数 $\delta(0 < \delta < R)$,使得当 $z \neq a, \mid z-a \mid < \delta$ 时,我们有

$$f(z) \neq 0 \tag{6.27}$$

设点 $z=a$ 是一 $p(p \geq 0)$ 重零点. 则可得

$$f(z) \equiv (z-a)^p [c_p + \varphi(z)] \tag{6.28}$$

于此,$c_p \neq 0$,$\varphi(z) = \sum_{n=p+1}^{\infty} c_n(z-a)^{n-p}$,而且这个级数当 $\mid z-a \mid < R$ 时收敛,且显然有 $\varphi(a) = 0$. 被表成幂级数的函数 $\varphi(z)$ 在它的中心 a 连续,因而 $\lim_{z \to a} \varphi(z) = 0$.

于是,我们可以找到 $\delta(>0)$,使得当 $|z-a|<\delta$ 时,有

$$|\varphi(z)|<|c_p|$$

于是有 $c_p+\varphi(z)\neq 0$,又据假定,$z\neq a$,故式(6.28)右边的乘积也不为0,即函数 $f(z)$ 本身也不为0.

上面所说的结果通常简单地说成是:可展成泰勒级数的函数的零点具有孤立这种性质. 一般的函数不一定具有零点必为孤立这种特性.

§39 幂级数的演算方法

在这里,我们根据上面所说的定理来研究一系列的例子,用来说明幂级数的演算方法.

为了达成这种或那种的目的,我们经常要做的事情是,把所给的函数 $f(z)$ 按变量 z 的幂展开成幂级数. 问题还可以提得窄一些,如求出展开式中一定数目的项,求出首(第一个异于0的)项,等等,或者,提得广一些,就是求出直接而且以明显的形式通过项的号数 n 来表达第 n 项系数的公式,这里的 n 是任意的正整数.

在这里,我们来处理下列的题(1) ~ (13),在这些题中,我们的目的是把所给的函数 $f(z)$ 按 z 的幂展开(并证明这是可能的).

(1) $$f(z)=\frac{1}{1-z}+\mathrm{e}^z$$

利用级数的加法定理,由展开式,即得

$$f(z)=(1+z+z^2+z^3+\cdots)+\left(1+\frac{z}{1!}+\frac{z^2}{2!}+\frac{z^3}{3!}+\cdots\right)=$$

$$2+2z+\frac{3}{2}z^2+\frac{7}{6}z^3+\cdots$$

或

$$f(z)=\sum_{n=0}^{\infty}z^n+\sum_{n=0}^{\infty}\frac{z^n}{n!}=\sum_{n=0}^{\infty}\left(1+\frac{1}{n!}\right)z^n$$

(2) $$f(z)=(1-z+z^2)\mathrm{e}^z$$

我们现在要用到级数的乘法定理,不过只用到该定理最简单的情况,即所给的级数中有一个级数为有限的情形. 假若不是有限和而是幂级数,则由所说的乘法定理,我们可以像处理多项式一样去处理级数:"各项乘各项",然后"合并同类项". 我们有

$$f(z)=(1-z+z^2)\left(1+z+\frac{z^2}{2}+\frac{z^3}{6}+\cdots\right)=1+\frac{1}{2}z^2+\frac{2}{3}z^3+\cdots$$

或

$$f(z) = (1 - z + z^2)\sum_{n=0}^{\infty} \frac{z^n}{n!} = \sum_{n=0}^{\infty} \frac{z^n}{n!} - \sum_{n=0}^{\infty} \frac{z^{n+1}}{n!} + \sum_{n=0}^{\infty} \frac{z^{n+2}}{n!} =$$

$$\sum_{n=0}^{\infty} \frac{z^n}{n!} - \sum_{n=1}^{\infty} \frac{z^n}{(n-1)!} + \sum_{n=2}^{\infty} \frac{z^n}{(n-2)!} =$$

$$1 + \sum_{n=2}^{\infty} \left[\frac{1}{n!} - \frac{1}{(n-1)!} + \frac{1}{(n-2)!} \right] z^n =$$

$$1 + \sum_{n=2}^{\infty} \left(1 - \frac{1}{n} \right) \frac{z^n}{(n-2)!}$$

（3）
$$f(z) = e^z \cos z$$

我们现在还是运用同样的方法,不过这回两个级数都是无限级数.
假若要求我们求到六次项,我们就可以写出

$$f(z) = \left(1 + z + \frac{1}{2}z^2 + \frac{1}{6}z^3 + \frac{1}{24}z^4 + \frac{1}{120}z^5 + \frac{1}{720}z^6 + \cdots \right) \cdot$$

$$\left(1 - \frac{1}{2}z^2 + \frac{1}{24}z^4 - \frac{1}{720}z^6 + \cdots \right) =$$

$$1 + z - \frac{1}{3}z^3 - \frac{1}{6}z^4 - \frac{1}{30}z^5 + 0 \cdot z^6 + \cdots$$

系数构成的一般规律可以这样来求出

$$f(z) = \sum_{p=0}^{\infty} \frac{z^p}{p!} \sum_{q=0}^{\infty} \frac{(-1)^q z^{2q}}{(2q)!} = \sum_{p,q=0}^{\infty} (-1)^q \frac{z^{p+2q}}{p!(2q)!} =$$

$$\sum_{n=0}^{\infty} \left[\sum_{p+2q=n} (-1)^q \frac{1}{p!(2q)!} \right] z^n =$$

$$\sum_{n=0}^{\infty} \left[\sum_{q=0}^{\left[\frac{n}{2}\right]} \frac{(-1)^q}{(2q)!(n-2q)!} \right] z^n ①$$

（4）
$$f(z) = e^{-z^2}$$

我们先从恒等式

$$e^t = \sum_{n=0}^{\infty} \frac{t^n}{n!} = 1 + \frac{t}{1!} + \frac{t^2}{2!} + \frac{t^3}{3!} + \cdots$$

出发.

在这个恒等式中,若将 t 代以 $(-z^2)$,显然是行得通的,在代入之后,我们就得到一个新的恒等式,它就是我们所要求的

---

① 在（2）及（3）中,假若先根据关于系数的一般泰勒公式来处理,我们就需要利用所谓的"莱布尼兹公式"(乘积的任何次数的导数).

$$e^{-z^2} = \sum_{n=0}^{\infty} \frac{(-1)^n z^{2n}}{n!} = 1 - \frac{z^2}{1!} + \frac{z^4}{2!} - \frac{z^6}{3!} + \cdots$$

这一结果是利用一个较为简短的方法,不根据系数的泰勒公式而得出的;但由幂级数展开式的唯一性定理可以知道,最终的结果与选取的方法无关①.

(5) $$f(z) = \frac{1}{1 + z^2}$$

我们可以像先前所指示的那样来做.

但下面是一个比较简单而且很快就能达到目的的方法:在公式

$$\frac{1}{1 - t} = 1 + t + t^2 + t^3 + \cdots \quad (|t| < 1) \tag{6.29}$$

中,以 $-z^2$ 代 t,即得

$$\frac{1}{1 + z^2} = 1 - z^2 + z^4 - z^6 + \cdots$$

在这里,我们必须假定不等式 $|-z^2| < 1$ 成立;该不等式也和不等式 $|z| < 1$ 等价.

(6) $$f(z) = \arctan z$$

我们容易得出

$$(\arctan z)' = \frac{1}{1 + z^2}$$

在这样情形之下,既然由公式已经知道了函数 $\frac{1}{1 + z^2}$ 的幂级数展开式,我们就可以经过从 0 到 z 积分(参看 §36 定理 6.2),利用它得到展开式

$$\arctan z = \int_0^z \frac{dz}{1 + z^2} = z - \frac{z^3}{3} + \frac{z^5}{5} - \frac{z^7}{7} + \cdots \tag{6.30}$$

在该等式中,我们当然要假定 $|z| < 1$.

(7) $$f(z) = \frac{1}{\sqrt{1 - z}}$$

(假定当 $z = 0$ 时,我们取根的值等于 $+1$,而其他的根值则"根据连续性"来定义.)

在现阶段,我们将不去说明为什么可以预先断定:将所论的函数在点 $z = 0$ 的某一邻域之内展成幂级数是可能的.

但是我们现在要设法选取数 c_n,使得在某一这样的领域之内,恒等式

$$f(z) \equiv \sum_{n=0}^{\infty} c_n z^n$$

———————————

① 在(1) ~ (4) 中,变量 z 的范围毫无限制.

成立. 换句话说,要使得恒等式

$$\left(\sum_{n=0}^{\infty} c_n z^n \right)^2 \equiv \frac{1}{1-z}$$

成立.

试注意 $\quad \dfrac{1}{1-z} \equiv 1 + z + z^2 + \cdots \quad (\,|\,z\,|\, < 1)$

利用级数的乘法规则,并引用唯一性定理,我们就得到无限多个等式

$$c_0^2 = 1$$
$$c_0 c_1 + c_1 c_0 = 1$$
$$c_0 c_2 + c_1^2 + c_2 c_0 = 1$$
$$c_0 c_3 + c_1 c_2 + c_2 c_1 + c_3 c_0 = 1$$
$$c_0 c_4 + c_1 c_3 + c_2^2 + c_3 c_1 + c_4 c_0 = 1$$
$$\vdots$$

由第一个等式,根据所采用的条件,我们就得出了绝对项 $c_0 = +1$. 这一组等式的结构是这样的,即从这些等式,我们可以逐一地唯一定出以后的系数

$$c_1 = \frac{1}{2}, c_2 = \frac{3}{8}, c_3 = \frac{5}{16}, c_4 = \frac{35}{128}, \cdots$$

一般有

$$c_n = \frac{1 \cdot 3 \cdot 5 \cdot \cdots \cdot (2n-1)}{2 \cdot 4 \cdot 6 \cdot \cdots \cdot 2n} = \frac{(2n)!}{2^{2n} \cdot (n!)^2}$$

所得的展开式

$$\frac{1}{\sqrt{1-z}} = \sum_{n=0}^{\infty} \frac{(2n)!}{2^{2n} \cdot (n!)^2} z^n \tag{6.31}$$

当 $|\,z\,| < 1$ 时收敛.

(8) $\qquad\qquad f(z) = \dfrac{1}{\sqrt{1-z^2}}$

(关于根值的选择还是根据前一题中同样的条件).

只需在式(6.31)中以 z^2 代 z,即得展开式

$$\frac{1}{\sqrt{1-z^2}} = \sum_{n=0}^{\infty} \frac{(2n)!}{2^{2n} \cdot (n!)^2} z^{2n} \quad (\,|\,z\,| < 1) \tag{6.32}$$

(9) $\qquad\qquad f(z) = \arcsin z$

由式(6.28)容易得出

$$(\arcsin z)' = \frac{1}{\sqrt{1-z^2}}$$

式中的根值必须这样选取,使得它当 $z = 0$ 时为 $+1$.

于是,将上之等式从 0 到 z 积分,即得

$$\arcsin z = \int_0^z \frac{\mathrm{d}z}{\sqrt{1-z^2}} = \sum_{n=0}^{\infty} \frac{(2n)!}{(2n+1)\cdot 2^{2n}(n!)^2} z^{2n+1} \quad (\mid z \mid < 1)$$

$$(6.33)$$

(10) $\qquad f(z) = \ln(1+z)$

最好是利用求幂级数积分的方法. 那就是, 注意

$$\ln(1+z) = \int_1^{1+z} \frac{\mathrm{d}\zeta}{\zeta} = \int_0^z \frac{\mathrm{d}\zeta}{1+\zeta}$$

则由展式

$$\frac{1}{1+z} = 1 - z + z^2 - z^3 + \cdots \quad (\mid z \mid < 1) \qquad (6.34)$$

即得

$$\ln(1+z) = z - \frac{z^2}{2} + \frac{z^3}{3} - \frac{z^4}{4} + \cdots \quad (\mid z \mid < 1) \qquad (6.35)$$

(11) $\qquad f(z) = \dfrac{1}{(1-z)^p} \quad (p$ 是正整数$)$

将展式 $\dfrac{1}{1-z} = \sum\limits_{n=0}^{\infty} z^n$ 施行多次微分, 则(在除以适当因子之后) 得一列在 $\mid z \mid < 1$ 时收敛的展式

$$\frac{1}{(1-z)^2} = 1 + 2z + 3z^2 + \cdots = \sum_{n=0}^{\infty}(n+1)z^n$$

$$\frac{1}{(1-z)^3} = 1 + 3z + 6z^2 + \cdots = \sum_{n=0}^{\infty} \frac{(n+1)(n+2)}{1\cdot 2}z^n$$

一般有

$$\frac{1}{(1-z)^{p+1}} = 1 + (p+1)z + \frac{(p+2)(p+1)}{1\cdot 2}z^2 + \cdots =$$

$$\sum_{n=0}^{\infty} \frac{(n+p)(n+p-1)\cdots(n+1)}{1\cdot 2\cdot \cdots \cdot p}z^n \qquad (6.36)$$

(试将这种推理方法与第二章所使用的繁复而又不自然的方法加以比较.)

(12) $\qquad f(z) = \tan z$

根据函数展成幂级数的唯一性定理, 我们就可以使用待定系数法. 令

$$\tan z = c_1 z + c_3 z^3 + c_5 z^5 + \cdots \qquad (6.37)$$

(因为函数 $\tan z$ 是一个奇函数, 所以事先可以预见偶次项的系数为 0).

等式(6.37) 必然要在某一圆 $\mid z \mid < R$ 内恒成立, 该圆的半径 R 我们暂时不知道, 当然也不排除这样的可能, 即恒等式(6.37) 对于任何正数 R 皆不成立.

假定等式(6.37) 在某一圆 $\mid z \mid < R$ 内恒成立, 则在这圆内我们有恒等式

$$\sin z = (c_1 z + c_3 z^3 + c_5 z^5 + \cdots)\cos z$$

或

$$z - \frac{z^3}{6} + \frac{z^5}{120} - \cdots = (c_1 z + c_3 z^3 + c_5 z^5 + \cdots)\left(1 - \frac{z^2}{2} + \frac{z^4}{24} - \cdots\right)$$

于是,在比较 z 的同次幂的系数之后,即得

$$c_1 = 1$$

$$-\frac{1}{2}c_1 + c_3 = -\frac{1}{6}$$

$$\frac{1}{24}c_1 - \frac{1}{2}c_3 + c_5 = \frac{1}{120}$$

$$\vdots$$

由这些等式,我们逐一得到了

$$c_1 = 1, c_3 = \frac{1}{3}, c_5 = \frac{2}{15}, \cdots \qquad (6.38)$$

于是,在现阶段,我们就可以得出结论:若函数 $f(z) = \tan z$ 在点 $z = 0$ 可以展成幂级数,则该级数必为

$$\tan z = z + \frac{1}{3}z^3 + \frac{2}{15}z^5 + \cdots \qquad (6.39)$$

但是我们暂时还不知道该级数的收敛半径 R(我们现在回到这个问题上来),而且要想利用有限多次初等运算求出系数的一般运行规律(以 n 明确地表出 c_n),这大致是不会成功的.

上述的这些题所讲的都是关于将所给函数按自变量 z 的幂(即在点 $z = 0$)展成幂级数. 假若要求将函数按同样的方式在点 $z = a$(即按 $z - a$ 的幂)展开,则在实际运算上只需取 $z - a$ 作为新变量

$$z - a = z', z = z' + a$$

然后将函数 $f(z' + a)$ 按 z 的幂展开,再重新回到原有变量即可.

这种方法是我们已经学过的(参考第三章).

下面是一个用这种方法来做的例子:

(13) $\qquad\qquad\qquad f(z) = \ln z$

要求将 $\ln z$ 按 $z - a(a \neq 0)$ 的幂展开.

我们现在作一个变换,使得可以利用展开式(6.35)

$$\ln z = \ln[(z - a) + a] = \ln a + \ln\left(1 + \frac{z - a}{a}\right) =$$

$$\ln a + \sum_{n=1}^{\infty} \frac{(-1)^{n+1}}{n}\left(\frac{z - a}{a}\right)^n$$

上式在条件 $\left|\dfrac{z - a}{a}\right| < 1$,即 $|z - a| < |a|$ 之下是可能的,即收敛半径 R 等于 $|a|$.

关于幂级数,我们现在要做一些最后的解释.

对于正面问题:"级数给定了,要求出它的和",我们很少给以注意,最简单的理由是:一般说来,只有在某些比较稀有的情形,级数的和才可以由初等函数表出,因而对于这个问题,我们很少有所说的;然而幂级数照例还是一种使得我们可以(在收敛条件之下)构造出新的复变函数的工具.

至于反面问题:"函数给定了,要把它在所给的点展开幂级数",那我们就要给以注意:然而在现阶段,我们还没有一个一般的判别方法,可以使得我们知道所提出的问题能否有解,顺便提一下,我们已经知道不可能有两个不同的答案.

作为寻求展开式中未知系数的一种实际可行的方法,我们当然并不是不能利用泰勒公式(6.23);然而通常最为方便的则是去结合已经知道的展开式.

§40　在所给区域内一致收敛的由一般形状的多项式做成的级数(和序列)

正如已经指出的,级数和序列之间并没有什么原则上的差别;因此,在谈到级数的一致收敛时,我们将同时考虑序列.

一致收敛的多项式级数(和序列)是一种异常精确的解析工具,利用它,正如我们在实变函数论中所证明的,可以(在有限区间上)"表出"或"描出"任何的连续函数.(稍后一点,在第七章中)我们将证明,在复域中远非所有的连续函数皆可由多项式级数(或序列)表出或描出.

现在的目的就是通过一系列的例子去证明:一致收敛的级数(或序列)在和它的特殊情形——幂级数——比起来,具有更为普遍的性质.这里所谈的主要是关于收敛域和收敛性质(绝对收敛,非绝对收敛).

例 6.1　多项式序列 $\{z^n\}$ 在圆 $|z| < 1$ 内收敛于函数 $f(z) \equiv 0$,而且在条件 $|z| \leqslant \rho(\rho < 1)$ 之下一致收敛.

实际上　　　　　　　　　　　$|z^n| \leqslant \rho^n \to 0$

例 6.2　多项式序列 $\{\Pi_n(z)\}$,于此

$$\Pi_n(z) = \left(1 + \frac{z}{n}\right)^n \quad (n = 1, 2, 3, \cdots)$$

在全平面内收敛,而且在任何有限域(例如以任意点为心,任意长为半径的圆,比如 $|z| \leqslant R$)内一致收敛. 极限是指数函数 e^z.

我们已经知道(§17),多项式

$$P_n(z) = 1 + \frac{z}{1!} + \frac{z^2}{2!} + \cdots + \frac{z^n}{n!} \quad (n = 1, 2, 3, \cdots)$$

这是指数函数的幂级数展开式的部分和,它也具有上述的性质. 我们现在要来利用这一事实. 我们将多项式 $\Pi_n(z)$ 和 $P_n(z)$ 加以比较,它们的绝对项是一样的,而差式 $P_n(z) - \Pi_n(z)$ 中 z^k(若 $k \geq 2$)的系数则等于

$$\frac{1}{k!} - \frac{1}{n^k}C_n^k = \frac{1}{k!}\left[1 - \left(1 - \frac{1}{n}\right)\left(1 - \frac{2}{n}\right)\cdots\left(1 - \frac{k-1}{n}\right)\right]$$

这个式子则小于

$$\frac{1}{k!}\left[1 - \left(1 - \frac{k-1}{n}\right)^{k-1}\right] < \frac{(k-1)^2}{k!\ n} < \frac{1}{(k-2)!\ n} \qquad ①$$

因此,当 $|z| \leq R$ 时,有

$$|\Pi_n(z) - P_n(z)| < \frac{1}{n}\sum_{k=2}^{n}\frac{R^k}{(k-2)!} = \frac{R^2}{n}\sum_{k=2}^{\infty}\frac{R^{k-2}}{(k-2)!} = \frac{1}{n}\cdot R^2 e^R$$

若 $n \to \infty$,则右边趋于 0. 这就是说,在任何有限域中,$\Pi_n(z)$ 与 $P_n(z)$ 一致趋于同一极限,即函数 e^z.

例 6.3 我们现在来讨论多项式级数

$$\sum_{n=0}^{\infty}(1 - z^2)^n$$

因为该级数是一个几何级数(但绝不是幂级数!),所以不难求出它的收敛域和它的和.

根据几何级数的性质,我们的级数当 $|1 - z^2| < 1$ 时收敛,而且当 $|1 - z^2| < \rho(\rho < 1)$ 时一致收敛,且其和为

$$\frac{1}{1 - (1 - z^2)} = \frac{1}{z^2}$$

不等式 $|1 - z^2| < 1$ 可以改写成

$$|z - 1|\cdot|z + 1| < 1$$

由此可以看出,它定义了一个焦点为 ± 1 的双纽线的内部. 在任何与这条双纽线无论怎样靠近的笛卡儿(Descartes)卵形线内,即在双纽线内部的任何闭域内,一致收敛皆成立.

于是,在这个例题中,与任何幂级数相反,收敛域不是圆.

例 6.4 现来讨论多项式级数

$$f(z) \equiv \sum_{n=0}^{\infty}\frac{T_n(z)}{n!} \qquad (6.40)$$

---

① 左边的不等式是由于在显然的不等式(当 $0 < a < b$)

$$b^m - a^m < mb^{m-1}(b - a)$$

中令 $m = k - 1, a = 1 - \frac{k-1}{n}, b = 1$

于此,$T_n(z) = \cos n(\arccos z)$. 函数 $T_n(z)$ 是一 n 次多项式(所谓"切比雪夫多项式"). 事实上,令

$$\arccos z = t, z = \cos t, \sqrt{1 - z^2} = \sin t$$

则得

$$T_n(z) = \cos nt = \frac{1}{2}(e^{int} + e^{-int}) =$$

$$\frac{1}{2}[(\cos t + i\sin t)^n + (\cos t - i\sin t)^n] =$$

$$\frac{1}{2}[(z + i\sqrt{1 - z^2})^n + (z - i\sqrt{1 - z^2})^n] =$$

$$\frac{1}{2}[(z + \sqrt{z^2 - 1})^n + (z - \sqrt{z^2 - 1})^n]$$

要想证明 $T_n(z)$ 是一 n 次多项式,只需设想将最后一式中所有的括号解开即可. 根值如何选择反正都是一样,重要的只是两项中的根值都要是一样的.

重新将所得到的 $T_n(z)$ 的式子代入所给的级数中,我们就得到了该级数的一个新的表达式

$$f(z) = \frac{1}{2}\sum_{n=0}^{\infty} \frac{1}{n!}[(z + \sqrt{z^2 - 1})^n + (z - \sqrt{z^2 - 1})^n]$$

现在已经可以清楚地看到,该级数对于任何 z 值皆收敛,且具有和数

$$f(z) = \frac{1}{2}(e^{z + \sqrt{z^2 - 1}} + e^{z - \sqrt{z^2 - 1}}) = \frac{1}{2}e^z(e^{\sqrt{z^2 - 1}} + e^{-\sqrt{z^2 - 1}}) =$$

$$e^z \operatorname{ch}\sqrt{z^2 - 1}$$

不难明白,最后所得的式子尽管有根号出现,但在全平面上却是单值的.

例 6.5

$$f(z) = \sum_{n=0}^{\infty} \left(\frac{1}{\rho}\right)^n T_n(z)$$

于此,$T_n(z)$ 仍是切比雪夫多项式,ρ 则是任何大于 1 的数.

恰如在例 6.4 中一样,我们有

$$f(z) = \frac{1}{2}\sum_{n=0}^{\infty} \left(\frac{1}{\rho}\right)^n [(z + \sqrt{z^2 - 1})^n + (z - \sqrt{z^2 - 1})^n] \tag{6.42}$$

再假定

$$\left|\frac{1}{\rho}(z \pm \sqrt{z^2 - 1})\right| < 1, 即 |z \pm \sqrt{z^2 - 1}| < \rho$$

即得 $f(z)$ 为一分式线性函数

$$f(z) = \frac{1}{2}\left(\frac{1}{1 - \dfrac{z + \sqrt{z^2 - 1}}{\rho}} + \frac{1}{1 - \dfrac{z - \sqrt{z^2 - 1}}{\rho}}\right) = \frac{\rho(\rho - z)}{1 - 2\rho z + \rho^2}$$

要想确定收敛域的形状，我们令

$$z = x + \mathrm{i} y, w = z + \sqrt{z^2 - 1} = R \mathrm{e}^{\mathrm{i}\varphi}$$

$$\frac{1}{w} = z - \sqrt{z^2 - 1} = \frac{1}{R} \mathrm{e}^{-\mathrm{i}\varphi}$$

由此即得

$$z = \frac{1}{2}\left(w + \frac{1}{w}\right) = \frac{1}{2}\left(R \mathrm{e}^{\mathrm{i}\varphi} + \frac{1}{R} \mathrm{e}^{-\mathrm{i}\varphi}\right)$$

因而有

$$x = \frac{1}{2}\left(R + \frac{1}{R}\right) \cos \varphi$$

$$y = \frac{1}{2}\left(R - \frac{1}{R}\right) \sin \varphi$$

因之，在 z 平面上使得 $|w| = |z + \sqrt{z^2 - 1}| = R (= \mathrm{const})$ 的点 z 的轨迹由等式

$$\frac{x^2}{\left[\frac{1}{2}\left(R + \frac{1}{R}\right)\right]^2} + \frac{y^2}{\left[\frac{1}{2}\left(R - \frac{1}{R}\right)\right]^2} = 1$$

所规定.

这是一个以 ± 1 为焦点，以

$$\begin{cases} a = \frac{1}{2}\left(R + \frac{1}{R}\right) \\ b = \frac{1}{2}\left(R - \frac{1}{R}\right) \end{cases}$$

为半轴的椭圆.

变量 R 的几何意义不难说明：将上之等式相加，即得 $R = a + b$，故 R 是椭圆的两个半轴之和. 当 ρ 从 1 增大到 ∞ 时，椭圆即由线段 $(-1, +1)$ 开始逐渐扩大，而焦点则停留不变.

于是，展开式 (6.41) 的收敛域是一以 ± 1 为焦点，半轴之和等于 ρ 的椭圆的内部.

容易看出，椭圆在右边的顶点乃是函数 $f(z)$ 唯一的一个极点.

例 6.6 设 D 是 z 平面上的任意一个闭域，$\{P_n(z)\}$ 是任意一个不恒等于 0 的多项式序列. 我们经常可以选取一个正数序列 $\{\alpha_n\}$，使得当 $|c_n| \leqslant \alpha_n$ 时，级数

$$f(z) = \sum_{n=1}^{\infty} c_n P_n(z)$$

在预先给定的域 D 内一致收敛. 我们可以用无限多种方法做到这一点.

比如说，假定 M_n 记 $|P_n(z)|$ 在域 D 内的极大值，因而对于 D 中的任何 z

$$| P_n(z) | \leqslant M_n \quad (n = 1, 2, 3, \cdots)$$

又假定 $\{\varepsilon_n\}$ 为一正数序列,它使得级数 $\sum \varepsilon_n$ 收敛.

于是,只要令

$$\alpha_n = \frac{\varepsilon_n}{M_n} \tag{6.43}$$

即可. 在这个条件下,我们有

$$\sum_{n=1}^{\infty} | c_n P_n(z) | \leqslant \sum_{n=1}^{\infty} \alpha_n | P_n(z) | \leqslant \sum_{n=1}^{\infty} \frac{\varepsilon_n}{M_n} M_n = \sum_{n=1}^{\infty} \varepsilon_n$$

因而级数 $\sum_{n=1}^{\infty} c_n P_n(z)$ 在域 D 内一致收敛,而且是绝对收敛.

自然,所说的级数收敛条件决不是必要条件.

§41　分式有理函数做成的级数(序列)

1. 按差式 $z - a$(这里的 a 是一常数)的负整数幂排列的级数非常容易碰到. 这一类的级数形如

$$\sum_{n=0}^{\infty} \frac{c_n}{(z-a)^n} = c_0 + \frac{c_1}{z-a} + \frac{c_2}{(z-a)^2} + \cdots + \frac{c_n}{(z-a)^n} + \cdots \tag{6.44}$$

而经过变换 $z - a = \dfrac{1}{z'}$,则化为按 z' 的正数幂排列的级数.

这个变换还使得我们可以判断形如(6.44)的级数的收敛性质以及如何决定它的和.

根据 §37 中的定理,我们还可以得出:

对于形如(6.44)的每一个级数,有一个收敛半径 $R'(0 \leqslant R' \leqslant \infty)$ 与之相应. 级数在收敛圆的外部(当 $| z | > R'$)收敛,而在它的内部(当 $| z | < R'$)发散. 特别,假若 $R' = \infty$,则没有一点使得级数收敛(但也可以在形式上把它说成是在点 $z = \infty$ "收敛",并以 c_0 为其和);若 $R' = 0$,则级数在全平面上收敛(点 $z = a$ 除外,组成级数的各分式在这一点显然皆无意义).

在圆 $| z - a | = R'$ 上可能有各种不同的情形.

容易明白,级数 $\sum_{n=0}^{\infty} \dfrac{c_n}{(z-a)^n}$ 的收敛半径 R' 和级数 $\sum_{n=0}^{\infty} c_n z^n$ 的收敛半径 R 之间存在关系

$$R' = \frac{1}{R} \tag{6.45}$$

再有:

形如(6.44)的级数在 $|z-a| > R'$ 时绝对收敛,且在任何形如 $|z-a| \geqslant \rho$ 的域内一致收敛,于此 $\rho > R'$(当 $R' > 0$ 时);但若 $R' = 0$,则对任何 $\rho > 0$ 皆一致收敛.

例如级数 $\sum_{n=0}^{\infty}\left(\dfrac{2}{z-3}\right)^{n}$ 当 $\left|\dfrac{2}{z-3}\right| < 1$ 时收敛,即在以 3 为心以 2 为半径的圆外收敛,并以 $\dfrac{z-3}{z-5}$ 为其和;从级数 $\sum_{n=0}^{\infty}\dfrac{z'^{\,n}}{n!}$ 经变换 $z' = \dfrac{1}{z}$ 得到的级数 $\sum_{n=0}^{\infty}\dfrac{1}{n!}\dfrac{1}{z^{n}}$ 对于所有的 z 值(除 $z = 0$ 之外)皆收敛,并以 $\mathrm{e}^{\frac{1}{z}}$ 为其和.

最后,还须讲一下双边级数,即按 $z-a$ 的一切整数幂(正的和负的)排列的级数

$$
\begin{aligned}
\sum_{n=-\infty}^{+\infty} c_{n}(z-a)^{n} = {} & \cdots + \frac{c_{-n}}{(z-a)^{n}} + \cdots + \frac{c_{-1}}{z-a} + \\
& c_{0} + c_{1}(z-a) + \cdots + c_{n}(z-a)^{n} + \cdots
\end{aligned}
\tag{6.46}
$$

这类级数的和被定义作两个级数的和之和

$$
\sum_{n=-\infty}^{+\infty} c_{n}(z-a)^{n} = \sum_{n=0}^{\infty} c_{n}(z-a)^{n} + \sum_{n=1}^{\infty} \frac{c_{-n}}{(z-a)^{n}}
\tag{6.47}
$$

假若后面的两个级数都收敛的话.

级数 $\sum_{n=-\infty}^{+\infty} c_{n}z^{n}$ 可算是这种级数的一个例子,于此,系数 c_{n} 由公式

$$
c_{n} = \begin{cases} \dfrac{1}{2^{n}}, & \text{当 } n \geqslant 0 \\[2mm] 1, & \text{当 } n < 0 \end{cases}
$$

定义. 这个级数的 $\sum_{n=0}^{\infty}\left(\dfrac{z}{2}\right)^{n}$ 部分当 $|z| < 2$ 时收敛,并以 $\dfrac{2}{2-z}$ 为其和. 级数的另一部分 $\sum_{n=1}^{\infty}\left(\dfrac{1}{z}\right)^{n}$ 当 $|z| > 1$ 时收敛,并以 $\dfrac{1}{z-1}$ 为其和.

在上述条件(即把双边级数看作两个级数之和的和)之下,这双边级数可以认为是在环状区域 $1 < |z| < 2$ 之内收敛,并以

$$
\frac{2}{2-z} + \frac{1}{z-1} = \frac{z}{(z-1)(2-z)}
$$

为其和.

下面是另外的一个例子. 若令

$$
c_{n} = \begin{cases} 0, & \text{当 } n = 0 \\[2mm] \dfrac{1}{n^{2}}, & \text{当 } n \neq 0 \end{cases}
$$

则得级数 $\sum\limits_{n=1}^{\infty} \dfrac{1}{n^2}\Big(z^n + \dfrac{1}{z^n}\Big)$. 在这里, 该级数的 $\sum\limits_{n=1}^{\infty} \dfrac{z^n}{n^2}$ 部分在 $\mid z \mid \leqslant 1$ 时收敛, 而

另一部分 $\sum\limits_{n=1}^{\infty} \dfrac{1}{n^2 z^n}$ 则当 $\mid z \mid \geqslant 1$ 时收敛. 因此, 所论的双边级数只在圆 $\mid z \mid = 1$

上收敛.

除了 $z - a$ 的正数幂之外还包含负数幂的级数, 即形如 (6.44) 或 (6.47) 的级数叫作洛朗 (Laurent) 级数.

2. 作为级数个别的项的极点的那种点 (以及它们的极限点) 将不予考虑.

例如关于级数

$$f(z) = \sum_{n=1}^{\infty} \frac{1}{n(n-z)} = \frac{1}{1-z} + \frac{1}{2(2-z)} + \cdots + \frac{1}{n(n-z)} + \cdots$$

的和, 我们就可以说, 对于正整数以外的一切 z 值, 它有定义, 而且是一个连续函数.

实际上, 令 $D \equiv D_{M,\delta}$ 是从圆 $\mid z \mid \leqslant M$ 内除去以正整数为心, 以 δ 为半径的小圆 $\mid z - n \mid < \delta$ 之后所得到的域; 于是, 假定 z 属于 D, 则有

$$\left| \frac{1}{n(n-z)} \right| = \frac{1}{n^2 \left| 1 - \dfrac{z}{n} \right|} < \frac{1}{n^2 \eta} \tag{6.48}$$

于此, η 乃表示量 $\left| 1 - \dfrac{z}{n} \right|$ 当 z 跑过域 D 及 n 跑过正整数时所取的最小数值. 不等式 (6.48) 已经足以肯定级数在 D 内一致收敛, 以及它的和 $f(z)$ 在 D 内连续. 于是, 函数 $f(z)$ 除了值 n 之外, 处处连续, 因为 M 可以任意大, 而 δ 可以任意小.

假若 z 接近整数值, 例如 N, 则 $f(z)$ 趋于无穷. 实际上, 设

$$f(z) \equiv \frac{1}{N(N-z)} + f_N(z)$$

我们即可看出右边的第一项无限增大, 而第二项则在点 N 的附近连续, 因而有限.

3. 设 C 为任意一条有限长的曲线, $\varphi(\zeta)$ 为在 C 上定义的连续函数. 于是, 假设 D 是由平面上除去曲线 C 后所成的域, 则积分

$$I \equiv f(z) \equiv \int_C \frac{\varphi(\zeta)\mathrm{d}\zeta}{\zeta - z} \tag{6.49}$$

即为 D 内的有理函数列的极限

$$I = \lim_{n\to\infty} \sum_{k=1}^{n} \frac{\varphi(\zeta_k^{(n)})}{\zeta_k^{(n)} - z} \cdot \Delta\zeta_k^{(n)} \quad \left(\Delta\zeta_k^{(n)} = \zeta_k^{(n)} - \zeta_{k-1}^{(n)} \right)$$

这里的点列 $\{\zeta_k^{(n)}\}$ $(0 \leqslant k \leqslant n)$, 正如在一切积分和中一样, 乃是弧 C 上的一 "分割", 把 C 分成 n 份, 而且我们还假定 $\max \mid \Delta\zeta_k^{(n)} \mid$ 当 $n \to \infty$ 时趋于 0.

要把弧 C 上的点除去, 这是必要的, 因为在这些点变量 ζ 的函数

$$\frac{\varphi(\zeta)}{\zeta - z}$$

不再连续,因而积分过程就不能再保证收敛.

§42　另外的级数和序列

下面,我们将讨论一些序列和级数,它们的项是变量 z 的函数,但不一定是有理函数. 我们限定,这些函数都属于初等函数.

1. 我们现在来讨论形如

$$\sum_{n=0}^{\infty} c_n e^{-nz} \tag{6.50}$$

的级数.

这类级数可由幂级数 $\sum_{n=0}^{\infty} c_n z'^n$ 经变换 $z' = e^{-z}$ 得出. 因之,假若以 R 记这幂级数的收敛半径,我们就可以说,级数(6.50)当 $|e^{-z}| < R$ 时收敛,当 $|e^{-z}| > R$ 时发散. 但因

$$|e^{-z}| = |e^{-x-iy}| = e^{-x}$$

所以换句话说,级数(6.50)当 $x > \xi$ 时收敛,当 $x < \xi$ 时发散,于此,$\xi = \ln\frac{1}{R}(\xi \leqq 0)$.

于是,级数(6.50)的收敛域是一个半平面,$\xi = -\infty$ 和 $\xi = +\infty$ 这两种情形也不除外,数 ξ 叫作级数(6.50)的收敛横标.

同理,利用同样的变换,形如

$$\sum_{n=-\infty}^{+\infty} c_n e^{-nz} = \sum_{n=0}^{\infty} c_n e^{-nz} + \sum_{n=-1}^{-\infty} c_n e^{-nz} \tag{6.51}$$

的级数可以化成双边幂级数

$$\sum_{n=-\infty}^{+\infty} c_n z'^n = \sum_{n=0}^{\infty} c_n z'^n + \sum_{n=-1}^{-\infty} c_n z'^n$$

以 R 及 R' 分别记右边两个级数的收敛半径,我们就可以证明,所给的级数(6.51)在带形域

$$\xi < x < \xi'$$

内收敛,于此,我们是假定 $\xi = \ln\frac{1}{R}, \xi' = \ln\frac{1}{R'}$,当 $\xi = -\infty$ 或 $\xi' = +\infty$ 时,这带形域就变成了半平面;假若同时有 $\xi = -\infty$ 和 $\xi' = +\infty$,则它就变成了全平面,若 $\xi = \xi'$,则级数只可能在直线 $x = \xi$ 的点收敛;$\xi > \xi'$ 这一情形不除外(这时无

一处收敛).

2. 级数

$$\zeta(z) = \sum_{n=1}^{\infty} \frac{1}{n^z} \tag{6.52}$$

当条件 $x > 1$ 成立时收敛,且为绝对收敛,这是因为

$$\left| \frac{1}{n^z} \right| = | \, e^{-z \ln n} \, | = e^{-x \ln n} = \frac{1}{n^x}$$

因而级数(正如大家在分析中所知道的) $\sum \frac{1}{n^x}$,当 $x > 1$ 时收敛. 但级数(6.52)

当 $x \leqslant 0$ 时发散,因为在这假定之下,级数的一般项不趋于 0.

我们还可以证明,级数 $\zeta(z)$ 在带形域 $0 < x \leqslant 1$ 中也发散.

于是,函数 $\zeta(z)$ 在半平面 $x > 1$ 内已由级数(6.52)定义.

这函数(所谓的"黎曼 ζ - 函数")(读为黎曼泽塔函数)在素数的分布理论中占有非常重要的地位.

3. 级数

$$\sum_{n=1}^{\infty} \frac{(-1)^n}{n^z} \tag{6.53}$$

正如前面一个级数一样,显然当 $x > 1$ 时绝对收敛,当 $x \leqslant 0$ 时发散. 但我们要注意,它在带形域 $0 < x \leqslant 1$ 条件收敛(просто сходящимся)(我们现在不来证明这点). 例如对于满足不等式 $0 < z \leqslant 1$ 的实值 z,按照著名的"莱布尼兹规则",它收敛;这时当然很清楚,它不是绝对收敛的.

级数不仅在它的绝对收敛域内条件收敛,而且在域外也是条件收敛的这一现象,我们还是初次碰到. 在下面的第四段中,我们将根据一些理论来掌握这种现象.

4. 我们现在来研究比(6.50),(6.52)及(6.53)的形式更一般的级数

$$\sum_{n=1}^{\infty} c_n e^{-\lambda_n z} \tag{6.54}$$

于此,$\{\lambda_n\}$ 是一正项增加序列,且 $\lim \lambda_n = +\infty$. 当 $\lambda_n = n$ 时,我们就得到了形如(6.50)的级数.

在一般情形,级数(6.54)(假若数 λ_n 互相不可通约)不可能经过变换化为幂级数. 我们现在设法关于级数(6.54)重复在 §37 的引理中所作的论证.

假定级数(6.54)当某一值 $z = z_0$ 收敛. 在这样的假定之下,级数的一般项 $c_n e^{-\lambda_n z_0}$ 趋于 0,因而当 n 充分大时,它的模小于 1,即

$$| \, c_n e^{-\lambda_n z_0} \, | < 1$$

这个不等式与(令 $z_0 = x_0 + iy_0$)

$$| \, c_n \, | < e^{\lambda_n x_0}$$

是等价的. 但这样一来,对于充分大的 n 和任意的 $z = x + \mathrm{i}y$,我们有
$$| c_n \mathrm{e}^{-\lambda_n z} | < \mathrm{e}^{-\lambda_n(x-x_0)}$$
由此即可看出,欲所给的级数(6.54)绝对收敛,只需级数
$$\sum \mathrm{e}^{-\lambda_n(x-x_0)} \tag{6.55}$$
收敛.

我们现在来研究几个具有代表性的情形:

(1) $$\frac{\lambda_n}{\ln n} \to \infty$$

这时无论对于任何 $x(> x_0)$,皆可找到这样大的 N,使得当 $n > N$ 时,我们有
$$\frac{\lambda_n}{\ln n} > \frac{2}{x - x_0}$$
因而
$$\mathrm{e}^{-\lambda_n(x-x_0)} < \frac{1}{n^2}$$

这就是说,级数(6.55)对任意的 $x > x_0$ 收敛,即级数(6.54)对于半平面 $\mathrm{Re}\, z > \mathrm{Re}\, z_0 = x_0$ 中的任何 z 皆收敛.

在这种情形,我们就证明了:存在某一收敛横标,它具有第 1 小节中同样的性质.

(2) 对于任何任意小的 $\varepsilon(> 0)$,存在正数 Λ,使得对于所有 n
$$\frac{\lambda_n}{\ln n} < \Lambda$$
而且对于无限多的 n,不等式
$$\frac{\lambda_n}{\ln n} > \Lambda - \varepsilon \text{①}$$
成立.

但这时对于所有的这些 n,我们有
$$\mathrm{e}^{-\lambda_n(x-x_0)} < \frac{1}{n^{(x-x_0)(\Lambda-\varepsilon)}}$$
因而级数(6.55)在条件
$$(x - x_0)(\Lambda - \varepsilon) > 1$$
或
$$x > x_0 + \frac{1}{\Lambda - \varepsilon}$$

① 换言之,Λ 是序列 $\left\{\dfrac{\lambda_n}{\ln n}\right\}$ 的上限.

下收敛.

注意 ε 任意小, 我们即可得出结论: 在假定(2)之下, 若级数(6.54)在点 $z_0(=x_0+\mathrm{i}y_0)$ 收敛, 则它在半平面

$$\operatorname{Re} z > x_0 + \frac{1}{\varLambda}$$

内绝对收敛.

于是, 在理论上可能发生这样的事情: 级数(6.55)在某一半平面 $\operatorname{Re} z > \xi$ 内绝对收敛, 而它又在这个半平面之外, 但与这个半平面的边界相距不大于 $\frac{1}{\varLambda}$ 的某些点条件收敛.

(3) $$\frac{\lambda_n}{\ln n} \to 0$$

在这项假定之下, 使得级数条件收敛的点与绝对收敛半平面的边界相距可能到任意远(或者说, 这样的半平面一般不存在).

5. 形如

$$\sum_{n=-\infty}^{+\infty} c_n \mathrm{e}^{inz} \tag{6.56}$$

的级数的情形与级数(6.51)那种情形无太大差别. 级数(6.56)可以利用变换 $z' = \mathrm{e}^{iz}$ 化成双边幂级数

$$\sum_{n=-\infty}^{+\infty} c_n z'^n$$

若以 R 及 R' 分别记级数 $\sum\limits_{n=0}^{\infty} c_n z'^n$ 和 $\sum\limits_{n=1}^{\infty} c_n z'^{-n}$ 的收敛半径, 我们就可以证明: 级数 (6.56)的收敛域可由不等式

$$R' < |\mathrm{e}^{iz}| < R$$

或 $$\alpha < y < \beta$$

定出, 于此

$$\alpha = -\ln R, \beta = -\ln R'$$

于是, 这是一个与实轴平行的带形域. 特别, 它可能变成半平面($\beta = \infty$, 或 $\alpha = -\infty$)或平面($\alpha = -\infty$ 和 $\beta = +\infty$), 或"退化成直线"($\alpha = \beta$), 或收敛域可能不存在($\alpha > \beta$).

假若 e^{inz} 和 e^{-inz} 的系数共轭

$$c_{-n} = \bar{c}_n \quad (n \geqslant 0)$$

则易证明, 收敛带形域关于 Ox 轴对称

$$\beta \geqslant 0, \alpha = -\beta$$

习　　题

1. 试将函数 $z^2 \sin z$ 展成 z 的幂级数,展成 $z-1$ 的幂级数,展成 $z+1$ 的幂级数.试按泰勒公式和别的方法(利用圆函数的定义)而为之;试将所得结果比较.

2. 试将函数 $\sin^2 z$ 和 $\cos^2 z$ 按 z 的幂展开.

提示:利用"倍角关系".

3. 试将函数 $\ln(1+e^z)$ 按 z 的幂展开.试按两种方法而为之:(1)直接按泰勒公式.(2)令 $e^z = t$,将 $\ln(1+t)$ 展开,然后以 e^z 的幂级数展开式代替 t.试将所得结果进行比较.可以限于 z 的不高于 $n=5$ 或 6 次方.

4. 将函数 $\dfrac{e^z}{e^z+1}$ 按上题中同样之方法展成幂级数.

5. 试将函数 $\ln \cos z$ 按 z 的幂展开.除了按泰勒公式计算系数之外,试利用方法

$$\ln \cos z = \ln(1+t)$$

于此 $t = \cos z - 1$(参看习题3).

6. 二项级数.试利用泰勒公式将 $(1+z)^\alpha$ 按 z 的幂展开:试注意所得级数

$$(1+z)^\alpha \sim 1 + \frac{\alpha}{1} z + \frac{\alpha(\alpha-1)}{1 \cdot 2} z^2 + \cdots + \frac{\alpha(\alpha-1)\cdots(\alpha-n+1)}{1 \cdot 2 \cdot \cdots \cdot n} z^n + \cdots$$

中系数的结构.

确定所得级数的收敛域.

7. 级数

$$\sum_{n=1}^{\infty} \frac{\sin nz}{2^n}$$

对于什么样的 z 值收敛?它的和是什么?

8. 试确定级数

$$\sum_{n=0}^{\infty} (n+1) \left(\frac{z^2}{1+z^2} \right)^n$$

之收敛域及和.

9. 试确定级数

$$\sum_{n=1}^{\infty} \frac{(n-1)z^{n-1} - nz^n}{(1+nz^n)[1+(n-1)z^{n-1}]}$$

的收敛域及和.

柯西积分、解析函数的概念

§43　　与参数有关的积分

假若二元复变函数 $F(z,\zeta)$ 已经给定,又若我们把它就变量 ζ 在两个定限之间取积分,则一般说来,所得结果是一单复变量 z 的函数. 这又是构造"新的"复变函数的一条路径.

为了适应我们以后所追求的目的,我们现在要把问题提得更加清楚一些.

我们将假定关系

$$w = F(z,\zeta) \tag{7.1}$$

是按照下面的方式来理解的. 设在复平面 ζ 上已经给定了一条具有有限长度 L 的曲线 C;另外,又设 D 为复平面 z 上的某一区域. 我们假定,对于域 D 内的每一 z 值和曲线 C 上的每一 ζ 值,式(7.1)必与某一复数 w 对应;我们又假定,函数 $F(z,\zeta)$ 关于曲线 C 上的变量 ζ 连续. 在这样情形之下,我们就可以把积分

$$f(z) = \int_C F(z,\zeta)\,\mathrm{d}\zeta \tag{7.2}$$

看作域 D 内变量 z 的函数.

我们现在来阐明,在什么样(充分)的条件下,在域 D 内定义的函数 $f(z)$ 可以依照公式

$$f'(z) = \int_C F'_z(z,\zeta)\,\mathrm{d}\zeta \qquad (7.3)$$

在域 D 内微分.

显而易见,在域 D 内必须假定函数 $F(z,\zeta)$ 对于曲线 C 上的任何 ζ 关于 z 可以微分.

设 z 为域 D 内的一定点,则当 $h(h \neq 0)$ 充分小时[①],有公式

$$\frac{f(z+h) - f(z)}{h} = \int_C \frac{F(z+h,\zeta) - F(z,\zeta)}{h}\,\mathrm{d}\zeta \qquad (7.4)$$

设函数 $F(z,\zeta)$ 在所论之点关于 z 具有导数 $F'_z(z,\zeta)$,它关于曲线 C 上的 ζ 值连续;又设这个微分关于各个 z 值皆为一致的. 这就是说,函数

$$\theta(h) = \max_\zeta \left| \frac{F(z+h,\zeta) - F(z,\zeta)}{h} - F'_z(z,\zeta) \right|$$

当 $h \to 0$ 时趋于 0. 在这样的情况下,我们有等式

$$\frac{F(z+h,\zeta) - F(z,\zeta)}{h} = F'_z(z,\zeta) + \omega(z,\zeta)\theta(h)$$

其中函数 $\omega(z,\zeta)$ 的绝对值不超过 1. 于是,我们可以把等式写成

$$\frac{f(z+h) - f(z)}{h} = \int_C \left[F'_z(z,\zeta) + \omega(z,\zeta)\theta(h) \right]\mathrm{d}\zeta$$

但由此可得

$$\left| \frac{f(z+h) - f(z)}{h} - \int_C F'_z(z,\zeta)\,\mathrm{d}\zeta \right| = \left| \int_C \omega(z,h)\theta(h)\,\mathrm{d}\zeta \right| \leqslant L\theta(h)$$

又因当 $h \to 0$ 时,右边趋于 0,故左边亦然. 由此即得公式(7.3).

此外,假若函数 $F'_z(z,\zeta)$ 关于域 D 内的 z 连续,则在该域内导数 $f'(z)$ 也连续.

我们现在来讨论一种特别值得注意的情形,即

$$F(z,\zeta) \equiv \frac{\varphi(\zeta)}{(\zeta - z)^p} \qquad (7.5)$$

的情形(p 是正整数),其中函数 $\varphi(\zeta)$ 在曲线 C 上连续,而域 D 则与这条曲线无公共点,于是 $F(z,\zeta)$ 具有所要求的连续性质.

对于上面所说的函数 $F(z,\zeta)$,我们有

$$\theta(h) = \max_\zeta \left[|\varphi(\zeta)| \cdot \left| \frac{\frac{1}{(\zeta - z - h)^p} - \frac{1}{(\zeta - z)^p}}{h} - \frac{\partial}{\partial z}\frac{1}{(\zeta - z)^p} \right| \right]$$

①　小到使点 $z + h$ 在域 D 之内.

试注意 $|\varphi(\zeta)|$ 由于 $\varphi(\zeta)$ 在 C 上连续,故有界,并注意对于充分小的 h, $|\zeta - z|$ 与 $|\zeta - z - h|$ 始终大于某一个(即使也很小)正数 δ,我们就可以证明 $\lim\limits_{h \to 0} \theta(h) = 0$.

我们现在就 $p = 1$ 和 $p = 2$ 这两个例子来估计第二个因子

$$\left| \frac{\frac{1}{\zeta - z - h} - \frac{1}{\zeta - z}}{h} - \frac{\partial}{\partial z} \frac{1}{\zeta - z} \right| = \left| \frac{1}{(\zeta - z - h)(\zeta - z)} - \frac{1}{(\zeta - z)^2} \right| =$$

$$\left| \frac{h}{(\zeta - z - h)(\zeta - z)^2} \right| \leqslant \frac{|h|}{\delta^3}$$

$$\left| \frac{\frac{1}{(\zeta - z - h)^2} - \frac{1}{(\zeta - z)^2}}{h} - \frac{\partial}{\partial z} \frac{1}{(\zeta - z)^2} \right| = \left| \frac{3h(\zeta - z) - 2h^2}{(\zeta - z - h)^2 (\zeta - z)^3} \right| \leqslant$$

$$\frac{6|h|R + 2|h|^2}{\delta^5}$$

于此,R 记 $|z|$ 在 D 内和 $|\zeta|$ 在 C 上的极大值.

于是,若 $\varphi(\zeta)$ 在 C 上连续,则由形如

$$\Phi(z) = \int_C \frac{\varphi(\zeta) \mathrm{d}\zeta}{(\zeta - z)^p} \tag{7.6}$$

的式子所定义的函数 $\Phi(z)$(p 为正整数)在复平面上任何不属于曲线 C 的点皆可微分. 导数可从被积函数关于 z 微分得出

$$\Phi'(z) = p \int_C \frac{\varphi(\zeta) \mathrm{d}\zeta}{(\zeta - z)^{p+1}} \tag{7.7}$$

这个导数在任何不属于 C 上的点皆连续.

后面一种说法可以从这样的一个事实推出,即式(7.7)右边的式子与式(7.6)右边的式子相似;因而它可微,故亦连续.

既已经确立所要证明的事实对于分母为二项式的任何(正整数)p 次幂皆成立之后,我们现在就取 $p = 1$;对于所论的函数的导数逐次运用前面的一个命题,我们现在就可以给出下面的结论:

由形如

$$f(z) = \int_C \frac{\varphi(\zeta) \mathrm{d}\zeta}{\zeta - z} \tag{7.8}$$

所定义的函数 $f(z)$ 在全平面上所有不属于曲线 C 的点具有任何 n($n = 1, 2, 3, \cdots$)次导数,于此,$\varphi(\zeta)$ 在曲线 C 上连续. 这些导数可由积分号下的函数关于 z 作适当次数的微分得出

$$f^{(n)}(z) = n! \int_C \frac{\varphi(\zeta) \mathrm{d}\zeta}{(\zeta - z)^{n+1}} \tag{7.9}$$

但还可以证明得更多一些:

对于不属于曲线 C 上的任何一点 $z = a$, 依式 (7.8) 定义的函数 $f(z)$ 可以展成一以 a 为心, 以 R 为收敛半径的幂级数, 这 R 至少等于从点 a 到曲线 C 的距离.

"至少" 一词在这里并不是多余的. 例如我们可以设想曲线 C 是弧 $PQRS$ (图 23), 而函数 $\varphi(\zeta)$ 在它的 QR 部分恒等于 0. 于是, 沿曲线 C 的积分即化成了沿弧 PQ 和 RS 的积分的和, 这时所论的级数的收敛半径即大于 ρ.

这一结论可以由函数 $\dfrac{1}{\zeta - z}$ 展开成级数得出

$$\frac{1}{\zeta - z} = \frac{1}{\zeta - a} + \frac{z - a}{(\zeta - a)^2} + \cdots + \frac{(z - a)^n}{(\zeta - a)^{n+1}} + \cdots \tag{7.10}$$

这级数在条件 $|z - a| < |\zeta - a|$ 下成立.

设点 z 在以 a 为心, 以 ρ 为半径的圆 Γ 内 (图 24), 则无论对于 C 上的任何一点 ζ, 不等式

$$\left| \frac{z - a}{\zeta - a} \right| < q$$

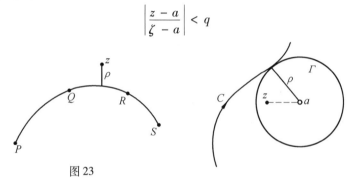

图 23

图 24

均成立, 于此, q 是某一真分数. 在这样的条件下, 式 (7.10) 右边关于曲线 C 上的点 ζ 一致收敛, 因而在以 $\varphi(\zeta)$ 乘等式 (7.10) 以后, 我们就可以 (§36) 沿曲线 C 关于 ζ 取积分. 结果即得出函数 $f(z)$ 按 $z - a$ 的幂展开的展开式

$$f(z) = \int_C \frac{\varphi(\zeta) \, d\zeta}{\zeta - a} + (z - a) \int_C \frac{\varphi(\zeta) \, d\zeta}{(\zeta - a)^2} + \cdots + (z - a)^n \int_C \frac{\varphi(\zeta) \, d\zeta}{(\zeta - a)^{n+1}} + \cdots$$

$$\tag{7.11}$$

或简写成

$$f(z) = c_0 + c_1(z - a) + \cdots + c_n(z - a)^n + \cdots \tag{7.12}$$

于此

$$c_n = \int_C \frac{\varphi(\zeta) \, d\zeta}{(\zeta - a)^{n+1}} \quad (n = 0, 1, 2, \cdots) \tag{7.13}$$

在证明该定理时, 也可以利用另外的想法. 既然在点 $z = a$ 处, 函数 $f(z)$ 的各次导数皆存在 (如前面所证), 所以我们就可作出以点 a 为中心关于该函数的泰勒级数

$$f(z) \sim \sum_{n=0}^{\infty} \frac{f^{(n)}(a)}{n!} (z-a)^n \tag{7.14}$$

其中 $(z-a)^n$ 的系数为 $c_n = \dfrac{f^{(n)}(a)}{n!}$，按照式(7.9)，可以由式(7.13)定出. 于是，式(7.14)的右边与式(7.11)的右边相同，因而只需证明，在条件 $|z-a| < \rho$ 下，式(7.14)中的对应符号可代之以等号. 我们必须求级数的和. 级数中直到 $(z-a)^n$ 项为止的前面 $n+1$ 项之和 $f_n(z)$ 等于

$$f_n(z) = \int_C \varphi(\zeta) \left[\frac{1}{\zeta - a} + \frac{z-a}{(\zeta-a)^2} + \cdots + \frac{(z-a)^n}{(\zeta-a)^{n+1}} \right] \mathrm{d}\zeta =$$

$$\int_C \varphi(\zeta) \left[1 - \left(\frac{z-a}{\zeta-a} \right)^{n+1} \right] \frac{\mathrm{d}\zeta}{\zeta - z} \tag{7.15}$$

因 $\left| \dfrac{z-a}{\zeta-a} \right| < q < 1$，故余项趋于 0

$$\left| \int_C \varphi(\zeta) \left(\frac{z-a}{\zeta-a} \right)^{n+1} \frac{\mathrm{d}\zeta}{\zeta - z} \right| \leqslant q^{n+1} \int_C \left| \varphi(\zeta) \frac{\mathrm{d}\zeta}{\zeta - z} \right| \to 0$$

因之等式(7.15)的右边趋于 $f(z)$，因而左边亦趋于 $f(z)$.

于是，当 $|z-a| < \rho$ 时，函数 $f(z)$ 可以展成级数(7.11).

注释 要想清楚地懂得刚才所证明的定理的意义，就必不能忽略：由式(7.8)所定义的函数 $f(z)$ 对于曲线 C 上的点根本没有确定，而且当 z 沿着与 C 相交的路径移动时，也不一定连续变动. 正好相反，一般说来，在它们的交点，函数有一突变.

我们现在用两个例子来说明这点.

1. 曲线 C 是联结 -1 和 $+1$ 两点的直线段，$\varphi(\zeta) \equiv 1$. 这时，我们容易算出

$$f(z) = \int_{-1}^{+1} \frac{\mathrm{d}\zeta}{\zeta - z} = \ln \frac{1-z}{-1-z} = \ln \frac{z-1}{z+1}$$

对数值的选择是根据条件 $\lim\limits_{z \to \infty} f(z) = 0$ 来决定的，而且在选择时还要求函数在由整个 z 平面除去线段 $(-1, +1)$ 之后所成之域 D 内连续(图25).

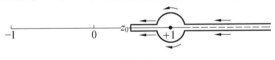

图 25

至于点 z_0(z_0 为实数，$|z_0| < 1$)，我们可以找到两条在本质上不相同的路径来达到，这里所说的"本质上不相同"，是根据把路径想象成位于线段的"上边"或"下边"而言. 在前一种情形，我们现在把路径明确描述如下(参看图25中上面的线)：我们沿正半轴从 $+\infty$ 到 $1+\varepsilon$，然后依正方向沿半径为 ε 的圆绕点 1 转过半圈，最后再从点 $1-\varepsilon$ 到 z_0("沿域 D 的边"). 在第二种情形，路径也

很相似,不过是沿负方向绕半圆(参看下面的线).在依正方向绕半圆的时候,所论函数的辐角即增加 π;在依负方向绕半圆的时候,它即减少 π,函数在同一点(不过分别想象成位于域 D 的这一"边"和另一"边")所取的值之差总共等于 $2\pi i$.

2. 曲线 C 是单位圆;$\varphi(\zeta) \equiv 1$. 这时,正如我们已经知道的

$$f(z) \equiv \begin{cases} 0, & \text{若} \mid z \mid > 1 \\ 2\pi i, & \text{若} \mid z \mid < 1 \end{cases}$$

§44   多项式情形的柯西积分

设 $P(z)$ 是任意一个 n 次多项式,a 是任意一个复数.

由贝祖恒等式(第三章式(3.4)),可知

$$P(z) \equiv P(a) + (z-a)P_1(z), \frac{P(z)}{z-a} \equiv P_1(z) + \frac{P(a)}{z-a} \qquad (7.16)$$

设 Γ 是 z 平面上任意一条不过点 a 的闭曲线;将恒等式(7.16)的两边沿这条线取积分,即得

$$\int_\Gamma \frac{P(z)}{z-a}\mathrm{d}z = \int_\Gamma P_1(z)\,\mathrm{d}z + P(a)\int_\Gamma \frac{\mathrm{d}z}{z-a} \qquad (7.17)$$

由 §31 中的定理,右边第一个积分等于0. 更假定曲线 Γ 本身不相交,则我们即有两种情形:

(1)点 a 在曲线 Γ 之外. 此时式(7.17)右边的第二个积分亦为0;这就是说,左边的积分也等于0.

(2)点 a 在曲线 Γ 之内. 这时(§33)右边的积分等于 $2\pi i$,于是,将此数除两边,我们即有公式

$$P(a) = \frac{1}{2\pi i}\int_\Gamma \frac{P(z)}{z-a}\mathrm{d}z \qquad (7.18)$$

(1)与(2)两段可以总写成

$$\frac{1}{2\pi i}\int_\Gamma \frac{P(z)\,\mathrm{d}z}{z-a} = \begin{cases} 0, & \text{若 } a \text{ 在 } \Gamma \text{ 之外} \\ P(a), & \text{若 } a \text{ 在 } \Gamma \text{ 之内} \end{cases}$$

或者,在以 ζ 记积分变量,以 z 代替 a 时,即得

$$\frac{1}{2\pi i}\int_\Gamma \frac{P(\zeta)\,\mathrm{d}\zeta}{\zeta-z} = \begin{cases} 0, & \text{若 } z \text{ 在 } \Gamma \text{ 之外} \\ P(z), & \text{若 } z \text{ 在 } \Gamma \text{ 之内} \end{cases} \qquad (7.19)$$

必须注意,式(7.19)左边的积分与参数 z 有关,因而是 z 的函数,该函数在 Γ 的外部和内部分别以不同的公式来表示,而在曲线 Γ 本身则生一间断. 所说的现象与 §43 中的结果相合.

我们当前的任务就在说明:对于什么样的比多项式类更为广泛的复变函数类$\{f(z)\}$,关于闭曲线Γ内部的任何一点z,公式

$$f(z) = \frac{1}{2\pi i}\int_\Gamma \frac{f(\zeta)\,\mathrm{d}\zeta}{\zeta - z} \quad (\text{柯西积分}) \tag{7.20}$$

成立.

下面,我们将从这个公式得出一系列各种各样的有用的推论.

§45 　以柯西积分表示复变函数的条件

在这里,我们来证明两个不同的定理.

定理7.1 若在包含于闭曲线Γ内的域Δ中,以及在曲线Γ上函数$f(z)$是一个一致收敛的多项式序列的极限

$$f(z) = \lim_{n\to\infty} P_n(z) \tag{7.21}$$

则公式(7.20)成立.

证明所根据的是:假若点z位于Γ内,则式(7.20)对于所有的多项式无条件成立.于是,对于任何n

$$P_n(z) = \frac{1}{2\pi i}\int_\Gamma \frac{P_n(\zeta)\,\mathrm{d}\zeta}{\zeta - z} \quad (n = 1,2,3,\cdots)$$

既然点z在Γ内,故无论对于Γ上的任何ζ,我们皆有$|\zeta - z| > \delta > 0$. 因之,$\dfrac{P_n(\zeta)}{\zeta - z}$一致趋于$\dfrac{f(\zeta)}{\zeta - z}$,因而整个右边趋于极限$\dfrac{1}{2\pi i}\int_\Gamma \dfrac{f(\zeta)\,\mathrm{d}\zeta}{\zeta - z}$,左边$P_n(z)$则趋于极限$f(z)$.

总结起来我们就得到了公式(7.20).

定理7.2 设函数$f(z)$在域D内有连续导数,又设曲线Γ在D内,则式(7.20)成立.

设γ_ρ是一以z为心,以ρ为半径的圆,ρ很小,使得此圆全部在Γ内(图26). 变量ζ的函数$f(\zeta)$具有连续导数;关于函数$\dfrac{f(\zeta)}{\zeta - z}$,同样的情形也成立(点$\zeta = z$除外);因之,函数$\dfrac{f(\zeta)}{\zeta - z}$在$\Gamma$与点$z$之间的环内关于$\zeta$可以积分. 故(据116页的定理),曲线$\Gamma$可以"收缩"到曲线$\gamma_\rho$,而不改变积分之值

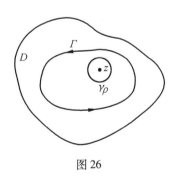

图26

$$\frac{1}{2\pi i}\int_\Gamma \frac{f(\zeta)\,\mathrm{d}\zeta}{\zeta - z} = \frac{1}{2\pi i}\int_{\gamma_\rho} \frac{f(\zeta)\,\mathrm{d}\zeta}{\zeta - z} \tag{7.22}$$

再,我们在分数的分子上加减 $f(z)$,同时把积分分而为二,则得

$$\frac{1}{2\pi i}\int_{\gamma_\rho}\frac{f(\zeta)\mathrm{d}\zeta}{\zeta-z}=\frac{1}{2\pi i}\int_{\gamma_\rho}\frac{f(\zeta)-f(z)}{\zeta-z}\mathrm{d}\zeta+\frac{f(z)}{2\pi i}\int_{\gamma_\rho}\frac{\mathrm{d}\zeta}{\zeta-z}=$$

$$\frac{1}{2\pi i}\int_{\gamma_\rho}\frac{f(\zeta)-f(z)}{\zeta-z}\mathrm{d}\zeta+f(z) \qquad (7.23)$$

最后一个积分与 ρ 无关,因为我们可以继续"收缩"曲线,使半径 ρ 趋于 0. 借助估值

$$\left|\int_{\gamma_\rho}\frac{f(\zeta)-f(z)}{\zeta-z}\mathrm{d}\zeta\right|\leqslant 2\pi\rho\cdot\frac{\max|f(\zeta)-f(z)|}{\rho}=$$

$$2\pi\max|f(\zeta)-f(z)| \qquad (7.24)$$

我们可以证明该积分为 0.

因为函数 $f(\zeta)$ 在点 z 可以微分,所以它在这点连续,即

$$\lim_{\zeta\to z}f(\zeta)=f(z)$$

根据上式的确切意义,这就指出,式子

$$\max|f(\zeta)-f(z)|$$

(式中假定 $|z-\zeta|=\rho$) 当 $\rho\to 0$ 时趋于 0,而这也就是说,可以使之小于任何预先给定之正数. 从不等式(7.24) 可以推知,关于左边的积分同样的事实也成立. 但因该积分与 ρ 无关,故它不可能取异于 0 之值,即

$$\int_{\gamma_\rho}\frac{f(\zeta)-f(z)}{\zeta-z}\mathrm{d}\zeta=0 \qquad (7.25)$$

比较式(7.22),(7.23) 及(7.25),即得式(7.20).

§46　将复变函数展成幂级数

我们现在来讨论几个推论,这是由我们已经可以用柯西积分来表示函数这一事实而推导出来的.

只需看一看给出这种表示的式(7.20),我们立可得出这样的结论:

一函数若可以用柯西积分(7.20) 来表示,则它在曲线 Γ 内的值可以由它在 Γ 上的值完全决定.

换言之:要想能够借助柯西公式算出函数 $f(z)$ 在积分曲线 Γ 内任何一点的值,只需知道该函数在 Γ 上各点之值即可.

特别,我们有这样的命题:

若一可以用柯西积分(7.20) 表示的函数 $f(z)$ 在曲线 Γ 上各点之值皆为 0,则它在曲线内恒为 0.

在实域中没有与上述定理相类似的定理,而且容易清楚,也不可能会有这

类定理. 在实变函数论中, 一般说来, 函数在域内的值决不由它在域的边界上的值所决定: 没有一个二元函数在闭曲线内的值是由它在这曲线上的值所决定的, 没有一个一元函数在区间内的值是由它在端点的值所决定的.

我们现在把式 (7.20) 的右边与式 (7.8) 的右边相比较. 容易看出, 我们现在所处理的函数 $f(z)$ 是所证明的式 (7.8) 函数 $f(z)$ 的一个特殊情形. 即式 (7.20) 中积分号下的分数的分子, 已经不是一般形状的连续函数 $\varphi(\zeta)$ 了, 乃是函数 $\dfrac{f(\zeta)}{2\pi i}$, 而函数 f 就是公式左边的函数. 这种现象一点也不改变 §43 中的结论.

于是, 我们可以说出下面的结论:

若函数 $f(z)$ 在由曲线 Γ 所围的域 D 中可以用柯西积分 (7.20) 来表示, 则它在这个域中具有连续导数 $f'(z)$[①].

依照 §33 中的定理, 导数可以用一个积分来表示, 该积分是将被积函数关于 z 微分而得

$$f'(z) = \frac{1}{2\pi i} \int_{\Gamma} \frac{f(\zeta)\,\mathrm{d}\zeta}{(\zeta - z)^2}$$

根据同一定理, 我们可以作下列的多次微分

$$f''(z) = \frac{2!}{2\pi i} \int_{\Gamma} \frac{f(\zeta)\,\mathrm{d}\zeta}{(\zeta - z)^3}$$

一般

$$f^{(n)}(z) = \frac{n!}{2\pi i} \int_{\Gamma} \frac{f(\zeta)\,\mathrm{d}\zeta}{(\zeta - z)^{n+1}} \quad (n = 3, 4, \cdots) \tag{7.26}$$

复变函数论中的这项结果也启发我们要把它与实变函数论作一番比较. 我们已经证明过 (参看 §45, 定理 7.2), 若在域 D 中连续导数 $f'(z)$ 存在, 则高次连续导数 $f^{(n)}(z)$ $(n \geq 2)$ 也存在. 众所周知, 在实变函数论中 (在线段上) 没有什么可以与之相似.

但我们还要更进一步, 并来利用这个定理.

假定式 (7.20) 对曲线 Γ 内的任何一点 z 皆成立, 即可推知函数 $f(z)$ 可以展成以 a (a 为 Γ 内的任一点) 为心, 以 R (R 不小于从点 a 到曲线 Γ 的距离 δ) 为半径的幂级数 (必然就是这函数的泰勒级数).

读者可以自己 (依据 §45 中的定理 7.1 及 7.2) 证明: 若函数 $f(z)$ 在曲线 Γ 上所有与 a 的距离等于 δ 的那种点的邻近具有连续导数, 或者, 假若它在一个除了包含 Γ 的内部还包含整个所说邻域在内的域中可以展成一致收敛的多项式

---

① 这是定理 7.2 的逆定理, 虽然并不完全, 因为导数的存在仅对于内点得到证明.

级数,则收敛半径 R 必然大于 δ.

将这个结论与"一函数可用柯西公式表示"的充分条件(这已经在 §45 中得出)相比较,我们就可以叙述下面的两个基本定理,它们已经不再提到证明中所使用的工具——柯西积分.

定理 7.3 假若函数 $f(z)$ 在某一域 D 内以及包围它的曲线上是一个一致收敛的多项式序列的极限,则它在所有属于域 D 的点 a 具有各次连续导数,并可展成泰勒级数,这个级数在一半径不小于从点 a 到域的周界的距离的圆内收敛.

定理 7.4 若函数 $f(z)$ 在某一域 D 内具有连续导数,则它在 D 内任意一点 a 也具有各次导数,并可展成泰勒级数,该级数在一半径不小于从点 a 到这域的周界的距离的圆内收敛.

对于那些希望按照实变函数论的式样来建造复变函数论的读者,定理 7.3 的叙述似乎是特别令人惊奇的. 实际上,在实变函数论中,不只是幂级数之和,而且是任何的连续函数(比如具有角点的,等等)皆可表成一致收敛的多项式序列的极限.

自然,我们不应当忽视,在实变函数论与复变函数论之间出现的这样鲜明的,而且可能是出人意料的差别乃是以这样的一个事实作为先决条件,即在这两种理论中的两个术语"导数"与"域",虽然在形式上仍然相似,但却具有不同的含义.

§47 解析(正则)函数的概念

在定义复变函数论的基本概念(在某一域中的解析函数或正则函数的概念)之前,我们必须预先指出,这一概念可以用一系列非常重要的,而且是相当复杂的,在逻辑上互相等价的性质来加以说明. 证明这些性质(或其中较为重要的部分)互相等价,这在复变函数论的讲授过程中是一个非常重要的课题,这时,讲述系统显然决定于下面这件事,即哪一个性质是用来作为定义的,和其他的性质是按哪一种程序由这个概念推出来的. 为了确保叙述的对称性成为可能,我们现在宁可暂时不引进"解析函数"一词,而预先在几个基本性质之间建立一些必要的联系,以便在引入解析函数这一概念时,除了指出它们相互等价之外,并能把它们同时并列. 于是,在今后留下来的就是把其他的性质加到原有的表上去,假若已经证明了该项性质与原来表中任何一种性质等价的话. 显而易见,每一种性质(原来表中的或经过添增后的)皆可取来作为定义.

开始时,我们所谈的是在某一连通域而且是单连通域 D 内解析的函数. 在定义解析函数时,域为连通的这一性质具有十分重要的地位. 至于域是否单连通这一问题,则由解析拓展研究(§51),解析函数这一概念将被推广到多连通域上去.

可以用来说明一函数 $f(z)$ 在一域 D 中是否解析(正则)的诸性质中,下面是几个最重要的性质. 为了叙述的简便,每一性质用一特别文字来记;为什么要选择这些文字,则在下面说明.

性质 C′ 函数 $f(z)$ 在域 D 内每一点具有导数 $f'(z)$,而且导数 $f'(z)$ 在域 D 内连续.

性质 R 在域 D 中,函数 $f(z)$ 的实部 $u(x,y)$(于此, $z = x + iy$)和虚部 $v(x, y)$ 具有一次连续偏导数

$$u'_x , u'_y , v'_x , v'_y$$

它们在域 D 内满足恒等条件

$$\begin{cases} u'_x = v'_y \\ u'_y = - v'_x \end{cases} \tag{R}$$

性质 J 这项性质预先假定了函数 $f(z)$ 在域 D 内连续;下面,我们把它用两种不同方式(J_1 和 J_2)叙述出来,这两种方式之为等价则在 §33 中已给以证明.

J_1:无论对于域 D 内的任何两点 a 和 b,沿 D 内从 a 到 b 所引的(有限长)曲线 C 所取的积分 $\int_C f(z)\,\mathrm{d}z$ 与积分的路径无关,而仅与函数 $f(z)$ 和始点 a 及终点 b 有关.

J_2:对于域 D 内的任何(有限长)闭曲线 Γ,沿这条曲线所取的积分 $\int_\Gamma f(z)\,\mathrm{d}z$ 等于 0.

性质 W 对于域 D 内的任何一点 a,函数 $f(z)$ 在点 a 可展成一幂级数. 详言之:对于域 D 内的任何一点 a,存在一列系数 $c_0 , c_1 , c_2 , \cdots , c_n , \cdots$(与 a 有关),使得级数

$$\sum_{n=0}^{\infty} c_n (z - a)^n$$

在某一圆 $|z - a| < R$(圆的半径 R 与 a 有关)内收敛,且其和等于 $f(z)$.

在 §26 中,我们已经从性质 C′ 推出性质 R(C′ → R).

在 §32 中,我们已根据线积分理论从性质 R 推出性质 J(R → J).

性质 W 则可从性质 J 借助柯西积分在 §46 中推出(定理 7.4).

最后,性质 C′ 则可作为幂级数论的一个推论从性质 W 得出(W → C′)(参看 §37).

这样一来,循环过程即告完成(关闭),因而 C′,R,J,W 四种性质的互相等价即告证明.

大多数作者所采用来作为讲授基础的古典方案

$$C' \rightarrow R$$
$$\uparrow \qquad \downarrow$$
$$W \leftarrow J$$

也已经在本书中反映出来.

上面所说的方案还没有规定复变函数论的讲述次序,因为讲述还须取决于这四个性质中何者取来作为讲述的基础,即何者取来作为定义.

对于复变函数论的创始人 —— 法国的大数学家柯西来说,出发点就是可微分这一种性质,但在 19 世纪初叶,数学的严格性并没有太高的水平,柯西没有看出有必要强调导数须为连续.

如是,作为定义,柯西就利用了:

性质 C   函数 $f(z)$ 在域内每一点具有导数 $f'(z)$.

对于与柯西同时代的人黎曼来说(他与柯西无关地在德国奠定了复变函数论的基础),出发点就是关系

$$\begin{cases} U'_x = V'_y \\ U'_y = - V'_x \end{cases}$$

这在后来叫作"柯西 – 黎曼条件"(或欧拉 – 达朗贝尔条件).

对于比较靠近 20 世纪的德国学者魏尔斯特拉斯(Weierstrass)来说(他除了几个其他的数学科目之外,也对复变函数论建立起坚实的基础),出发点是可以展开成幂级数这种性质(性质 W).

最后,从近代的数学方法论的观点来看,在建立复变函数论的时候,采用解析函数的积分性质(性质 J)可能有很大的优越性,这是因为在很快得出柯西积分之后,就可以从它进而导出可微分性,以及可以展成幂级数性等.

关于可微分性的一点注释

我们容易了解,柯西 – 黎曼关系已经可以从性质 C(不一定要从性质 C′)推出;但从 C 并不能推出函数 u 和 v 的偏导数连续这一性质,这是在前面证明积分与路径无关时曾用到过的(性质 J_1,参看 §32). 假设导数 $f'(z)$ 连续,亦即利用性质 C′ 代替 C,叙述可以大为化简;但这种假设本身不是必要的. 如果说可微分这一性质 C 显然是"连续可微分"这一性质 C′ 的一个形式上的推论($C' \rightarrow C$),那么,性质 C′ 也可以反过来从性质 C 得出($C \rightarrow C'$). 换言之,假若函数 $f(z)$ 在域 D 内的每一点具有导数,则这个导数必连续. 这已经由柯西的同国人,著名的分析教程的著者 E. 古尔萨(E. Goursat)证明,他直接从导数的存

在能推出①积分性质($C \to J$).

必须指出,苏联数学家缅绍夫(Д. Е. Меньшов)更大大跨进了一步,他说出了一个很微弱的条件,在该条件之下就足以(而且显然也是必要的)使所给的函数在所给的域内解析(参看下面 §61).

前面我们已经提到,假若根据基本循环 $C' \to R \to J \to W \to C'$ 已经在四个性质 C', R, J, W 之间建立起相互等价的关系,则其中任何一个可以从其余的推导出来. 当然,关于基本循环的做成,这四者当中的任何一个并不是不可能从任何别的一个按某种另外的次序推出. 莫雷拉(Morera)定理就是一个例子:

若函数 $f(z)$ 在域 D 内可积,则它在域 D 内每一点具有连续导数($J \to C'$,或更确切些,$J_1 \to C'$).

我们来描述一下定理的证明. 假若函数 $f(z)$ 连续且可积,则与积分路径无关的积分 $\int_{z_0}^{z} f(\zeta)\,d\zeta$ 是变量 z 的一个函数 $F(z)$,而且具有导数 $F'(z) \equiv f(z)$. 但这样一来,在 D 内的每一点又存在(§46)二次连续导数,即 $F''(z) \equiv f'(z)$. 定理于是得到证明.

审查了原来的四个基本性质之后,我们还可以添入一个补充性质. 实质上,我们所说的只不过是把性质 J 的意义解释一下. 就是,域 D 内的解析函数类可以由下述的性质来说明:

性质P　函数 $f(z)$ 在域 D 内连续,且存在(至少一个)函数 $F(z)$,它在 D 内可微,并恒满足条件

$$F'(z) = f(z) \tag{7.27}$$

从性质 J 出发,在第五章,§32 中,我们已经证明了原函数 $F(z)$ 存在;反之,积分与路径无关这一点又已在 §31 中从原函数的存在推出.

为不同作者用来作为"解析"(analytic)函数这一术语的同义语的有:"正则"(regular)函数,"全纯"(holomorphic)函数等,也有用"域 D 内的整"函数一语的.

注释　有时我们也说"函数 $f(z)$ 在闭集 Δ 上解析(正则)". 这样的措辞的确切意义是说:函数 $f(z)$ 在 Δ 的某一邻域内解析. 例如说到:"$f(z)$ 在点 $z = a$ 处解析",意思是说,它在以 a 为心的某一圆内解析.

假若函数 $f(z)$ 在域 D 内解析,则它显然也在 D 的每一点解析,逆命题也成

---

①　除了所说的分析教程以外,相应的证明还可以在 И. И. 普里瓦洛夫(Привалов)的《复变函数引论》中(第四章,§2)以及 А. И. 马尔库什维奇(Маркушевич)的讲义中(*Элементы теории аналитических функций*,160 – 164 页;或《解析函数论》,第三章,§2)找到.

立,但需要加以证明. 需要指出,以域 D 内一切可能的点为心作成的圆所成之集盖满整个域 D,并且利用解析函数的特征性质 W 或 C(C′).

§48 用多项式近逼解析函数

假设函数 $f(z)$ 在某一集 E 上已经定义,又设对于任何任意小的正数 $\varepsilon(> 0)$,我们可以选取多项式 $P(z)$,使得在集 E 上的每一点不等式

$$| P(z) - f(z) | < \varepsilon \qquad\qquad (7.28)$$

皆成立,则称 $f(z)$ 在集 E 上可以"利用多项式近逼"①.

上面所说的要求和下面的说法完全等价:函数在集 E 上是某一一致收敛多项式序列 $\{P_n(z)\}$ 的极限

$$P_n(z) \rightrightarrows f(z)$$

事实上,设 ε 已经给定,又设一致收敛于 $f(z)$ 的多项式序列 $\{P_n(z)\}$ 也已经给定,则存在 $N \equiv N_n$,使得当 $n > N$ 时

$$| P_n(z) - f(z) | < \varepsilon$$

多项式 $P_n(z)(n > N)$ 中的任何一个皆可取来,作为不等式(7.28)中的多项式 $P(z)$. 反之,设函数 $f(z)$ 可以"利用多项式近逼". 我们取一列趋于 0 的 ε 值

$$\varepsilon_1, \varepsilon_2, \cdots, \varepsilon_n, \cdots, \varepsilon_n \to 0$$

并对其中每一个选取一多项式满足相应的要求(7.28)

$$| P_n(z) - f(z) | < \varepsilon_n \quad (n = 1, 2, \cdots)$$

于是,多项式序列 $\{P_n(z)\}$ 一致收敛于函数 $f(z)$.

在域 D 内的解析函数类也可以(补充前面的)这样"局部地"特别标志出来:

性质 B 对域 D 内任何一点皆可得出正数 $\rho \equiv \rho(z, f)$,使得在圆 $| z - a | \leqslant \rho$ 内,函数 $f(z)$ 可用多项式近逼.

利用性质 W,我们容易证明这一性质是解析性的一必然推理:若 R 是函数 $f(z)$ 在点 a 展开的幂级数的收敛半径,依条件 $\rho < R$ 取 ρ,则得圆 $| z - a | \leqslant \rho$,在这圆内,幂级数一致收敛(§37),因而当 n 充分大时,它的部分和 S_n 与 $f(z)$ 之差的绝对值小于预先给定的数 ε.

至于这个性质乃是函数解析的一充分性质,这可从这样的事实推出:(如

---

① 又称:"近迫""逼近".

上所说)既然函数 $f(z)$ 在圆 $|z-a|<\rho$ 内可以利用多项式近逼,那么它在这圆内更可展开成一致收敛的多项式级数,而这也就是说(参看 §45,定理7.1),可以展成幂级数. 于是,性质 W 即可完成.

但函数 $f(z)$ 在域 D 内解析这一性质的特征判别法也可以陈述如下("大范围的"):

性质B′ 对于属于所给域 D 内的任何闭域 Δ,函数 $f(z)$ 于其中可以利用多项式近逼.

这一判别法的充分性可以参照上面所引到的 §45 中的定理7.1推出,它的必要性可述为:对于所给的(D 内的)闭域 Δ,有一多项式序列 $\{P_n(z)\}$ 与之相应,它在 Δ 内一致收敛于函数 $f(z)$. 这一命题的证明较为复杂. 我们在这里将不予证明[①].

再有,要想函数 $f(z)$ 在有限单连通域内解析,则必要与充分的条件是它在这域内可展成多项式级数,这个级数在域 D 内的任何闭域 Δ 内一致收敛. 在证明上面这一判别法的必要性时,我们作一个属于 D 内的任何闭域 Δ 内一致收敛. 在证明上面这一判别法的必要性时,我们作一个属于 D 的闭域序列 $\{\Delta_n\}$,使得(1) 每一域 Δ_{n+1} 包含它前面的域 Δ_n,(2) 它们全部一起取尽了域 D;然后,在取定一列正的而且趋于 0 的数 $\{\varepsilon_n\}$ 之后,我们又选取一列多项式 $\{P_n(z)\}$,使得不等式

$$|P_n(z)-f(z)|<\varepsilon_n \tag{7.29}$$

在域 $\Delta_n (n=1,2,3,\cdots)$ 内成立. 上述判别法的充分性可从 §45 中定理7.1立刻推出.

假若本节开头所说的集 E 是一闭集(即包含它所有的极限点),则不等式 (7.29)(该不等式对 E 中每一点皆成立一事必须预先说明) 可代之以更简单的不等式

$$\max_E |P(z)-f(z)|<\varepsilon \tag{7.30}$$

于此,$\max_E |\Phi(z)|$ 表示 $|\Phi(z)|$ 在集 E 上的最大值,在所说的特别情形,这样的值一定存在.

"函数的最佳近逼论"的基本任务是:(1) 在条件多项式的次数 n 已经给定之下,计算式子

[①] 在作者所著 *Теория интерполирования и приближения функции*(ГТТИ,1954) 一书中曾载有一个最简单的证明,它是属于法国数学家宾列夫(约1900 年) 的. 这一证明的主要想法是:运用柯西积分,将一般性命题可化成函数取 $\dfrac{1}{z-a}$ 形状的特殊情形.

$$\varepsilon_n(f,E) \equiv \max_E \mid P(z) - f(z) \mid \tag{7.31}$$

的极小值,及(2)寻求使得这项极小值能够实现的一切多项式 $P(z)$. 这种多项式有"最佳近逼多项式"之名. 假若序列 $\{P_n(z)\}$ 中的多项式服从附带条件:$P_n(z)$ 的次数等于(即不超过) n,则对于每一 n,取一"最佳近逼多项式"作为 $P_n(z)$,我们即得一序列,它在 E 上不仅一致收敛于函数 $f(z)$,而且比其他的都要来得快.

关于利用多项式(在实域上和复域上)近逼函数研究,伯恩斯坦(Бернщтейн)院士的工作大有促进之功. 利用多项式近逼函数一事可以用来作为实变函数和复变函数统一分类的基础.

§49 解析函数的性质

因为在某一域 D 内解析的函数 $f(z)$ 可以用几种不同的方法特别标志出来,故由此可知,有关解析函数的定理可以根据定义的选择而有各种不同的证明.

自然,并不是对于所有的情形,在用来作为定义的那种性质的选择上都是等价的:恰好相反,定理的证明往往视性质选取得怎样而变得复杂或简单.

我们要指出,作为解析性的判别方法,多半以性质 C(C′),W 和 B 最为恰当.

下述诸结论可以用来阐明上面所说;但我们只详细分析其中第一个结论.

1. 域 D 内的两个解析函数 $f_1(z)$ 和 $f_2(z)$ 之和也是这域内的解析函数.

我们现在参照所选取的解析性的特征性质并用不同的方法来证明本定理.

C:若函数 $f_1(z)$ 和 $f_2(z)$ 在域 D 内某一(任意的)点 z 可微分,则对于它们的和 $f_1(z) + f_2(z)$,同样的事实也成立.

C′:采用同样的论证,但作如下的补充,若 $f_1'(z)$ 及 $f_2'(z)$ 在域 D 内连续,则和 $f_1'(z) + f_2'(z)$ 亦连续.

R:设

$$f_1(z) = u_1(x,y) + iv_1(x,y), f_2(z) = u_2(x,y) + iv_2(x,y)$$

则有

$$f_1(z) + f_2(z) = [u_1(x,y) + u_2(x,y)] + i[v_1(x,y) + v_2(x,y)]$$

由假定,函数 u_1, u_2, v_1, v_2 的一次偏导数存在且连续;因而关于函数 $u_1 + u_2, v_1 + v_2$ 同样的事实也成立. 此外,由关系

$$\begin{cases} \dfrac{\partial u_1}{\partial x} = \dfrac{\partial v_1}{\partial y} \\ \dfrac{\partial u_1}{\partial y} = - \dfrac{\partial v_1}{\partial x} \end{cases} \text{及} \begin{cases} \dfrac{\partial u_2}{\partial x} = \dfrac{\partial v_2}{\partial y} \\ \dfrac{\partial u_2}{\partial y} = - \dfrac{\partial v_2}{\partial x} \end{cases}$$

即得关系

$$\begin{cases} \dfrac{\partial (u_1 + u_2)}{\partial x} = \dfrac{\partial (v_1 + v_2)}{\partial y} \\ \dfrac{\partial (u_1 + u_2)}{\partial y} = - \dfrac{\partial (v_1 + v_2)}{\partial x} \end{cases}$$

J:对于域 D 内的任何闭曲线 Γ,等式

$$\int_\Gamma f_1(z)\,\mathrm{d}z = 0 \text{ 及} \int_\Gamma f_2(z)\,\mathrm{d}z = 0$$

成立;因而亦有等式

$$\int_\Gamma [f_1(z) + f_2(z)]\,\mathrm{d}z = 0$$

W:若幂级数

$$f_1(z) = \sum_{n=0}^{\infty} c_n'(z - a)^n \text{ 及} f_2(z) = \sum_{n=0}^{\infty} c_n''(z - a)^n$$

在域 D 内的某一(任意的)点 a 的附近收敛,并分别以 $f_1(z)$ 及 $f_2(z)$ 为其和,则关于和级数

$$f_1(z) + f_2(z) = \sum_{n=0}^{\infty} (c_n' + c_n'')(z - a)^n$$

同样的命题也成立(参看 §10).

P:若在域 D 内存在函数 $F_1(z)$ 及 $F_2(z)$,并在此域中满足恒等式

$$F_1'(z) = f_1(z) \text{ 及} F_2'(z) = f_2(z)$$

则也存在函数 $F(z)$,满足恒等式

$$F'(z) = f_1(z) + f_2(z)$$

例如可令

$$F(z) \equiv F_1(z) + F_2(z)$$

B:设 a 为域 D 内某一(任意的)点. 因为在它的邻域 $|z - a| < \rho$ 内,函数 $f_1(z)$ 和 $f_2(z)$ 分别可以用多项式近逼,故函数 $f_1(z) + f_2(z)$ 亦可用多项式近逼. 例如在预先根据条件

$$|f_1(z) - p_1(z)| < \frac{\varepsilon}{2},\ |f_2(z) - p_2(z)| < \frac{\varepsilon}{2}$$

取定多项式 $p_1(z)$ 和 $p_2(z)$ 之后,我们即可取 $p(z) \equiv p_1(z) + p_1(z)$ 作为满足要求

$$| f_1(z) + f_2(z) - p(z) | < \varepsilon$$

的多项式 $p(z)$.

2. 关于差,类似的定理也成立.

3. 关于两个函数之积,类似的定理也成立.

对于读者来说,若设法把各种类型的证明重做一次,将会是有益的. C 型不会引起困难,B 型也是一样(假若引入一致收敛关系⇒代替"ε 不等式"而重新构造证明);W 及 R 型的证明,虽然较麻烦,但必然会得出应有的结果. 定义 J 和 P 对于定理的证明是不恰当的.

4. 设 $f_2(z)$ 在域 D 内不为 0,则关于分数 $\dfrac{f_1(z)}{f_2(z)}$,类似的定理也成立.

最简单的证明是 C 型的证明. 然而单是本定理的 W 型的证明就可用来作为一个例子,说明在系统地实施魏尔斯特拉斯的原则之下,复变函数论会变得多么难懂(尽管它在理论的明晰上有优越之处).

例:函数 $\tan z = \dfrac{\sin z}{\cos z}$ 除了在使分母为 0 的点外,亦即除了形如

$$z = \frac{\pi}{2} + k\pi$$

的点外,在全平面上解析.

我们现在仔细地注意一个关于"复合函数"的特别重要的定理,它可简述如下:

5. 解析函数的解析函数仍是解析函数.

下面是详细的说法:

5′. 若函数 $w = \varphi(z)$ 在域 D 内解析,又若函数 $f(w)$ 在域 D_1 内解析,且函数 $\varphi(z)$ 将域 D 映射到域 D_1,则函数 $f(\varphi(z))$ 在域 D 内解析.

我们已经看到(参看 §47 末尾注释),在证明时,我们可以站在"局部的"观点. 因此,我们只需证明:

5″. 若函数 $w = \varphi(z)$ 在某一点 z_0 解析,函数 $f(w)$ 在点 $w_0 = \varphi(z_0)$ 解析,则函数 $f(\varphi(z))$ 在点 z_0 解析.

假若证明是按照 C 型作出,则它可立刻从"复合函数的微分规则"得出。无论是按 W 型("级数代入级数")或 B 型,定理的证明皆相当复杂.

5′ 可以从 5″ 作为一推论得出.

例:(1) 函数 $\tan z^2$ 除了使得 z^2 变为形如 $\dfrac{\pi}{2} + k\pi$ 之点外,亦即除了形如

$\pm\sqrt{\dfrac{\pi}{2} + k\pi}$ 之点外,处处解析.

（2）函数 $\tan^2 z$ 除了使得 $\tan z$ 不为解析之点外，亦即除了形如 $\dfrac{\pi}{2} + k\pi$ 之点外，处处解析.

（3）函数 $\cos\sqrt{z}$ 除了使得 $\sqrt{z}$ 不为解析之点外，亦即除了点 $z = 0$ 外，处处解析. 但从展开式

$$\cos\sqrt{z} = 1 - \frac{(\sqrt{z})^2}{2!} + \frac{(\sqrt{z})^4}{4!} - \frac{(\sqrt{z})^6}{6!} + \cdots =$$

$$1 - \frac{z}{2!} + \frac{z^2}{4!} - \frac{z^3}{6!} + \cdots$$

（即完全按照另外的想法）可以看出，它在这一点也是解析的. 于是，该函数在全平面解析.

6. 代数函数的解析性的局部性定理. 设 $P(z,w)$ 是两个变量 z 和 w 的多项式. 若 $P(z_0, w_0) = 0$，而 $P_w'(z_0, w_0) \neq 0$，则在点 z_0 的邻域内存在函数 $w = w(z)$，它在点 z_0 解析，且恒满足等式 $P(z, w(z)) \equiv 0$.

为了增加知识的缘故，我们把这结论告知读者，并介绍如何使用它；但证明则从略.

例：设已给定方程 $P(z,w) \equiv z^2 + w^2 - 1 = 0$. 令 $z_0 = 0, w_0 = 1$，我们即可看出，函数 $w = \sqrt{1 - z^2} = 1 - \dfrac{1}{2} z^2 + \cdots$ 在点 $z = 0$ 的邻域解析，且恒满足所给的方程. 将此函数乘上 -1 之后所得的函数也满足同样的方程.

7. 在域 D 内解析的函数，它的任意次导数仍是这域内的解析函数.

8. 在域 D 内解析的函数的积分仍是这域内的解析函数.

在 §43 中我们已见到，结论 7 可从柯西积分表示式导出；结论 8 亦然. 这两个结论也可（引用性质 W）从关于幂级数的定理推出（参看 §37）.

9. 设已给定微分方程

$$w' = f(z, w)$$

并设函数 $f(z,w)$ 在点 (z_0, w_0) 解析①. 在这样情形之下，存在函数 $w = w(z)$，具有下列性质：

（1）$w_0 = w(z_0)$.

（2）$w(z)$ 在点 z_0 解析.

（3）$w'(z) = f(z, w(z))$（在点 z_0 的某邻域内恒成立）.

这是一阶微分方程有积分存在的局部"解析"定理. 对于高阶微分方程，类

---

① 二元复变解析函数的概念须另外定义，但此处不加引用.

似的定理也存在. 在微分方程的解析理论的相关文献中有它们的证明.

§50　魏尔斯特拉斯关于解析函数列极限的定理

我们现在来讨论函数列 $\{f_n(z)\}$，其中的函数皆在同一域 D 内解析. 我们假定这个函数列一致收敛于某一极限函数 $f(z)$. 这个函数是否也在 D 内解析呢？

假若函数 $f_n(z)$ 为多项式，我们已经有了肯定的答复（性质 B′，§45 中的定理）.

但在所说的一般情形，我们也有肯定的答复. 证明亦如定理 7.1：因为（按照定理 7.1）在 Γ 内有

$$f_n(z) = \frac{1}{2\pi i} \int_\Gamma \frac{f_n(\zeta)\,\mathrm{d}\zeta}{\zeta - z} \tag{7.32}$$

于是，若注意 $f_n(z)$ 一致趋于 $f(z)$，取极限则得

$$f(z) = \frac{1}{2\pi i} \int_\Gamma \frac{f(\zeta)\,\mathrm{d}\zeta}{\zeta - z} \tag{7.33}$$

但这样一来，函数 $f(z)$ 解析（在 Γ 内，因而也在 D 内）.

于是，在解析函数上施行一致收敛于极限的过程，并没有跑到解析函数类的范围外面去. 在某种意义上说，这个类是闭的.

不难证明，极限关系

$$f_n(z) \rightrightarrows f(z) \tag{7.34}$$

在微分运算下仍旧保持. 实际上，将式（7.32）微分，即得

$$f'_n(z) = \frac{1}{2\pi i} \int_\Gamma \frac{f_n(\zeta)\,\mathrm{d}\zeta}{(\zeta - z)^2} \tag{7.35}$$

今令 $n \to \infty$，取极限，我们即可看到右边一致趋于极限

$$\frac{1}{2\pi i} \int_\Gamma \frac{f_n(\zeta)\,\mathrm{d}\zeta}{(\zeta - z)^2} \rightrightarrows \frac{1}{2\pi i} \int_\Gamma \frac{f(\zeta)\,\mathrm{d}\zeta}{(\zeta - z)^2}$$

微分式（7.33），又可得出同样的结果

$$f'(z) = \frac{1}{2\pi i} \int_\Gamma \frac{f(\zeta)\,\mathrm{d}\zeta}{(\zeta - z)^2}$$

于是，当 $n \to \infty$ 时，式（7.35）的右边一致趋于 $f'(z)$，这就是说，左边也一致趋于 $f'(z)$（这也就是所要证明的）.

对于一个固定内点所证明的事实显然对于整个 Γ 的内部也成立，即对于域 D 也成立.

我们当然可以将式(7.34)微分任何次.

对于由一致收敛函数级数的部分和做成的序列运用已经证明的定理,我们即可陈述下面的魏尔斯特拉斯定理:

设 $u_n(z)(n=1,2,\cdots)$ 在某一域 D 内解析,又设函数级数 $\sum\limits_{n=1}^{\infty} u_n(z)$ 在 D 内一致收敛,并以 $f(z)$ 为其和

$$f(z) = \sum_{n=1}^{\infty} u_n(z) \qquad (7.36)$$

则函数 $f(z)$ 在 D 内亦解析. 同时, 级数(7.36)可以在域 D 内逐项微分任何次

$$f^{(k)}(z) = \sum_{n=1}^{\infty} u_n^{(k)}(z) \quad (k=1,2,3,\cdots) \qquad (7.37)$$

特别,对于多项式级数和多项式序列,魏尔斯特拉斯定理成立.

因而在复域内,幂级数的性质 —— 可以无限制地施行逐项微分,可以推广到一致收敛的多项式级数上去.

注释 假若利用解析函数的性质 B,则不必用到柯西积分,即可以直接证明①:(在域 D 内)一致收敛的解析函数列 $\{f_n(z)\}$ 取极限仍得一解析函数 $f(z)$. 实际上,设 $\{\varepsilon_n\}$ 为一趋于 0 的正数序列

$$\varepsilon_n \to 0$$

对每一预先给定的 n,我们取一多项式 $P_n(z)$,使得在所论点的某一邻域内,有

$$\mid P_n(z) - f_n(z)\mid < \varepsilon_n$$

于是,因

$$\mid P_n(z) - f(z)\mid <\mid P_n(z) - f_n(z)\mid +\mid f_n(z) - f(z)\mid \to 0$$

故(在同一邻域之内) $P_n(z)$ 一致趋于 $f(z)$.

我们把前面所讲的东西(§49 和 §50)在这里作一次总结,将会是有益处的.

1. 在复变量和常数上面施行初等运算,结果只能产生初等函数. 所有的"初等"函数皆是解析函数(除了个别的点之外,而这些个别的点可以预先知道).

---

① 根据由关系式 $E''CE'$ 所表出的一般拓扑原理,于此,E' 和 E'' 分别表示集 E 的一次导集和二次导集.

所谓"解析"运算,我们规定所指的是从函数构造函数的运算(其中所指的已经不必是初等函数,而是一般的解析函数①),系数为自变量 z 的函数的代数方程的解,微分,积分,解析微分方程的积分;在这里,还须添上在解析函数的序列上面取一致极限这一运算. 在这样情形之下,我们有:

2. 在解析函数上施行解析运算,结果仍得解析函数.

由此还可得出这样的结论:

在复域②内要想从解析函数出发得到非解析函数,除了在它们上面施行非解析运算之外,别无他法.

关于自变量不要求一致性而取极限这一过程即可用来作为非解析运算之一例.

同时还须记住,在不列入"复平面上的域"这一范畴的点集上,即使是取一致极限,也可能导致非解析函数. 在实变函数论中所研究的许许多多的例子都说明了这点.

在属于解析函数的正则域 D 内的任何闭集 Δ 中,该函数一致连续且一致可微.

在域 D 内作闭曲线 Γ 将 Δ 整个包围在内.

于是,对于域 Δ 内的任何 z 值,我们有柯西积分

$$f(z) = \frac{1}{2\pi \mathrm{i}} \int_\Gamma \frac{f(\zeta)\,\mathrm{d}\zeta}{\zeta - z}$$

1. 若 z' 和 z'' 两点皆属于 Δ,则有

$$f(z') = \frac{1}{2\pi \mathrm{i}} \int_\Gamma \frac{f(\zeta)\,\mathrm{d}\zeta}{\zeta - z'}$$

及

$$f(z'') = \frac{1}{2\pi \mathrm{i}} \int_\Gamma \frac{f(\zeta)\,\mathrm{d}\zeta}{\zeta - z''}$$

于是

$$f(z') - f(z'') = \frac{1}{2\pi \mathrm{i}} \int_\Gamma f(\zeta)\, \frac{(z' - z'')\,\mathrm{d}\zeta}{(\zeta - z')(\zeta - z'')}$$

令 δ 记从 Γ 到 Δ 的距离,则有

$$| f(z') - f(z'') | < | z' - z'' | \frac{1}{2\pi} \int_\Gamma \left| f(\zeta)\, \frac{\mathrm{d}\zeta}{(\zeta - z')(\zeta - z'')} \right| < | z' - z'' | \frac{LM}{2\pi\delta^2}$$

于此,L 为 Γ 之长,M 为 $f(z)$ 在 Γ 上的极大模.

---

① "解析函数"(不提固定区域)一词应该在这样的意义之下来理解,即假定函数在某一域内解析.

② 这一术语必须在确切的意义上来理解.

于是即可得出一致连续性.

2. 由 §49 已经知道,对于 Δ 内的 z,有

$$f'(z) = \frac{1}{2\pi i}\int_\Gamma \frac{f(\zeta)\,d\zeta}{(\zeta - z)^2}$$

因之(若 $z + h$ 属于 Δ)

$$\frac{f(z+h) - f(z)}{h} - f'(z) = \frac{1}{2\pi i}\int_\Gamma \left[\frac{1}{h}\left(\frac{1}{\zeta - z - h} - \frac{1}{\zeta - z}\right) - \frac{1}{(\zeta - z)^2}\right]f(\zeta)\,d\zeta =$$

$$\frac{1}{2\pi i}\int_\Gamma \frac{h f(\zeta)\,d\zeta}{(\zeta - z)^2(\zeta - z - h)}$$

这就是说

$$\left|\frac{f(z+h) - f(z)}{h} - f'(z)\right| \leqslant \frac{1}{2\pi}\,|\,h\,|\,\frac{LM}{\delta^3}$$

由此即可得出一致可微分性.

§51 解 析 拓 展

在实变函数论中,所讨论的函数只是在它的定义域之内才被看作是存在的;对于函数定义域以外的点,所作的论证就不能以任何一种形式谈论函数在这些点的数值. 这完全是合理的,因为在实变函数论中,自变量的值与函数值之间是"借助单纯对应关系"来联系的. 比如在单实变量的情形,我们可以在 a 到 b 这一区间内用某一公式定义函数,在 b 到 c 这一区间内又用另一公式定义函数,而前一公式和后一公式不必有任何相干之处.

复变函数论的目的是研究在某一区域内解析的函数. 解析性这一要求就使得在区域 D_1 内解析的函数的数值与在另一与 D_1 紧接的区域 D_2 内解析的函数的数值之间建立起这样的一种紧密的有机联系,那就是我们根据谈不到:"随意"给定了函数在区域 D_1 或 D_2 内的数值之后,就得到了在 D_1 和 D_2 的和集之内为解析的函数.

所谓"紧接"的区域,我们是指两个具有公共部分的区域,该公共部分也是一个区域,即是说,该公共部分包含一个有限半径的圆.

定理 7.5 若函数 $f_1(z)$ 在连通域 D_1 内解析,又若连通域 D_2 与域 D_1 有公共部分(记作 $D_{1,2}$),则在 D_2 内最多存在一个函数 $f_2(z)$,它在域 D_2 内解析,且在公共部分 $D_{1,2}$ 内满足恒等式

$$f_2(z) \equiv f_1(z)$$

这类命题可从解析函数零点的性质推出.

事实上，设在域 D_2 内存在着两个完全不相同的解析函数

$$f_2(z) \text{ 与 } f_2^*(z)$$

两者在域 $D_{1,2}$ 内皆等于 $f_1(z)$，则差函数

$$F(z) \equiv f_2(z) - f_2^*(z)$$

是 D_2 内的解析函数，它在 $D_{1,2}$ 内恒等于 0，但在域 D_2 内并不恒为 0. 这与 §38 的末尾所建立起来的解析函数的性质相矛盾[①].

由等式

$$f(z) \equiv \begin{cases} f_1(z), & \text{在域 } D_1 \text{ 内} \\ f_2(z), & \text{在域 } D_2 \text{ 内} \end{cases}$$

所定义的函数 $f(z)$（在公共部分之内，两个等式皆可使用）显然是两个域 D_1 和 D_2 的和集内的解析函数. 要证明这一点，可以引用性质 C 或性质 W 或性质 B，结果都同样成功.

但上面的定理 7.5 指出，这种函数，若它存在的话，必然只有一个. 因此，这个函数在域 D_1 内的值和它在域 D_2 内的值之间不仅（如上面所说）"存在着联系"，而且这个函数在域 D_2 内的值由它在域 D_1 内的值完全确定.

把上面所证明的定理的意义阐明一下将是有用的（用记号 d 代替 D_1，D 代替"D_1 与 D_2 的和集"，等等. 此外，并假定 $D_{1,2} \equiv D_1$）：

[①] 更精确些说，该矛盾可以证明如下. 设 a 和 b 是域 D_2 中之二点，点 a 属于域 $D_{1,2}$，点 b 不属于 $D_{1,2}$. 我们现在来考虑曲线 C，它从点 a 经过 D_2 的内部到达点 b（图 27）. 在曲线 C 上，我们可以求一点 ζ（曲线 C 的诸参数值的分划所对应的点），它具有下面的性质：在它的任何邻域之内可以选取一列点 z，使 $F(z)$ 于此处为 0，及另外的一列点 z，使 $F(z)$ 于此处都不为 0，且此两个点列都以 ζ 为极限点. 由于解析函数连续，故该点为函数 $F(z)$ 的一零点. 根据性质 W，函数在点 ζ 的邻域 $|z - \zeta| < \rho$ 之内可以展成 $z - \zeta$ 的幂级数. 无论圆的半径如何小，根据上面所说，在这个圆内含有函数 $F(z)$ 的无限多个零点，但 $F(z)$ 不恒为 0. 而这与定理 7.5 相连.

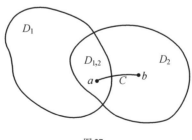

图 27

若函数 $f(z)$ 在域 d 内解析,则在更广①的域 D 内最多存在一个函数 $F(z)$,它在域 D 内解析,且在域 d 内与函数 $f(z)$ 完全一致.

在这种情况下,函数 $F(z)$,若它存在的话,我们称之为函数 $f(z)$ 在域 D 上的解析拓展.

在复变函数论中,我们不再用另一个记号来记所给函数的解析拓展,我们把解析拓展和所给的函数看成一个东西,虽然定义域是扩大了的.

可能发生这样的事情:一个函数,它本身是某一所给解析函数的解析拓展,但它还可以在更为宽广的域内作进一步的解析拓展.

解析拓展这一步骤可以无限地继续进行;但反过来,也可能在某一步之后,进一步的解析拓展便不能再继续下去.

若一在某一域 D 内的解析函数 $f(z)$ 不能再解析拓展,我们就说函数 $f(z)$"在它的整个存在域之内"已经完全定义. 这时,这一域 D 是该函数的"存在域",它的周界是该函数的"存在域的周界".

在阐明魏尔斯特拉斯学派的解析函数论时,幂级数是用来定义函数和拓展这函数的"典型"工具. 每一个幂级数在它的收敛圆内皆是函数的某一"函数元";而该函数本身也无非是"一些函数元的全体",这些函数元可以互相由解析拓展得到.

设第一个"函数元 e"(幂级数)的形式是

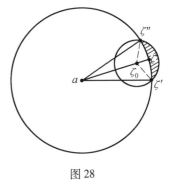

图 28

$$f(z) \equiv \sum_{n=0}^{\infty} c_n (z-a)^n \qquad (7.38)$$

假定它的收敛半径 R 有限,我们现在在收敛圆上任取一点(图 28)

$$\zeta = a + R e^{i\omega}$$

来考察两个假定:(1) 或者函数 $f(z)$ 可以解析拓展"到点 ζ",也就是说,可解析拓展到包含点 ζ 的某一域之内,因而也就是在原来的收敛圆边界之外的某一域之内可以解析拓展;(2) 或者这种假定不成立.

在情形(1),收敛圆上存在一完整的弧段 $z = a + R e^{i\theta}$,$\omega - \delta \leqslant \theta \leqslant \omega + \delta$,在这种弧段上,函数 $f(z)$ 可以解析拓展;在情形(2),不存在这种弧段. 不难辨别这两种情形(1)或(2)中哪一种发生. 要想做到这点,我们只需以 a 和 ζ 之间

① "更广"这一词应当在这样的意义下来理解,那就是 d 中所有的点皆属于 D,若 D 中不存在不属于 d 的点,则所引出的论断是显而易见的,此时该论断便毫无用处. 因此,我们将假定在"更广"的域 D 中含有不属于所给的域 d 之点.

的半径 $a\zeta$ 上一点 ζ_0 为圆心作函数 $f(z)$ 的"函数元". 这是可能的,因为展开式
(7.38) 可以使我们算出函数 $f(z)$ 和它的各次导数在点 ζ_0 的值. 所得到的新的
幂级数的收敛半径(按定理 7.4)不可能小于线段 $\zeta_0\zeta$.

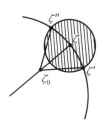

若该收敛半径大于距离 $\zeta_0\zeta$,在这种情形,则"在点 ζ"
的解析拓展存在,即在图 28 中用阴影所画出的新月形内存
在解析拓展,该新月形以两个圆弧为界,以点 ζ' 及 ζ'' 为角
点. 但若函数 $f(z)$ 在点 ζ_0 的展开式的收敛半径等于距离
$\zeta_0\zeta$,则"在点 ζ"的解析拓展不存在. 事实上,若在以点 ζ 为
圆心,与原有的圆相交于点 ζ' 和 ζ'' 的(用阴影线画出的)圆
内存在解析拓展(图 29),则以 ζ_0 为心的"函数元"的收敛半
径不小于 $\zeta_0\zeta' = \zeta_0\zeta''(>\zeta_0\zeta)$.

图 29

因此,幂级数这一工具足够阐明函数在点 ζ 是否可以解析拓展. 圆周(或由
有限个圆弧组成的周线)上的任何一点皆可同样的借助幂级数来加以研究.

域的周界上的一点 ζ 算作在周界内部所定义的函数的正则点或奇点,要看
我们是否可以按照上述方法作出该函数在这一点的解析拓展而定.

定理 7.6 在任何(半径为有限数 R 的)收敛圆周上至少存在函数的一个
奇点.

证明 设定理不成立. 我们假定函数元 (e) 的收敛圆周上所有的点 $\zeta = a +
Re^{i\varphi}(0 \le \varphi < 2\pi)$ 皆是正则点. 以点 $a + Re^{i\varphi}$ 为圆心的收敛圆的半径是角 φ 的
连续函数[1]

$$\rho = \rho(\varphi)$$

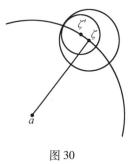

在收敛圆(闭集)上,该函数取到它的极小值 ρ_0,ρ_0
不能等于 0:$\rho_0 > 0$. 在这种情况之下,由于解析拓展的
结果,由函数元 (e) 所定义的函数在圆 $|z - a| < R + \rho_0$
内解析. 但由 §46 的定理,这时级数 (7.38) 的收敛半径
必须大于 R,而这与假设相连.

推论 若函数 $f(z)$ 在某一点 a 可以展开成幂级数,
则这个级数的收敛半径等于点 a 到与之最近的奇点的
距离.

图 30

由上面的说明可以推知,解析函数的奇点可以在它的解析拓展的过程中定

---

[1] 若我们注意到对于充分小的 $|h|$,以 $\zeta' = a + Re^{i(\varphi+h)}$ 为心的函数元的收敛半径不小于点 ζ'
到以 $\zeta = a + Re^{i\varphi}$ 为心的收敛圆周的距离(图 30),则详细的情况即可由初等方法容易证明.

出. 但在许多情形(例如初等函数),奇点在事先就可找出. 对于这种函数,上述的这条推论具有特别重要的实践意义.

设(e_0)是以 a_0 为心的"函数元",L 是从 a_0 到收敛圆之外所引的某一条有向"线路",(e_0)的一般拓展方案可以描述如下:设 D_0 为函数元(e_0)的收敛域. 在线路 L 上取一异于 a_0 之点 a_1,它在 D_0 之内,且与域的边界很接近,作以 a_1 为心的函数元(e_1),若函数元(e_1)的收敛域 D_1 超出了 D_0,则在 L 上取一异于 a_1 之点 a_2,它在 D_1 之内(但在 D_0 之外),且与 D_1 之边界很接近,作以 a_2 为心的函数元(e_2),等等. 若无论与圆 D_n 的周界如何接近,我们在 L 上皆不能找到一点 a_{n+1},使得以这点为心的函数元(e_{n+1})在 D_n 外部的线路 L 上(指与 D_n 邻接的部分)收敛,这项过程即告中断.

我们现在来研究几个按魏尔斯特拉斯所指出的规则作起来的解析拓展的例子. 我们的注意力主要集中在初等函数上面;必须附带说明,作所给定的魏尔斯特拉斯"函数元"的解析拓展,其目的应该说是在寻求有关函数在它的种种更为宽广的存在域之内的解析表示,由于这种原因,初等例题正好没有太大的意义,因为初等函数往往是在它的整个存在域内直接由一些并不是魏尔斯特拉斯"函数元"的解析式子所定义. 因此,描述初等函数的解析拓展似乎是"没有目的"的,但它可以用来说明上面所指出的解析拓展的理论.

例7.1 假定函数 $f(z) = \dfrac{1}{z}$ 的第一个函数元(e_0)以 $a_0 = 1$ 为中心,它的半径 R_0 等于从 a_0 到极点 $z = 0$ 的距离,即 $R_0 = 1$. 我们取点 $a_1 = \dfrac{3}{2}$ 作为下一个函数元(e_1)的中心,它的半径为 $R_1 = \dfrac{3}{2}$. 我们取以 $a_2 = 2$ 为心,2 为半径的函数元(e_2);然后又取以 $a_3 = 3$ 为心,3 为半径的函数元(e_3)等. 就这样拓展过去,即是说,跟着正实轴的方向拓展过去,我们就可借助"函数元"(幂级数)在整个右半平面 $\operatorname{Re} z > 0$ 上定义函数 $f(z)$.

另外,我们现在将第一个函数元(e_0)依正方向沿着圆 $|z| = 1$"拓展". 例如我们可以选取中心序列

$$a_1 = \frac{1}{\sqrt{2}}(1 + \mathrm{i}),\, a_2 = \mathrm{i}, \cdots, a_n = \left(\frac{1 + \mathrm{i}}{\sqrt{2}}\right) \quad (0 \leqslant n \leqslant 7)$$

而收敛半径 R_n 则恒等于 1. 结果,函数将在一区域内"定义",该区域是由一些圆弧所围成的,它包含圆 $|z| \leqslant \sqrt{2 + \sqrt{2}} \sim 1.85$[①].

我们可以沿某一螺旋线"拓展",使得直至包含整个平面(点 $z = 0$ 当然除外).

例 7.2 设函数 $f(z) = \dfrac{1}{4 + z^2}$. 我们现在从以点 $a_0 = 0$ 为心,以这点到极点 $\pm 2\mathrm{i}$ 的距离 $R_0 = 2$ 为半径的函数元(e_0)出发,用同样的方法来处理 $f(z)$. 取点 $a_1 = 1$ 为下一个函数元(e_1)的心,我们就得到以 $R_1 = \sqrt{5}$ 为半径的收敛圆. 其中有一点 $z = 3$;取它作为函数元(e_2)的心 a_2,我们就看到相应的半径 $R_2 = \sqrt{13}$. 再下去,我们可以令 $a_3 = 6$ 等. 像这样沿着正实轴的方向拓展,我们就可以用一系列半径递增的圆盖满整个半平面 $\mathrm{Re}\, z > 2$.

但也可以先绕一个极点作半圆,再沿虚轴向远处移去.

例 7.3 我们现在来研究函数 $f(z) = \tan z$. 关于这个函数,我们可以说(依据可微分这一性质及性质 C),除了使分数

$$\tan z = \frac{\sin z}{\cos z}$$

的分母等于 0 的点外,亦即除 $z = \dfrac{\pi}{2} + k\pi$ 外,它处处解析. 因为分数的分子在这些点不为 0,故在这些点(也正如从三角书上所知道的)不连续,因而函数不可能解析. 于是,奇点在事先就已经知道.

虽然实际去计算幂级数展开式的系数要遇到困难(参看 §39(12)),但在理论上,这些系数应当认为是已经知道的. 依据(定理 7.6 的)推论,我们也可以非常简单地定出展开式的收敛半径. 比如说,若我们从以点 $z = 0$ 为心的函数元(e_0)开始,则相应的半径 R_0 等于这点到最邻近的奇点 $\pm \dfrac{\pi}{2}$ 的距离,即 $\dfrac{\pi}{2}$.

图 31 表示沿着某一条给定的曲线解析拓展的过程.

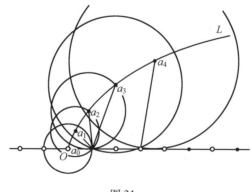

图 31

例 7.4 $f(z) = \dfrac{1}{1 - z^p}$（$p$ 是一正整数）.

这是一个有理函数,它的奇点就是它的极点

$$z_k = \mathrm{e}^{\frac{2\pi k i}{p}} \quad (k = 0, 1, 2, \cdots, p - 1)$$

这些极点以等距离分布在圆周 $|z| = 1$ 上,所说的距离随 p 的增大而无限减小.

我们取在原点展开的展开式

$$f(z) = 1 + z^p + z^{2p} + \cdots + z^{np} + \cdots = \sum_{n=0}^{\infty} z^{np} \tag{7.39}$$

作为第一个函数元. 沿着任何不穿过极点的曲线皆可作解析拓展.

例 7.5

$$f(z) = \sum_{n=0}^{\infty} z^{n!} \tag{7.40}$$

函数 $f(z)$ 是由函数元 (e_0) 所定义,这函数元以 $z = 0$ 为心,恰如前例一样,以 $R_0 = 1$ 为半径.

我们可以证明,该函数的解析拓展不存在,那就是说,圆 $|z| = 1$ 上所有的点皆是该函数的奇点[①].

要想证明这点,只需先注意两件事情:

(1) 若两个幂级数除了有限多个系数之外,完全一致(就系数相等的意义而言),则这两个幂级数具有同样的奇点.

实际上,只需回忆一下,级数的收敛与否并不因级数的有限多个项的改变而改变.

(2) 若一个由幂级数所定义的函数的奇点在该收敛圆处处稠密(即该圆的任意一段弧上至少有一个这种点),则收敛圆上所有的点都是奇点.

事实上,若收敛圆上有某一个点 ζ 不是奇点,则函数在这点解析,因而在它的某一邻域内解析,特别,在收敛圆上包含 ζ 的某一段弧上解析;然而这样一来,在这段弧上就没有奇点.

回到证明上来,我们从恒等式

$$f(z\mathrm{e}^{2\pi i \frac{p}{q}}) \equiv P(z) + f(z) \tag{7.41}$$

立可得出证明,这里的 $\dfrac{p}{q}$ 是一既约分数,$P(z)$ 是多项式,其次数小于 q!（当在

---

① 请注意,在展开式(7.40)中,指数比展开式(7.39)中的指数无论对任何 p 来说都要增长得快.

公式(7.40)中以 $ze^{2\pi i \frac{p}{q}}$ 代替 z 时,和数中所有指标 $n \geqslant q$ 的各项皆不动,即是说,函数 $f(z)$ 改变得不会多于一个次数低于 $q!$ 的多项式).

函数 $f(z)$ 在圆 $|z| = 1$ 上至少有一个奇点:设它为 z_0. 在这种情形之下,由注意(1),这点是式(7.41)右边的奇点,因而也是左边的奇点. 但函数 $f(ze^{2\pi i \frac{p}{q}})$ 不能沿联结原点与 z_0 的直径拓展到圆 $|z| = 1$ 的外面去的这种说法,并无异于函数 $f(z)$ 不能沿联结原点与 $z_0 e^{2\pi i \frac{p}{q}}$ 的半径拓展到该圆的外面去的这种说法. 故点 $z_0 e^{2\pi i \frac{p}{q}}$ 也是奇点.

但这里的 p 和 q 是任意两个互素的整数. 这就是说,奇点在收敛圆上处处稠密. 于是,根据注意(2),奇点填满整个收敛圆周.

若一曲线 C 上所有的点都是函数 $f(z)$ 的奇点,则这条曲线叫作函数的奇异曲线或(存在的)自然境界.

我们已经研究了在圆 $|z| = 1$ 内定义且以此圆为自然境界的解析函数的例子.

借助保角映象①,容易证明,任何闭曲线 Γ 皆是某一个在 Γ 内解析的函数的自然境界.

初等函数可以有任意多的奇点,但不能有奇异曲线.

上述函数"拓展"这一概念是以下面的解析原理作为基础的:在拓展函数的时候,不得破坏函数的解析性质.

自然会产生这样的问题:是不是可以取某一种另外的原理,它也如同解析原理一样保证了拓展的唯一性,来作为函数拓展的基础呢?

比如说,连续原理就不能用来作为这种原理:所有在某一(实的或复的)区域内连续的函数皆可用各种方法把它作无限多种连续拓展,拓展到区域的外面去. 连续性这一要求的约束力是不够的. 很值得说明一下,是不是可以提出一种要求,它不像解析性这一要求这样限制人,但它也可以保证拓展的唯一性.

把解析函数这一概念在所说的这个方向上加以推广原来是可能的:例如法国数学家当儒瓦(A. Denjoy)在 1924 年提出了亚解析函数类(quasianalytic function),它是由在逐次导数的最大模的增大程度上面加以限制来特别规定的;伯恩斯坦院士从另一角度提出了其他的亚解析函数类,它的特点是对于个别由近逼多项式的次数所成的序列,最佳逼近下降得非常快.

---

① 参看第九章,§61 和 §65.

§52 黎 曼 曲 面

现在我们比较集中地来讨论一下在前面讲到解析拓展时曾经避而未谈的一种现象.

假定我们把函数 $f(z)$ 的一个以 a_0 为中心的函数元 (e_0) 进行解析拓展时所沿的曲线是一条仍旧绕回到点 a_0 的闭曲线 L. 很可能, 当我们再度以这一点作为某个函数元 (e_n) 的中心时, 我们得到了一个与函数元 (e_0) 重合的函数元(幂级数展开式!).

但是, 情况也可能不是这样. 相反地, 与函数元 (e_0) 有同一中心的函数元 $(e_n) \equiv (e_0')$, 可能不同于函数元 (e_0). 即使函数元 (e_0) 与 (e_n) 在点 a_0 的值 (绕行曲线 L 以前与以后的值) 一致, 在与 a_0 任意接近的其他点, 这两个函数元的值未必相同, 于是, 在同一个点, 我们得到函数的两个不同的函数元.

当然, 上面所说的现象是同把函数理解为单值的对应关系 (实变函数论所采取的) 有所矛盾的! 但是, 复变函数论里所采取的, 是把函数理解为某一给定的初始函数元的解析拓展的看法, 却与它并无矛盾.

这样, 在复变函数论里, 多值函数的出现就成为不可避免的, 不能说在实变函数论里就无须引入多值函数; 但是, 通常在实变函数里采取了取出函数"单值分支"的办法来消除多值性. 达到这个目的的方式是把所考虑的区域分成若干块, 并引入一类 (从复变函数论的观点看来) 不很"自然"的边界.

在复变函数论里, 用来消除多值性的办法之一就是: 把函数 $f(z)$ 在已给点 z 的值看作依赖于由某一个起点 a_0 联到这一点来的线路 L. 更精确地说: L 就是那一条线路, 以 a_0 为中心的函数元 (e_0) 正是沿着它施行解析拓展而达到这点 z 来的. 函数论在它历史发展的早期局限于上述这种表示法, 其一部分原因是在一些简单的例子里, 所研讨的函数是用积分表示出来的.

后来通行的是一种非常直观的特殊几何表示法 (为黎曼所引入), 这种表示法用扩张或"改良"自变量变动区的方法使函数关系可以"恢复单值性". 这里所指的是所谓的"黎曼曲面".

黎曼曲面的想法如下: 按解析拓展过程中所发生非单质现象的性质引进自变量平面的一些新的"模型" (或"叶"), 并且将这些模型同时与原来那一片模型相连接 (如果不是纯粹理解为一种过程, 可以说成把一片片的模型互相"黏合"), 使得当一点移动时, 它可以自动地由一叶过渡到另外一叶上面去.

我们现在举少数的例子来进一步说明黎曼曲面的构造.

再做一个预备性的说明. 若将函数 $f(z)$ 沿着闭曲线 L 作解析拓展, 从以 a_0 为中心的函数元 (e_0) 达到仍然以这一点为中心但是不同于 (e_0) 的函数元 (e_0'), 则在曲线 L 的内部至少存在一个奇点①. 若包含在 L 内部的奇点不止一个, 有时得将它们以很小的闭线路分离开, 使得每个小的闭线路之内只包含一个奇点.

我们限于考虑那样的例子, 其中总共只有一个奇点出现, 或至多有有限个奇点出现. 我们经常假设这些奇点都是"支点", 就是说, 沿着适当小的闭线路而绕着这一点环行一周, 函数值将变更.

为简便起见, 把 $f(z)$ 记作 w.

例 7.6 $w^2 = z, w = \sqrt{z}$ (在实平面 zOw 上, 这是抛物线).

这里所给的函数 w 是二值的; 它在每一点的两个值差一个因子 -1, 并且仅在 $z = 0$ 这一点二值相等. 这一点是奇点, 因为当 $z = 0$ 时, w' 不存在. 在所有其他的点 $z = a(\neq 0)$ 可以造两个函数元, 只相差一个正负号, 而幂级数的收敛半径等于点 a 到唯一的奇点(即原点)的距离: $R = |a|$.

我们取在点 $z = 1$ 相当于正值 $(w = +1)$ 的幂级数展开式作为第一个函数元. 沿着正轴以及沿着任何围绕原点而行的线路把这个函数元施行解析拓展, 将不至于碰到阻碍. 但是如果绕着原点而环行一次(譬如说, 沿着正方向环行), 点 z 回到正轴上原来的位置时, 所得的函数元就不是原来的了, 而与原来的差一个符号. 如果再环行一周, 函数元的正负号又变一次, 于是得到最初的那个函数元②.

为了补救在这个例子中自变量变动区域内的点与函数值变动区域的点之间单值对应关系被破坏的缺点, 我们来制作黎曼曲面.

要达到该目的可按下列方式进行. 构造 z 平面的两个模型: ① 与 ②(图32); 将这两个平面各沿着正轴"切开"(想象的); 把边 a 与边 d, 边 b 与边 c "黏合"(也是想象的)③. 于是这个函数的黎曼面就作成了.

所构造的黎曼曲面上的点与函数值之间的单值对应关系是按下述的方式来实现的. 令平面 ①

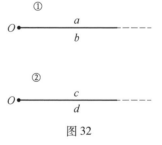

图 32

---

① 这就是所谓的"单值性定理".

② 在这个例子里, 沿着绕过原点的线路施行解析拓展, 与沿着同样的线路而施行连续拓展, 但加上附带条件 $w^2 = z$, 所得的结果是一样的(以下的几个例子也有类似的性质).

③ "黏合"两个平面时, 应避免二平面的自交(以下同此).

上的点 z 单值地对应于那样的 w,它们的辐角是不超过 π 的;平面 ② 上的同一个 z 则对应于辐角处于 π 与 2π 之间的值 z.

当点 z 在平面 ① 上沿着一个以原点为中心,r 为半径的圆按正方向运行由边 a 到边 b 时,w(在它自己的平面上)也按同一方向跑过了半径为 $\sqrt{r}$ 的"上"半圆;当 z 继续在平面 ② 上运行由边 c 达到边 d 时,w 跑过"下"半圆而回到它最初的位置.

例 7.7 $w^n = z, w = \sqrt[n]{z}$(n 是正整数). 这个例子是前一个例子的推广,前一个例子相当于 $n = 2$ 的情形.

奇点仍然是点 $z = 0$;在所有其他的点 z_0,函数有 n 个值,像下面的样子

$$w_0, w_0\omega, w_0\omega^2, \cdots, w_0\omega^{n-1} \quad (\omega = e^{\frac{2\pi i}{n}})$$

这里 w_0 是这些函数值中的一个.

当绕着原点施行解析拓展而环行一周时,所有的函数元都乘上了因子 ω,环行两周时,乘上了 ω^2,等等;最后,环行 n 周以后,乘上因子 ω^n,就是说,初始的函数元又重新出现.

为了制作所考虑的函数 w 的黎曼曲面,需取 z 平面的 n 个模型来:①,②,$\cdots$,ⓝ(图 33),把它们都沿着正轴切开,并把边 b_1 与边 a_2 黏合,边 b_2 与 a_3 黏合,等等;最后,把边 b_n 与边 a_1 黏合.

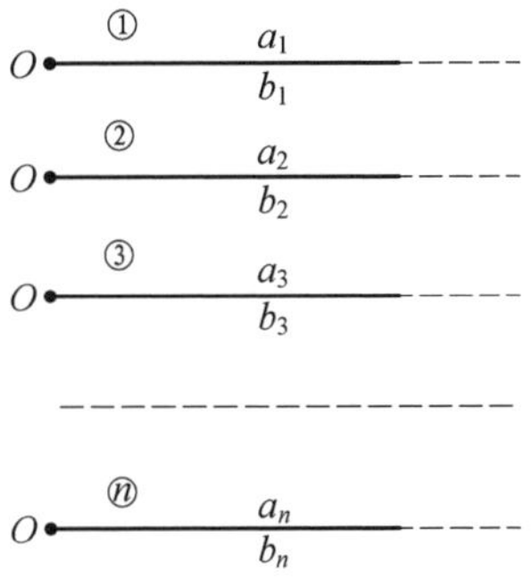

为了建立这样得到的"螺旋形"黎曼曲面上的点与函数值 w 之间的单值对应关系,只需将第 k 叶上的每个点 z 对应于辐角 Φ 满足下列不等式的值 $\sqrt[n]{z}$

图 33

$$\frac{2(k-1)\pi}{n} \leqslant \Phi < \frac{2k\pi}{n} \quad (k = 1, 2, \cdots, n)$$

例 7.8 $w = \text{Ln } z$.

点 $z = 0$ 是奇点,因为函数 w 在这一点不连续;在其他所有的点 z_0,函数有无穷多个值,形式如下

$$w_0 + 2n\pi i \quad (n \text{ 是 } \geqslant 0 \text{ 的整数})$$

其中 w_0 是这些函数值之一.

除 $z = 0$,没有其他的奇点(见第五章公式(5.21)).

绕着原点施行解析拓展,当按正方向环行一周后,每个函数元都增加 $2\pi i$,一般地说,环行 m 周以后,增加的值是 $2m\pi i$.

要制作黎曼曲面,必须有无穷多叶模型. 把它们这样排列起来,使它们与

191

（按负数,零,正数而排列的）整数成一一对应,并将每叶所对应的整数作为它自己的编号（图34）.

每叶如同前面一样切开以后,应该按下列的方式黏合起来:边 b_0 与边 a_1 结合,b_1 与 a_2,b_{-1} 与 a_0 结合,等等;一般地说,边 b_m 与边 a_{m+1} 结合（$-\infty < m < +\infty$）.所得的曲面仍是"螺旋形"的,但是两头都无尽地延展出去①.

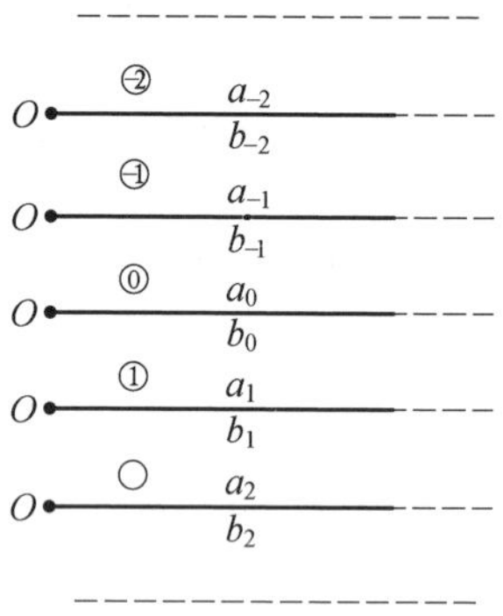

在编号为 m 的那一叶上的点与这样的对数值相对应,此对数值的辐角 Φ 满足不等式

$$2m\pi \leqslant \Phi < 2(m+1)\pi$$

图 34

例 7.9 $z^2 + w^2 = 1$,$w = \sqrt{1-z^2}$（在实平面 zOw 上是一圆周）.

每个 z 值对应了两个 w 值（同例 7.6）,它们相差一个因子 -1.点 $z = \pm 1$ 是例外点.它们是奇异点,因为在这两点 w 的导函数不存在.沿着一切不通过这两点的线路进行解析拓展不会碰到阻碍.

注意,点 ± 1 中的每一个都是一个支点.（在解析拓展的过程中）绕着其中的一点环行一周时,式子

$$w = \sqrt{1-z} \cdot \sqrt{1+z}$$

中相应的那个因子改变了正负号,而另外一个因子的正负号保持不变;因此,函数元 w 的正负号改变了.若围绕两点而环行一周,则函数元不变.

要制作黎曼曲面只需取两叶模型 ① 与 ② 来,但把它们黏合的方式却与以前不同（图35）.

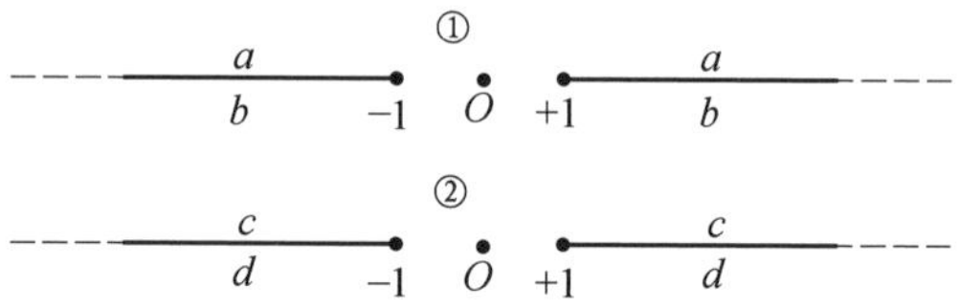

图 35

把点 $z = 0$ 对应于函数值 $w = +1$ 的那个函数元,我们取来作初始的函数元;我们令这个值对应于平面 ① 上的点0.平面 ① 沿着实轴上的线段（$+1$,$+\infty$）与（-1,$-\infty$）切开以后,在它上面施行解析拓展就毫无阻碍了,并且是单值的;但是沿着上述的两条割线的两岸,每点同它对岸那一点的函数值 w 差一个因子 -1.

---

① 这时用不着考虑避免自交,因为根本不会发生.

令已切开后的平面 ① 上的点 z 对应于按上述解析拓展而得的值 w.

既然在上述割线的两岸,函数值 w 只差一个因子 -1,那么也可以使解析拓展越过这两条割线;但是,要完成这样的拓展,需得把平面 ② 这样地与平面①"黏合",使得边 b 与边 c,边 d 与边 a 黏合;同样,使边 b' 与边 c',边 d' 与边 a' 黏合. 平面 ② 上每一点 z 所对应的值 w,将是平面 ① 中相当于 z 的那一点所对应的值乘以因子 -1. 例如,在平面 ② 上,$z = 0$ 的值 w 等于 -1.

注 在例 $7.6 \sim 7.9$ 里,并不一定需要完全用直线来把平面切开. 容易理解,如果我们用任意的曲线从相应的点出发,通向无穷远而将平面割开,然后将各断面的边按前面所述的次序黏合,那么我们仍得到同样的曲面.

§53 解析函数与解析表示

在魏尔斯特拉斯理论中,解析函数定义为某些"函数元"(幂级数)的全体,这些函数元可以从某一个初始函数元经过解析拓展的方式而得到.

从更一般的观点看来,每一函数元都可用多项式所成的任何一致收敛级数(或序列)来代替. 或者,更普遍些,由在所给的单连通区域(不必是圆)内解析的函数所成的一致收敛级数(或序列)来代替. 由这种"广义函数元"的全体,解析函数即在由所有给出的区域接合而成的区域内得到定义①.

"广义函数元"也可以在多连通区域内定义,只要在该区域中一义地定义了解析函数(例如 $w = \dfrac{1}{z}$,任何有理函数).

在掌握了解释得这样广泛的解析函数观念之后,我们应告诉读者,不要把解析函数与解析式这两个概念混淆在一起. 这时,所谓"解析式"乃是指一个可以说明数学(或逻辑)运算程序的公式,它可以把给定的自变量的值与函数的某一个值对应起来.

下面的想法可以使所说的这种混淆不致发生.

首先,不同的解析式可以定义同一个解析函数. 所说的还不仅是

$$z^2 + z \text{ 与 } z(z + 1)$$

这样简单的例子,这时一个解析式(在所给的这个情形是代数式)可以经过恒等变换从另一个得出;而且也有不恒等的那种例子,甚至使得所讨论的两个解析式"有意义"的那两个区域根本就没有公共点

$$\sum_{n=0}^{\infty} (-1)^n (z-1)^n \text{ 与 } -\sum_{n=0}^{\infty} (z+1)^n$$

---

① 这一区域可以是全平面,或其一部分,或是某一黎曼曲面.

定义同一个解析函数 $\dfrac{1}{z}$，虽然其中前一个在圆 $|z-1|<1$ 内"有意义"（收敛），而第二个则在圆 $|z+1|<1$ 内"有意义"，而且这两个圆没有公共点. 问题在于这两个"函数元"中的每一个都可以借助解析拓展从另一个得出（顺便说一下，这个解析拓展可以利用上面所说的式子 $\dfrac{1}{z}$ 简单地得出）.

不用说，解析式并不是在任何区域内都经常"有意义"的，有时它根本不定义任何函数（例如 $\sum\limits_{n=-\infty}^{\infty} z^n$），有时定义了一个非解析的函数（例如 $\operatorname{Re} z$）.

另外，也可能出现这样的事情：同一个解析式在不同的区域内（或者在不同的集合上）定义不同的解析函数. 要作这种例子时，最好是利用非一致收敛的过程.

例 7.10 解析式

$$\lim_{n\to\infty}\frac{1}{1+z^n}=\frac{1}{1+1}+\left(\frac{1}{1+z}-\frac{1}{1+1}\right)+\left(\frac{1}{1+z^2}-\frac{1}{1+z}\right)+\cdots+$$

$$\left(\frac{1}{1+z^n}-\frac{1}{1+z^{n-1}}\right)+\cdots$$

在圆 $|z|<1$ 内定义了一个恒等于 1 的解析函数，又在圆外（$|z|>1$）定义了一个恒等于 0 的解析函数.

例 7.11 解析式

$$\lim_{n\to\infty}\left(\frac{2^z}{1+2^{nz}}+\frac{2^{-z}}{1+2^{-nz}}\right)$$

在半平面 $\operatorname{Re} z<0$ 内定义了一个解析函数 2^z，在半平面 $\operatorname{Re} z>0$ 内定义了一个解析函数 2^{-z}.

例 7.12 设 Γ 为一闭曲线，$f(z)$ 为在 Γ 内及 Γ 上（也就是在某一包含 Γ 在内的区域内）解析的函数，则解析式

$$\frac{1}{2\pi\mathrm{i}}\int_\Gamma\frac{f(\zeta)}{\zeta-z}\mathrm{d}\zeta$$

正如我们所知道的（§45），依 z 在 Γ 内或 Γ 外而取值 $f(z)$ 或 0.

习 题

1. 辨明下列级数是否收敛

$$\sum_{n=0}^{\infty}\left(\frac{z-1}{z+1}\right)^n$$

收敛区域是怎样的？级数的和是什么？是否存在解析拓展？

2. 根据解析性的性质 R 证明,如果函数 $\varphi(z)$ 解析,那么函数 $e^{\varphi(z)}$ 解析.

3. 根据解析性的性质 W 证明,如果函数 $\varphi(z)$ 解析并且不取值 1,那么函数 $\dfrac{1}{1 - \varphi(z)}$ 是解析的.

提示 若 $|\varphi(z)| < 1$,则证明不困难. 如果函数值 $w = \varphi(z)$ 限于圆 $|w - A| < R$ 之内,而这个圆又不含有 $w = 1$,那么可利用变换 $\dfrac{w - A}{R} = w_1$. 一般的情形可以化为这种情形.

4. 问函数

$$f(z) = \lim_{n \to \infty} \frac{2^{-n} + \sin^n z}{2^{-n} - \sin^n z}$$

是否是解析的? 在怎样的区域里?

5. 证明:函数

$$f(z) = \sum_{n=0}^{\infty} e^{in^2 z}$$

在半平面 $\operatorname{Im} z > 0$ 内解析.

6. 怎样制作函数

$$W = \sqrt{z(z^2 - 1)}$$

的黎曼曲面?

7. 下列的函数是否是多值的:$(1)\, e^{\sqrt{z}}$;$(2)\, \sqrt{e^z}$;$(3)\, \sqrt{z}\sin\sqrt{z}$.

8. 如我们所知($\S 22$),当 α 为非整数时,式子 z^{α} 是多值的. 在这种情形之下,函数 e^z 是否就不是多值的呢?

答:事实上,如果能够把这个函数的一支经过解析拓展而达到另外的分支,那么这个函数可以看作是多值的. 但这样的拓展是不可能的,所得的只是无穷多个互不相连的,都在全平面解析的函数,它们之中的一个(即当 $z = 1$ 时取值 e 的那一个)记作 e^z.

奇点、复变函数论在代数和分析上的应用

在本章中，我们将只研究在定义域 D 内为单值的函数 $f(z)$. 换言之，我们将假定，沿域 D 内任一闭曲线 Γ 施行解析拓展，在绕完曲线之后，仍然得出最初的函数元.

§54　整函数及其在无限远点的变化

在全平面上解析的函数，亦即没有一个奇点的函数 $f(z)$，叫作整函数. 它可以在全平面上表示成一幂级数，这一幂级数对自变量的任何值皆收敛. 这个级数的中心可以随意选取；例如若取原点为中心，则得表示式

$$f(z) = \sum_{n=0}^{\infty} c_n z^n \tag{8.1}$$

假若存在数 p，使得当 $n > p$ 时所有的系数 c_n 皆为 0，即

$$c_{p+1} = c_{p+2} = \cdots = 0$$

则函数 $f(z)$ 为一有理整式或多项式

$$f(z) = \sum_{n=1}^{p} c_n z^n$$

若这样的 p 不存在，则称之为超越整式.

初等函数 $e^z, \cos z, \sin z$ 等就是超越整式的最简单的例子.

我们已经看到（§13），任何多项式 $f(z)$ 皆具有

$$\lim_{z \to \infty} f(z) = \infty$$

这一性质;换言之,无论数 $N(>0)$ 如何大,皆可得到一 $R(>0)$,使得当 $|z|>R$ 时,有不等式

$$|f(z)|>N$$

但超越整函数则具有一些与此多少相反的性质.

它也有一些与多项式多少共同之处,如:

定理 8.1 任何不能化为常数的整函数皆不能保持有界,即对于所有的 z 值,形如

$$|f(z)|<W \tag{8.2}$$

的不等式不能经常成立,于此 W 为某一正数.

我们来证明更为一般的定理:

定理 8.2 设 $M>0,m\geqslant 0$. 若不等式

$$|f(z)|\leqslant Mr^m,\quad r=|z| \tag{8.3}$$

对于所有的 z 值皆成立,则 $f(z)$ 是一次数不超过 m 的多项式.

简言之,所有的超越整函数比 $|z|$ 的任何方次皆增长得快.

我们只需证明定理 8.2 即可,因为定理 8.1 是它当 $m=0$ 时的特殊情形.

试注意幂级数(8.1)是一泰勒级数(§37 – §38),我们有

$$c_n=\frac{f^{(n)}(0)}{n!}$$

于是,利用柯西积分(§45),即得

$$c_n=\frac{1}{2\pi i}\int_\Gamma\frac{f(\zeta)\mathrm{d}\zeta}{\zeta^{n+1}} \tag{8.4}$$

于此,Γ 为任一包围坐标轴原点的闭曲线. 设这是一个以原点为中心,以 ρ 为半径的圆;则由式(8.4),即得

$$|c_n|\leqslant\frac{1}{2\pi}\cdot 2\pi\rho\cdot\frac{\max\limits_{|\zeta|=\rho}|f(\zeta)|}{\rho^{n+1}}=\frac{\max\limits_{|\zeta|=\rho}|f(\zeta)|}{\rho^n}$$

但由不等式(8.3),有 $\max\limits_{|\zeta|=\rho}|f(\zeta)|\leqslant M\rho^m$;因之,若不等式(8.3)成立,则由此即得

$$|c_n|<M\rho^{m-n},\quad n=0,1,2,\cdots$$

因为这里的 ρ 可以任意大,故若设 $n>m$,而对 $\rho\to\infty$ 取极限,我们就会得出结论 $c_n=0(n=m+1,m+2,\cdots)$,即函数 $f(z)$ 化为一次数小于或等于 m 的多项式.

下述的性质把超越整函数与多项式大大地区别开来.

定理 8.3 当 $|z|$ 无限增大时,超越整函数 $w=f(z)$ 所取的值在 w 平面上处处稠密;换言之,无论 $\eta(>0)$ 如何小,在 w 平面上不能找出一个圆

$$|w-c|<\eta$$

使得当 $|z|$ 充分大时($|z|>r_0$),函数 $f(z)$ 不取这圆中的任何值.

实际上,若不然,设函数 $f(z)$ 当 $|z| > r_0$ 时满足不等式

$$|f(z) - c| \geq \eta$$

则下面人为地制造出来的函数

$$F(z) \equiv \frac{1}{f(z) - c}$$

当 $|z| > r_0$ 时解析,因为它的分母在该条件下为一不取 0 值的解析函数.

至于圆 $|z| \leq r_0$,那么方程

$$f(z) - c = 0 \tag{8.5}$$

在它里面只能有有限个根;否则根所成之集在这个圆内有极限点,而这是不可能的,因为解析函数 $f(z) - c$ 的零点都是孤立点(参看 §38).

设方程(8.5)在圆 $|z| \leq r_0$ 内的根为

$$a, b, \cdots, l$$

其重数分别为

$$\alpha, \beta, \cdots, \lambda$$

令

$$P(z) = (z - a)^{\alpha}(z - b)^{\beta} \cdots (z - l)^{\lambda} ①$$

函数

$$\Phi(z) \equiv P(z)F(z) = \frac{P(z)}{f(z) - c}$$

在这种情况之下是一整函数,而且没有零点;实际上,$F(z)$ 的极点与多项式 $P(z)$ 的零点互相"抵消"了②.

当 $|z| > r_0$ 时,对于函数 $\Phi(z)$ 我们已经得到了估值

$$|\Phi(z)| = \frac{|P(z)|}{|f(z) - c|} < \frac{|P(z)|}{\eta} < Mr^m$$

于此,$m = \alpha + \beta + \cdots + \lambda$,$M$ 为一充分大的数.

在这样的情形之下,由定理 8.2,函数 $\Phi(z)$ 为一次数不大于 m 的多项式;但由前面所说,它没有零点,故(据代数学基本定理)为一常数. 于是

$$\Phi(z) \equiv K(\neq 0), \frac{P(z)}{f(z) - c} \equiv K$$

因而函数

$$f(z) \equiv c + \frac{P(z)}{K}$$

是一有理多项式. 但这与 $f(z)$ 为超越整函数的假定相矛盾.

还有一个深入得多的著名的皮卡(E. Picard)定理(1883 年).

定理 8.4 任一超越整函数 $w = f(z)$ 在半径任意大的圆外 $|z| > r_0$ 所取的值做成之集包括了 w 复平面上所有的点,可能有一点除外.

---

① 若方程 $f(z) - c = 0$ 没有零点,则 $P(z)$ 即理解为 1.

② 函数 $\Phi(z)$ 在点 $a, b, \cdots, l$ 未"被定义",但可解析地拓展到这些点.

"除外的皮卡值"是可能有的,这由指数函数 $f(z) = e^z$ 这一最简单的例子即可证明,指数函数无论何时皆不会为 0. 另外一个也是同样简单的例子 $f(z) =$ $\sin z$ 指出,"除外的值"也可能不存在.

皮卡定理的证明相当复杂,这里不予证明.

§55   单值函数的孤立奇点、极点和本性奇点

我们必须把精力集中在这样一个非常重要的情形,即所论的函数 $f(z)$ 的奇点 a 是孤立的情形,即它具有这样的性质:在点 a 的某一邻域

$$|z - a| < \rho \quad (\rho > 0)$$

内,函数 $f(z)$ 除了点 a 本身之外处处解析.

这时我们要附带说明,读者不要产生这样的一种思想,认为单值函数所有的奇点都必然是孤立奇点. 由初等函数 $f(z) = \tan\dfrac{1}{z}$ 这一例子就足以说明这种想法的错误,对于这个函数,不仅所有形如 $z = \dfrac{2}{(2n+1)\pi}$(这里的 n 是整数)的点都是奇点,而且它们的极限点 $z = 0$ 也是奇点. 所以后面这一奇点不是一孤立奇点.

奇点也可以填满整条连续曲线,§51 中所述就是这样的一个例子(已经不是初等的).

单值函数的孤立奇点可以分成两类:

(1) 若在 $z = a$ 的某一邻域 $|z - a| < \rho(\rho > 0)$ 内,函数 $f(z)$ 可以有形如

$$f(z) = \sum_{n=-p}^{\infty} c_n(z-a)^n = \frac{c_{-p}}{(z-a)^p} + \frac{c_{-(p-1)}}{(z-a)^{p-1}} + \cdots +$$

$$\frac{c_{-1}}{z-a} + c_0 + c_1(z-a) + \cdots \tag{8.6}$$

的解析表示,于此 $c_{-p} \neq 0$,则点 a 叫作 $f(z)$ 的极点(полыс,pole).

这时数 p 叫作极点的次数.

(2) 若在 $z = a$ 的某一邻域 $|z - a| < \rho(\rho > 0)$ 内,函数 $f(z)$ 可以解析表示成

$$f(z) = \sum_{n=-\infty}^{+\infty} c_n(z-a)^n = \cdots + \frac{c_{-n}}{(z-a)^n} + \cdots + \frac{c_{-1}}{z-a} +$$

$$c_0 + c_1(z-a) + \cdots + c_n(z-a)^n + \cdots \tag{8.7}$$

且在系数 $c_{-n}(n > 0)$ 中有无限多个异于 0,则点 a 称为 $f(z)$ 的本性奇点(существенно особенны точка,существенны,особенность,essential singularity).

（关于"向两边扩张的"级数应如何理解，以及这种形式的收敛区域如何，已在第六章，§41中论到）．

在函数$f(z)$的展开式（8.6）及（8.7）中，所有$z-a$的非负数幂的项作成的和，即

$$\varphi(z) \equiv \sum_{n=0}^{\infty} c_n(z-a)^n = c_0 + c_1(z-a) + \cdots + c_n(z-a)^n + \cdots \quad (8.8)$$

叫作展开式的解析（正则）部分；而所有负数幂的各项所成之和则叫作展开式的主要部分，这在极点的情形，为

$$\psi(z) \equiv \sum_{n=-p}^{-1} c_n(z-a)^n = \frac{c_{-p}}{(z-a)^p} + \frac{c_{-(p-1)}}{(z-a)^{p-1}} + \cdots + \frac{c_{-1}}{z-a} \quad (8.9)$$

而在本性奇点的情形，则为

$$\psi(z) \equiv \sum_{n=-\infty}^{-1} c_n(z-a)^n = \cdots + \frac{c_{-n}}{(z-a)^n} + \cdots + \frac{c_{-1}}{z-a} \quad (8.10)$$

下述的定理即谈到了函数在极点的邻域以及在本性奇点的邻域内的变化情形．

定理8.4　若点$z=a$是函数$f(z)$的一极点，则当$z \to a$时，函数$f(z)$无限增大

$$\lim_{z \to a} f(z) = \infty \quad (8.11)$$

这可从这样的一个事实推出，即在展开式的主要部分（8.9）中，作变换$\frac{1}{z-a} = z'$，则得一关于新变量z'的p次多项式

$$\psi(z) = \sum_{n=-p}^{-1} c_n z'^{-n} = \sum_{n=1}^{p} c_{-n} z'^n$$

当$z \to a$，即当$z' \to \infty$时，这个多项式趋于无限（参看第三章）．而展开式的正则部分（8.6）当$z \to a$时趋于c_0；于是可知，$f(z)$的值趋于无限．

由定理8.4，我们就可叙述下面的规则，用以判定点$z=a$是函数$f(z)$的一个p重极点：

点$z=a$是函数$f(z)$的一个$p(>0)$重极点的充分而必要的条件是函数

$$f_1(z) \equiv (z-a)^p f(z) \quad (8.12)$$

在点$z=a$解析[①]且异于0．

实际上，由式（8.6）立可推知，函数$f_1(z)$在点a的邻域内可以表示成级数

$$f_1(z) \equiv c_{-p} + c_{-(p-1)}(z-a) + \cdots \quad (8.13)$$

故在点a的邻域内解析；且有$f_1(a) = c_{-p} \neq 0$．

---

①　函数$f(z)$和$f_1(z)$在点$z=a$的值未经定义；但我们假定函数$f_1(z)$已经解析拓展到该点．

反之,若上面所说的条件成立,即在点 a 的邻域内有形如(8.13)的展式,且 $c_{-p} \neq 0$,则由此可以推知函数 $f(z)$ 在点 a 的邻域内(当 $z \neq a$ 时)可以展成形如(8.6)的级数.

有时我们简单地说(甚至简写):函数在极点 $z = a$ "为无限",或"等于无限"

$$f(a) = \infty$$

关于本性奇点,事情就完全两样.

定理 8.5 若点 $z = a$ 是函数 $f(z)$ 的一个本性奇点,则在这点的任何任意小的邻域 $|z - a| < \rho\,(\rho > 0)$ 之内,函数 $f(z)$ 取与任何预先给定的复数 c 相差任意小的数值.

这定理原先曾经错误地归功于魏尔斯特拉斯. 事实上,它是属于 Ю. B. 索哈茨基[①](Ю. B. Сохоцкий) 的.

假若我们注意一下下述的一个重要事实,我们即可从 §54 定理 8.3 推出这一定理:

函数在本性奇点 $z = a$ 的邻域内的展开式的主要部分是变量 $z' = \dfrac{1}{z - a}$ 的一个超越整函数.

这一展开式形如

$$f(z) = \varphi(z) + \psi(z)$$

由此,主要部分 $\psi(z)$ 和正则部分 $\varphi(z)$ 分别系由级数(8.10)和(8.8)所定义,而根据假定,这两个级数在由关系

$$0 \neq |z - a| < \rho$$

所定义之域内收敛.

我们已经看到(参看第六章,§41),按负数幂展开的级数(8.10)一般是在形如 $|z - a| > R'$ 的"圆形域"之内收敛,于此,R' 是一个量,它等于按 z' 的正数幂展开的级数

$$\psi(z') = \psi\left(\frac{1}{z - a}\right) = \sum_{n=1}^{\infty} c'_n z'^{n}$$

的收敛半径 R 的倒数.

若函数 $\psi(z')$ 不是整函数,则收敛半径 R 是一有限数,这时函数 $\psi(z)$ 的展开式(8.10)的收敛半径 R' 也是一有限数;但这与级数对于所有充分小的值 $|z - a|\,(\neq 0)$ 皆收敛这一假设相矛盾.

故 $\psi(z)$ 是变量 $z' = \dfrac{1}{z - a}$ 的一整函数.

---

① 参看 A. И. Маркушевич,解析函数论,1950,中译本原序.

我们现在转回来证明定理 8.5.

在式(8.8)中,函数 $\varphi(z)$ 在点 a 解析,因而连续;而且 $\varphi(a) = c_0$. 因之,无论 $\varepsilon(>0)$ 如何小,我们皆可得出一 δ,使得当 $|z - a| < \delta$ 时,有

$$|\varphi(z) - c_0| < \varepsilon \tag{8.14}$$

因为函数 $\psi(z')$ 是一超越整函数,故无论 r_0 如何大,及 $\eta(>0)$ 如何小,根据 §54 定理 8.3,当 $|z'| > r_0$ 时,它取圆 $|w - (c - c_0)| < \dfrac{\eta}{2}$ 内至少一个值. 换言之,在条件 $|z - a| < \dfrac{1}{r_0}$ 之下,函数 $\psi(z)$ 取同一圆内至少一值.

我们现在取 ε 不超过 $\dfrac{\eta}{2}$,并选取适当的 δ. 在条件:$|z - a|$ 小于 δ 和 $\dfrac{1}{r_0}$ 两者之中的最小者之下,由不等式

$$|\varphi(z) - c_0| < \frac{\eta}{2} \text{ 及 } |\psi(z) - (c - c_0)| < \frac{\eta}{2}$$

即得不等式

$$\begin{aligned}|f(z) - c| &= |[\varphi(z) + \psi(z)] - c| = \\ &\quad |[\varphi(z) - c_0] + [\psi(z) - (c - c_0)]| \leq \\ &\quad |\varphi(z) - c_0| + |\psi(z) - (c - c_0)| < \frac{\eta}{2} + \frac{\eta}{2} = \eta\end{aligned}$$

即函数 $f(z)$ 取圆 $|w - c| < \eta$ 内的值.

§56 在孤立奇点邻域内的洛朗展开式

当我们在上文中讨论两类孤立奇点(极点和本性奇点)时,我们曾经留下一个问题需要解决,即这两类奇点是否已经把所有的孤立奇点全部包括进去.

关于这个问题的肯定答复,可以从在环状区域内解析且单值的函数的洛朗展开理论得出. 我们现在就来说明这种理论.

定理 8.6(洛朗) 设函数 $f(z)$ 在某一包含在两个同心圆之间的环状区域

$$(\Gamma_1)\ |z - a| = R_1 \text{ 和}(\Gamma_2)\ |z - a| = R_2 \quad (R_1 < R_2)$$

内解析且单值,则在该域内 $f(z)$ 可以表示成双边幂级数

$$f(z) = \sum_{n=-\infty}^{\infty} c_n(z - a)^n \quad (R_1 < |z - a| < R_2) \tag{8.15}$$

其中系数 c_n 唯一定义.

我们先证明函数 $f(z)$ 表成形如(8.15)的级数的表示法是可能的.

设 Γ'_1 及 Γ'_2 为两个分别以 a 为心,以 R'_1 及 R'_2 为半径的同心圆,其中数 R'_1 和 R'_2 满足不等式

$$R_1 < R'_1 < |z - a| < R'_2 < R_2 \quad (8.16)$$

而所论变量 z 的(固定的)值则以文字 z 记之(参看图 36), 因为函数在曲线 $S \equiv KLMNPQK$(沿图中箭头所示方向所引的;假定 $K \equiv P, L \equiv N$)内解析,故可利用柯西积分

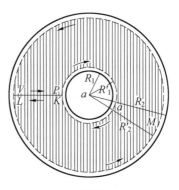

图 36

$$f(z) = \frac{1}{2\pi i}\int_S \frac{f(\zeta)\,\mathrm{d}\zeta}{\zeta - z}$$

沿线段 KL 和 NP 所取的积分(由于函数为单值)相互抵消,留下的就只有沿圆周 Γ'_1 和 Γ'_2 但按相反的方向所取的积分. 于是,最后我们就得到

$$f(z) = \frac{1}{2\pi i}\int_{\Gamma_2} \frac{f(\zeta)\,\mathrm{d}\zeta}{\zeta - z} - \frac{1}{2\pi i}\int_{\Gamma_1} \frac{f(\zeta)\,\mathrm{d}\zeta}{\zeta - z} \quad (8.17)$$

(在上式中,两个积分皆是按依正方向绕过原点的道路而取的).

现在容易证明,前一积分可以展成 $z - a$ 的正数幂的级数,后一积分可以展成 $z - a$ 的负数幂的级数.

事实上,若 ζ 在 Γ'_2 上,则(关于 ζ 一致地)有

$$\left|\frac{z - a}{\zeta - a}\right| = \left|\frac{z - a}{R'_2}\right| < 1$$

因而有

$$\frac{1}{\zeta - z} = \frac{1}{(\zeta - a) - (z - a)} = \frac{1}{\zeta - a} + \frac{z - a}{(\zeta - a)^2} + \cdots + \frac{(z - a)^n}{(\zeta - a)^{n+1}} + \cdots$$

然后剩下的就是求积分.

同理,若 ζ 在 Γ'_1 上,则(也是一致地)有

$$\left|\frac{\zeta - a}{z - a}\right| = \frac{R'_1}{|z - a|} < 1$$

$$\frac{1}{\zeta - z} = \frac{1}{(\zeta - a) - (z - a)} = -\frac{1}{z - a} - \frac{\zeta - a}{(z - a)^2} - \cdots - \frac{(\zeta - a)^n}{(z - a)^{n+1}} - \cdots$$

剩下的就是求积分.

总之,我们就得到了形如(8.10)的展开式,且不难写出系数 c_n 由 $f(z)$ 表出的表示式. 这个式子(以及式中的积分)与半径 R'_1 和 R'_2 的选取无关,只需不等式(8.16)保持有效.

要想证明定理的后一部分,我们现作相反的假定,即设在环

$$R_1 < |z - a| < R_2$$

内,函数 $f(z)$ 有两个互相恒等的展开式

$$\sum_{n=-\infty}^{+\infty} c_n(z - a)^n \equiv \sum_{n=-\infty}^{+\infty} c'_n(z - a)^n \quad (8.18)$$

于是，令 $c_n - c'_n = d_n (-\infty < n < +\infty)$，则在该环内，即得恒等式

$$\sum_{n=-\infty}^{+\infty} d_n (z-a)^n \equiv 0$$

将这个一致收敛的级数（预先用 $(z-a)^{-(n+1)}$ 乘上之后）沿以 a 为心，以 $\rho = |z-a|$ 为半径的圆 Γ_ρ 积分，即得

$$d_n = 0$$

而这里的 n 可以是任何整数.

但这样一来，无论对任何 n，恒等式 (8.18) 的左、右两边的 $z-a$ 的同次幂的系数 c_n 和 c'_n 相同（这也就是所要证明的）.

回来谈由刚才所证明的定理导出的与我们直接相关的推论，我们要注意，若点 a 是一孤立奇点，则在固定半径 R_2 之后，可以将半径 R_1 无限变小 $(R_1 \to 0)$.

总之，我们可以得出结论：在点 a 的整个邻域

$$|z-a| < R_2$$

（点 a 除外）之内，所得到的展开式 (8.15) 恒成立.

根据 $z-a$ 的负数幂的系数 c_n 只有有限个异于 0，或有无限个异于 0，我们就在点 a 得到了一个极点或本性奇点.

我们要注意（为不放过任何一种可能性），若所有的系数 $c_{-n} (n = 1, 2, 3, \cdots)$ 皆等于 0，则函数 $f(z)$ 在圆 $|z-a| < R_2$（圆心已经除去！）内可表成一正则幂级数；因而该级数就给出了函数 $f(z)$ 在点 a 的解析拓展，同时也就说明了函数 $f(z)$ 在这点解析.

于是：

单值函数所有的孤立奇点或为极点，或为本性奇点.

我们还要做一点最后的注释：单值函数的孤立奇点不可能同时是极点和本性奇点.

这不仅可从洛朗展开式定理的第二部分推出，而且也可以从函数在极点的邻域和本性奇点的邻域内的变化情形之不同得出（参看上节）.

§57　柯西残数定理

我们知道（§16 及 §35），单值函数 $f(z)$ 在孤立奇点 a 的邻域内按 $z-a$ 的幂展开的展开式中 -1 次幂的系数 c_{-1} 叫作函数 $f(z)$ 在点 a 的残数；我们也已经知道了何以这个系数特别重要的原因.

下列属于柯西的相当一般性的残数定理值得特别注意.

设函数 $f(z)$ 在某一域 D 内除有限多个孤立奇点

$$a, b, \cdots, l \tag{8.19}$$

之外解析,在这些奇点分别具有残数

$$A, B, \cdots, L \tag{8.20}$$

则沿 D 内某一包围(8.19)中所有奇点的闭曲线 Γ 所取的积分

$$J = \frac{1}{2\pi \mathrm{i}} \int_{\Gamma} f(z)\,\mathrm{d}z \tag{8.21}$$

等于相应的残数之和

$$J = A + B + \cdots + L \tag{8.22}$$

我们将式(8.19)中之点分别用小圆

$$\gamma_a, \gamma_b, \cdots, \gamma_l \qquad (8.23)$$

围起来,这些小圆的半径取得很小,使得每一小圆只包含点列(8.19)中的一个点,而且两两之间以及其中每一个与曲线 Γ 之间皆不相交(图37).然后,将圆列(8.23)中的每一个圆分别用弧段

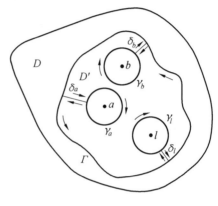

$$\delta_a, \delta_b, \cdots, \delta_l \qquad (8.24)$$

与曲线 Γ 连接.

图 37

设闭曲线 T 是由

(1)依正方向所引的曲线 Γ.

(2)所有用来连接的弧段(8.24),其中每一个引两次,其方向正好相反(即来往各一次).

(3)依反方向所引的小圆(8.23).

所构成的曲线.我们进而讨论由 T 所围的域 D'.

在域 D' 中,函数 $f(z)$ 是解析的,若按柯西基本定理,等式

$$\int_{T} f(z)\,\mathrm{d}z = 0 \tag{8.25}$$

成立,或更详言之,有

$$\int_{\Gamma} f(z)\,\mathrm{d}z + \left[\int_{\gamma_a} f(z)\,\mathrm{d}z + \int_{\gamma_b} f(z)\,\mathrm{d}z + \cdots + \int_{\gamma_l} f(z)\,\mathrm{d}z \right] + \sum \int_{\delta} f(z)\,\mathrm{d}z = 0$$

其中沿圆列(8.23)中的小圆所取的积分系按反方向而取者.

注意一下沿弧列(8.24)中的弧段所取的积分互相抵消,我们即可把这等式改写成

$$\int_{\Gamma} f(z)\,\mathrm{d}z = \int_{\gamma_a} f(z)\,\mathrm{d}z + \int_{\gamma_b} f(z)\,\mathrm{d}z + \cdots + \int_{\gamma_l} f(z)\,\mathrm{d}z = 0$$

(本式中沿圆列(8.23)中的小圆所取的积分已经按正方向而取),或

$$\frac{1}{2\pi i}\int_{\Gamma}f(z)\,\mathrm{d}z = \frac{1}{2\pi i}\int_{\gamma_a}f(z)\,\mathrm{d}z + \frac{1}{2\pi i}\int_{\gamma_b}f(z)\,\mathrm{d}z + \cdots + \frac{1}{2\pi i}\int_{\gamma_l}f(z)\,\mathrm{d}z$$

为要计算右边的积分,我们在积分中将函数 $f(z)$ 代以一个与之不同的解析式子,即它在相应的奇点的邻域内的双边洛朗级数展开式.

于是就很清楚,每一积分等于函数在相应点的残数

$$\frac{1}{2\pi i}\int_{\gamma_a}f(z)\,\mathrm{d}z = A$$

$$\frac{1}{2\pi i}\int_{\gamma_b}f(z)\,\mathrm{d}z = B$$

$$\vdots$$

$$\frac{1}{2\pi i}\int_{\gamma_l}f(z)\,\mathrm{d}z = L$$

接下来的事情就是将所得的结果加起来,以得到所要的积分值

$$\frac{1}{2\pi i}\int_{\Gamma}f(z)\,\mathrm{d}z = A + B + \cdots + L$$

不妨注意一下,上述定理包含下面的结果作为其特殊情形:

(1) 关于在复平面上沿闭曲线所取的积分的柯西基本定理,所指的是这样的情形,即在曲线 Γ 内根本没有一个奇点,这时等式(8.22)的右边为 0.

(2) 柯西积分公式:只需将所证明的定理运用于变量 ζ 的函数 $\dfrac{f(\zeta)}{\zeta - z}$ 即可(假设 z 固定,且在曲线 Γ 之内,并在函数 $f(\zeta)$ 的解析区域之内). 所论的函数在曲线 Γ 内具有唯一的一个奇点 —— 以 $f(z)$ 为残数的极点 z,于是

$$\frac{1}{2\pi i}\int_{\Gamma}\frac{f(\zeta)}{\zeta - z}\mathrm{d}\zeta = f(z)①$$

§58 沿闭曲线所取的对数导数的积分·多项式在所给曲线内零点的数目·代数学的基本定理

我们假定,函数 $f(z)$ 在某一域 D 内,除了极点之外没有别的奇点②.

今考虑沿 D 内某一闭曲线 Γ 所取的积分

$$I = \frac{1}{2\pi i}\int_{\Gamma}\frac{f'(z)}{f(z)}\mathrm{d}z \tag{8.26}$$

---

① 所述的论证系假定 $f(z) \neq 0$;但容易证明,当 $f(z) = 0$ 时,所得到的公式也同样成立.

② 在这种情形,我们就说函数 $f(z)$ 在域 D 内为半纯的(meromorphic).

我们并假定 Γ 不穿过函数 $f(z)$ 的零点和极点.

积分 I 的值等于什么,这可立刻从柯西残数定理推出:只需分析一下函数

$$F(z) \equiv \frac{f'(z)}{f(z)}$$

的奇点如何,并计算相应的残数即可.

若函数 $f(z)$ 在某一点 a 解析,并在该点不为 0,则函数 $F(z)$ 在该点也解析.

若 $f(z)$ 在某一点 a 解析,并在该点具有 p 重零点,则可证明(参看 §38),恒等式

$$f(z) = (z-a)^p \varphi(z)$$

成立,这里的函数 $\varphi(z)$ 在点 a 也解析,且异于 0. 于是容易看出,对数导数

$$\frac{f'(z)}{f(z)} = \frac{p}{z-a} + \frac{\varphi'(z)}{\varphi(z)}$$

在点 a 具有一次极点,其残数等于函数 $f(z)$ 在该点的零点的重数 p.

最后,若函数 $f(z)$ 在点 a 具有 p 重极点,则可记为(参看 §55)

$$f(z) = \frac{\varphi(z)}{(z-a)^p}$$

于此,$\varphi(z)$ 在点 a 解析,且异于 0;于是,对数导数

$$\frac{f'(z)}{f(z)} = \frac{-p}{z-a} + \frac{\varphi'(z)}{\varphi(z)}$$

显然在该点具有一次极点,并且有残数 $(-p)$.

试将上面的说明与柯西残数定理比较,我们即可看到,积分 I 必然等于函数 $f(z)$ 在 Γ 内的所有零点的重数之和减去该函数在 Γ 内的所有极点的重数之和. 简言之,所论的积分等于 Γ 内的零点数与极点数之差,各按重数计算①

$$\frac{1}{2\pi\mathrm{i}} \int_\Gamma \frac{f'(z)}{f(z)} \mathrm{d}z = N_\Gamma - P_\Gamma \tag{8.27}$$

(N_Γ 是 $f(z)$ 在 Γ 内的零点个数,P_Γ 是其极点个数).

特别,若预先已经知道函数 $f(z)$ 在 Γ 内解析,因而没有极点,式(8.27)即变成

$$\frac{1}{2\pi\mathrm{i}} \int_\Gamma \frac{f'(z)}{f(z)} \mathrm{d}z = N_\Gamma \tag{8.28}$$

故在这种情形之下,这积分即给出函数 $f(z)$ 在 Γ 内的零点的个数.

我们将上面所得到的结果运用于函数 $f(z)$ 为多项式 $P(z)$ 的情形,而曲线 $\Gamma \equiv \Gamma_R$ 则为(譬如)以原点为心,以 R 为半径的圆,于是则得

---

① 即视每一零点和每一极点的重数为多少,即算多少次.

$$\frac{1}{2\pi i}\int_{\Gamma_R}\frac{P'(z)}{P(z)}\mathrm{d}z = N_{\Gamma_R} \qquad (8.29)$$

要想知道多项式 $P(z)$ 在全平面上零点的总数 N 是多少,我们只需令 $R \to \infty$ 取极限

$$N = \lim_{R\to\infty}N_{\Gamma_R} = \lim_{R\to\infty}\frac{1}{2\pi i}\int_{\Gamma_R}\frac{P'(z)}{P(z)}\mathrm{d}z \qquad (8.30)$$

若多项式 $P(z)$ 的次数 n 已知,则不难算出上式右边的极限. 显然有

$$P(z) \equiv Az^n + Bz^{n-1} + \cdots + Kz + L$$
$$P'(z) \equiv nAz^{n-1} + (n-1)Bz^{n-2} + \cdots + K \qquad (A \neq 0)$$

于是最后即得

$$\frac{P'(z)}{P(z)} \equiv \frac{n}{z} \cdot \frac{1 + \dfrac{n-1}{n}\dfrac{B}{A}\dfrac{1}{z} + \cdots + \dfrac{1}{n}\dfrac{K}{A}\dfrac{1}{z^{n-1}}}{1 + \dfrac{B}{A}\dfrac{1}{z} + \cdots + \dfrac{L}{A}\dfrac{1}{z^n}} \equiv \frac{n}{z}\big[1 + \varepsilon(z)\big]$$

于此,$\varepsilon(z)$ 表示某一函数,它当 $z \to \infty$ 时一致趋于 0.

在这种情形之下,即得

$$\frac{1}{2\pi i}\int_{\Gamma_R}\frac{P'(z)}{P(z)}\mathrm{d}z = \frac{n}{2\pi i}\Big[\int_{\Gamma_R}\frac{\mathrm{d}z}{z} + \int_{\Gamma_R}\frac{\varepsilon(z)\mathrm{d}z}{z}\Big]$$

因当 $R \to \infty$ 时

$$\Big|\int_{\Gamma_R}\frac{\varepsilon(z)\mathrm{d}z}{z}\Big| \leqslant 2\pi \max_{|z|=R}|\varepsilon(z)| \to 0$$

另外,对于任何 $R(>0)$

$$\frac{1}{2\pi i}\int_{\Gamma_R}\frac{\mathrm{d}z}{z} = 1$$

于是易得

$$\lim_{R\to\infty}\frac{1}{2\pi i}\int_{\Gamma_R}\frac{P'(z)}{P(z)}\mathrm{d}z = n \qquad (8.31)$$

于是,多项式零点的个数(各按重数计算)等于它的次数.

显而易见,上面的论断可以推出代数学的基本定理("次数大于或等于 1 的多项式至少有一根");另外,众所周知(参看 §13),它又可从代数学的基本定理经过反复运用贝祖定理得出.

但我们最好也注意一下,代数学的基本定理也可直接从柯西基本(积分)定理得出,即不需求助于残数定理.

事实上,设(用"归谬法"来证明)次数 $n(\geqslant 1)$ 的多项式 $P(z)$ 没有零点,则函数 $\dfrac{P'(z)}{P(z)}$ 在全平面上解析,故由柯西定理,对于任何 R,我们有

$$\int_{\Gamma_R} \frac{P'(z)}{P(z)} dz = 0$$

在这样情形之下,我们有等式

$$\lim_{R \to \infty} \int_{\Gamma_R} \frac{P'(z)}{P(z)} dz = 0 \qquad (8.32)$$

另外(正如上面所指出)

$$\lim_{R \to \infty} \frac{1}{2\pi i} \int_{\Gamma_R} \frac{P'(z)}{P(z)} dz = n \qquad (8.33)$$

于是得
$$n = 0$$

这与我们的假设相连.

§59   高斯 – 卢卡斯定理

下面的定理,它的内容一半是代数的,一半则是分析的,但最好是用几何术语表出;在这个定理中,我们将重新遇到多项式的对数导数[①].

这个定理,就它的性质来说,完全是初等的,它涉及多项式 $P(z)$ 的零点和它的导数 $P'(z)$ 的零点在复平面上的相对位置,它可以与实域中相应的众所周知的罗尔(Rolle)定理并提.

我们现在来讨论任一多项式 $P(z)$ 的"零点多角形". 将 $P(z)$ 写成[②]

$$P(z) \equiv C \prod_{k=1}^{m} (z - a_k) \qquad (8.34)$$

之形,则所谓 $P(z)$ 的"零点多角形"乃是指包含所有零点 a_k 在它内部(或在边界上)最小凸曲线.

定理说:$P(z)$ 的导数的一切零点包含在多项式 $P(z)$ 的零点多角形内.

我们用"归谬法"来证明. 我们现利用第一章末尾所证明的定理. 设 ζ 是导数 $P'(z)$ 的一零点,则

$$P'(\zeta) = 0$$

同样,在以 $z = \zeta$ 代入时,对数导数

$$\frac{P'(z)}{P(z)} = \sum_{k=1}^{n} \frac{1}{z - a_k}$$

亦为零,因而

---

①　本定理的作者是20世纪前半叶的德国大数学家高斯(Carl Friedrich Gauss)和法国数学家卢卡斯(Ch. F. Lucas);高斯引起了他同时代的人去注意复数的几何解释,而卢卡发表他的证明则较晚一些.

②　不排除重根这种可能性;我们将假定数 a_k 不一定互异.

$$\sum_{k=1}^{n} \frac{1}{\zeta - a_k} = 0 \qquad (8.35)$$

在图 38 中数

$$a_k - \zeta \quad (k = 1, 2, \cdots, n)$$

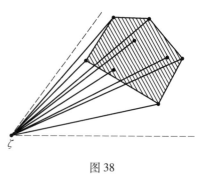

图 38

的辐角是由矢量 $\overrightarrow{\zeta a_k}$ 与实轴所形成之角表出. 因为零点多角形是凸的,故所说的一切辐角皆包含在某一小于 π(就量而言)的角之内(参看图中的虚线). 但在这样情形之下,关于数 $\zeta - a_k$(它的辐角与数 $a_k - \zeta$ 的辐角相差为 π)以及关于数 $\dfrac{1}{\zeta - a_k}$(它的辐角与数 $\zeta - a_k$ 的辐角相差一个符号),同样的命题也成立.

根据上面所说的辅助定理,这样的数之和必不能为 0.

所得出的矛盾即证明了定理.

若零点多角形"退化"在一线段上,例如全落在实轴上,则定理的结论即化为导数的零点皆为这线段的内点. 但依照古典的罗尔定理,由所有相邻零点之间的线段所成的 $n-1$ 个区间中,每一区间内至少有 $P'(z)$ 的一个零点,而零点的数目正好等于区间的数目,故在每一区间中正好包含导数 $P'(z)$ 的一个零点.

刚才所证明的定理有许许多多的推广和改进.

§60 几个利用残数计算定积分的例子

1. 正如前面一样,我们假定函数 $f(z)$ 仅有孤立奇点,并假定这函数的积分系沿一条自身不相交的闭曲线 Γ 而取(绕一次)的. 我们现在来探讨,当曲线 Γ 变化时,该积分之值如何变化. 根据柯西残数定理,积分

$$\frac{1}{2\pi i} \int_\Gamma f(z) \, dz \qquad (8.36)$$

等于曲线 Γ 内奇点的残数之和. 由此可以看出,只要在连续变化的过程中,曲线 Γ 不"盖过"奇点,则积分之值不变;但若曲线"盖过"某一奇点(因而这奇点从曲线内部落到曲线外面,或从外面落入里面),则积分之积即减少或增加相应的残数.

最简单的例子:积分 $\dfrac{1}{2\pi i} \int_\Gamma \dfrac{A}{z-a} dz$ 对于我们已不陌生(参看 §33),根据曲线 Γ 包含点 a 与否,它的可能数值是 A 或 0.

我们再来看积分

$$\frac{1}{2\pi i}\int_\Gamma \left(\frac{A}{z-a} + \frac{B}{z-b}\right)dz \qquad (8.37)$$

由前,根据曲线 Γ 是否包含点 a 与点 b,它可能取值

$$0,A,B,A+B$$

之一.

同理,积分

$$\frac{1}{2\pi i}\int_\Gamma \left(\frac{A}{z-a} + \frac{B}{z-b} + \frac{C}{z-c}\right)dz \qquad (8.38)$$

可能取八个不同的值

$$0,A,B,C,A+B,B+C,C+A,A+B+C$$

2. 积分 $\qquad I = \int_\Gamma \frac{dz}{1+z^2}$

属于积分(8.37)那一类型,因为在将积分号下的函数分解成初等分式之后,它即可以写成

$$I = \frac{1}{2\pi i}\int_\Gamma \left(\frac{A}{z-i} + \frac{B}{z+i}\right)dz$$

于此,$A = \pi, B = -\pi$.

在这里,根据曲线 Γ 的位置,只有三种可能的值(因为 $A+B=0$),即:

(1)$I = 0$,若 Γ 不包含点 $\pm i$ 中的任何一个,或两个同时包含.

(2)$I = \pi$,若 Γ 包含点 i,但不包含点 $-i$.

(3)$I = -\pi$,若 Γ 包含点 $-i$,但不包含点 i.

若曲线 Γ 是由实轴上的直线段$(-R, +R)$及以原点为心,以 R 为半径的实轴上方的半圆 Γ_R 所做成(图39),则对任何 $R > 1$,积分皆等于 π.

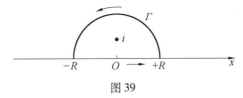

图 39

我们将此写出

$$\int_{-R}^{+R} \frac{dx}{1+x^2} + \int_{\Gamma_R} \frac{dz}{1+z^2} = \pi$$

当 $R \to \infty$ 时,沿线段上所取的积分趋于 $\int_{-\infty}^{+\infty} \frac{dx}{1+x^2}$,而沿半圆上所取的积分则趋于 0. 实际上

211

$$\left| \int_{\Gamma_R'} \frac{\mathrm{d}z}{1+z^2} \right| \leqslant \pi R \cdot \max_{|z|=R} \frac{1}{|1+z^2|} = \frac{\pi R}{R^2-1} \to 0$$

取极限,则得

$$\int_{-\infty}^{+\infty} \frac{\mathrm{d}x}{1+x^2} = \pi$$

3. 若想计算更一般形式的积分

$$I_n = \int_{\Gamma} \frac{\mathrm{d}z}{(z^2+1)^{n+1}}$$

(n 为非负整数),可以重复上段中所作的论证,不同之处是极点 $\pm i$ 现在为 n 重极点;展开式的主要部分应该由 n 项组成,但其中只有与极点 i 相应的残数值得我们注意. 实际上,在半圆 Γ_R'(当 $R>1$ 时)中除了点 i 以外,没有被积分函数的其他零点;因此,积分等于与此极点相应的残数和 $2\pi i$ 之积.

为要在展开式

$$\frac{1}{(z^2+1)^{n+1}} = \frac{c_{-(n+1)}}{(z-i)^{n+1}} + \frac{c_{-n}}{(z-i)^n} + \cdots + \frac{c_{-1}}{z-i} + c_0 + c_1(z-i) + \cdots$$

中求出残数 c_{-1},我们用 $(z-i)^{n+1}$ 乘两边;于是,从函数 $\dfrac{1}{(z+i)^{n+1}}$ 按 $z-i$ 的非负幂展开的展开式中,我们即得

$$c_{-1} = \frac{1}{n!} \left[\frac{\mathrm{d}^n}{\mathrm{d}z^n} \frac{1}{(z+i)^{n+1}} \right]_{z=i} = \frac{1}{2i} \cdot \frac{(2n)!}{(n!)^2 \cdot 2^{2n}}$$

于是即得

$$I_n = 2\pi i c_1 = \pi \frac{(2n)!}{(n!)^2 \cdot 2^{2n}}$$

4. 积分 $\quad I = \displaystyle\int_{-\infty}^{+\infty} \frac{\mathrm{d}x}{x^2 - 2x\cos\omega + 1} \quad (0 < \omega < \pi)$

可以同样算出.

因为 $\qquad z^2 - 2z\cos\omega + 1 = (z - e^{i\omega})(z - e^{-i\omega})$

故在半圆 $\Gamma_R'(R>1)$ 内,被积函数有极点 $e^{i\omega}$;相应的残数等于

$$\frac{1}{e^{i\omega} - e^{-i\omega}} = \frac{1}{2i} \cdot \frac{1}{\sin\omega}$$

于是,沿 Γ_R' 求积分并令 R 无限增大,则得

$$I = 2\pi i \frac{1}{2i\sin\omega} = \frac{\pi}{\sin\omega}$$

下面又是另一种形式的例子.

5. 试求积分

$$I = \int_{-\pi}^{\pi} \frac{\mathrm{d}\omega}{x^2 - 2x\cos\omega + 1} \quad (|x| < 1)$$

我们将 $\cos \omega$ 表成指数函数,并令

$$e^{i\omega} = z$$

注意当 ω 从 $-\pi$ 增到 π 时,变量 z 沿以 0 为心以 1 为半径的圆 Γ 绕过半圆,由此即得

$$I = \int_{\Gamma} \frac{1}{x^2 - x\left(z + \frac{1}{z}\right) + 1} \frac{\mathrm{d}z}{\mathrm{i}z} = -\frac{1}{\mathrm{i}x}\int_{\Gamma} \frac{\mathrm{d}z}{(z - x)\left(z - \frac{1}{x}\right)}$$

两个极点 x 与 $\frac{1}{x}$ 中,只有一个,即 x,落入 Γ 之内,与之相应的被积函数的残数等于 $\frac{1}{x - \frac{1}{x}}$. 由此即得

$$I = 2\pi\mathrm{i} \cdot \left(-\frac{1}{\mathrm{i}x}\right) \cdot \frac{1}{x - \frac{1}{x}} = \frac{2\pi}{1 - x^2}$$

6. 在第四章,我们曾经研究过积分

$$I_n = \int_{-\pi}^{\pi} \cos^{2n} x \mathrm{d}x$$

利用变换 $e^{ix} = z$,我们即得下面一种算法

$$I_n = \int_{-\pi}^{\pi} \left(\frac{e^{ix} + e^{-ix}}{2}\right)^{2n} \mathrm{d}x = \frac{1}{2^{2n}\mathrm{i}}\int_{\Gamma} \left(z + \frac{1}{z}\right)^{2n} \frac{\mathrm{d}z}{z}$$

因为与被积函数的极点 $z = 0$ 相应的残数为 C_{2n}^{n},故得

$$I_n = 2\pi\mathrm{i} \cdot \frac{1}{2^{2n}\mathrm{i}} \cdot \mathrm{C}_{2n}^{n} = \frac{\pi}{2^{2n-1}}\mathrm{C}_{2n}^{n}$$

习　　题

1. 试证明,函数 $\tan z$ 在点 $\frac{\pi}{2} + n\pi$ 有极点,残数为 $(-1)^{n+1}$;而在其他的点正则.

2. 沿各种不同闭曲线所取的积分 $\frac{1}{2\pi\mathrm{i}}\int_{\Gamma} \tan z\mathrm{d}z$ 能取什么样的值?

3. 整函数 $e^z + 1$ 所取不到的那种"特殊值"是否存在?

4. 试确定半纯函数 $\frac{e^z - 1}{e^z + 1}$ 的零点和极点.

5. $\frac{\sin 3z}{\sin z}$ 是否为整函数? 其零点为何?

6. 试证明：

（1）函数 $f(z)$ 的一切极点皆为函数 $\frac{1}{f(z)}$ 的零点.

（2）函数 $f(z)$ 的一切零点皆为函数 $\frac{1}{f(z)}$ 的极点.

（3）函数 $f(z)$ 的孤立本性奇点也是函数 $\frac{1}{f(z)}$ 的孤立本性奇点.

7. 试求所有使得函数 $\sin\frac{1}{z}$ 取值 A 的点.

8. 沿圆 Γ：$|z|=1$ 所取的积分 $\frac{1}{2\pi i}\int_{\Gamma}\frac{\sin^2 z}{z^3}dz$ 等于什么？积分 $\frac{1}{2\pi i}\int_{\Gamma}\frac{\sin^3 z}{z^2}dz$ 等于什么？

9. 点 $z=0$ 是否是函数 $\frac{e^z-1}{2z}$ 和 $\frac{e^z+1}{2z}$ 的奇点.

10. 函数 $\int_0^z \frac{e^{\sqrt{\xi}}-e^{-\sqrt{\xi}}}{\sqrt{\xi}}d\xi$ 的奇点为何？

11. 试求函数 $\frac{z}{\sin z}$ 的极点及与之相应的残数.

12. 试写出函数 $\frac{e^{z^2}-1}{z^9}$ 在其极点邻域内的洛朗展开式的主要部分. 残数等于什么？

13. 试将函数

$$(1)\,e^{z+\frac{1}{z}},\,(2)\,\frac{\sin z}{z^n},\,(3)\,\frac{1}{\sin z}$$

展成 z 的方次的洛朗级数.

根据洛朗展开的唯一性，试利用各种不同方法将所得结果进行比较.

保角映象、复变函数论在物理问题中的应用、复变函数论的流体力学解释

第
九
章

§61 保 角 性

设把平面 xOy 映到平面 uOv 上去,使得平面 xOy 上区域 D 里的每一点 (x,y) 对应了平面 uOv 上唯一的一点 (u,v). 于是在区域 D 里,u 与 v 都是 x,y 的函数

$$\begin{cases} u = u(x,y) \\ v = v(x,y) \end{cases} \tag{9.1}$$

我们假设在区域 D 的某一个定点 $M(x,y)$,函数 $u(x,y),v(x,y)$ 是连续的,并且具有连续的第一阶偏导数 u'_x,u'_y,v'_x,v'_y.

1. 在平面 xOy 上从点 M 出发引射线 c 与 Ox 方向交于角 θ;设在平面 wOv 上与这条射线对应的是某条曲线 $\overline{C}$,从与 M 对应的点 $\overline{M}$ 出发. 在射线上取一点 N 与点 M 相距 ρ;设 $\overline{N}$ 是曲线 $\overline{C}$ 上与点 N 对应的点(图 40). 考虑下列的线段比值

$$\frac{\overline{M}\overline{N}}{MN} =$$

$$\frac{1}{\rho}\sqrt{\left[u(x+\rho\cos\theta, y+\rho\sin\theta)-u(x,y)\right]^2+\left[v(x+\rho\cos\theta, y+\rho\sin\theta)-v(x,y)\right]^2}$$

令点 N 沿着射线趋近于点 $M, \rho \to 0$，则由于我们上面所作的假设，这个比值趋近于极限

$$\lambda = \lim_{\rho\to 0}\frac{\overline{M}\overline{N}}{MN} = \sqrt{(u'_x\cos\theta+u'_y\sin\theta)^2+(v'_x\cos\theta+v'_y\sin\theta)^2}$$

也就是说

$$\lambda = \sqrt{(u'^2_x+v'^2_x)\cos^2\theta+2(u'_xu'_y+v'_xv'_y)\cos\theta\sin\theta+(u'^2_y+v'^2_y)\sin^2\theta}$$

$$(9.2)$$

这个极限值依赖于 x, y 与 θ，叫作映象(9.1)沿着射线 C 的方向在点 $M(x, y)$ 的比例尺，既然现在把点 M 取作固定的，比例尺 λ 也仅仅与角 θ 有关.

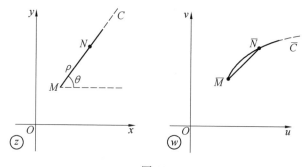

图 40

以下来阐明再加上些什么条件就可使得比例尺 λ 不依赖于角 θ. λ^2 的表示式具有下列形状

$$\lambda^2 = A\cos^2\theta+2B\cos\theta\sin\theta+C\sin^2\theta$$

其中

$$A = u'^2_x+v'^2_x, B = u'_xu'_y+v'_xv'_y, C = u'^2_y+v'^2_y$$

立刻可以看出，若 $A = C, B = 0$，则 λ^2 不依赖于 θ. 反之，若 λ^2 不依赖于 θ，则导数 $\dfrac{\mathrm{d}}{\mathrm{d}\theta}(\lambda^2)$ 恒等于零，但

$$\frac{1}{2}\frac{\mathrm{d}}{\mathrm{d}\theta}(\lambda^2) = B\cos 2\theta-\frac{A-C}{2}\sin 2\theta$$

因此推出条件

$$B = 0, A = C$$

上面所得到的使比例尺 λ 不依赖于角 θ 的必要与充分条件可以写成下列形式

$$\begin{cases} {u'_x}^2 + {v'_x}^2 = {v'_y}^2 + {v'_y}^2 \\ u'_x u'_y + v'_x v'_y = 0 \end{cases} \qquad (9.3)$$

2. 现在我们考虑(仍然用前面的记号,但假设半轴 Ox 与 Ou,半轴 Oy 与 Ov 按方向与序向重合) 在映象之下线段 MN 所转动的角度,也就是说,计算 MN 与 $\overline{MN}$ 之间的交角. 我们假设在点 M 四个导数 u'_x, u'_y, v'_x 与 v'_y 不同时为零.

线段 MN 的角系数等于

$$\mu = \tan \theta$$

同样,线段 $\overline{MN}$ 的角系数等于比值

$$\frac{v(x + \rho\cos \theta, y + \rho\sin \theta) - v(x,y)}{u(x + \rho\cos \theta, y + \rho\sin \theta) - u(x,y)}$$

当 $\rho \to 0$ 时,这个比值趋近于下列极限

$$\frac{v'_x\cos \theta + v'_y\sin \theta}{u'_x\cos \theta + u'_y\sin \theta}$$

也就是

$$\frac{v'_x + v'_y\mu}{u'_x + u'_y\mu}$$

这就是曲线 $\overline{C}$ 在点 $\overline{M}$ 处切线的角系数.

于是,按解析几何中熟知的公式,射线 C 的方向与对应曲线 $\overline{C}$(的切线的)方向之间交角的正切由下列公式给出

$$\kappa = \tan \psi = \frac{\dfrac{v'_x + v'_y\mu}{u'_x + u'_y\mu} - \mu}{1 + \dfrac{v'_x + v'_y\mu}{u'_x + u'_y\mu}\mu} = \frac{v'_x + (v'_y + u'_x)\mu - u'_y\mu^2}{u'_x + (u'_y + v'_x)\mu - v'_y\mu^2} \qquad (9.3')$$

角 ψ 叫作映象在点 M 沿着射线 C 方向的挠率.

显然,挠率 ψ 除了依赖于点 M 的坐标,还依赖于 μ,也就是说,还依赖于 θ. 我们来阐明在什么样的条件之下挠率不依赖于角 θ.

这个情形出现的必要与充分条件是在公式(9.3′)右方的有理分式里,分子与分母的两个关于 μ 的二次式中相应的系数成比例,也就是说,下列的等式成立

$$\begin{cases} v'_x = \kappa u'_x \\ (v'_y - u'_x) = \kappa (u'_y + v'_x) \\ -u'_y = \kappa v'_y \end{cases} \qquad (9.4)$$

其中 κ 是与 θ 无关的系数.

注意 若在平面 xOy 中用由点 M 出发并在这点的切线具有方向 θ 的任意曲线来代替射线 c,则依据这一条曲线,同样也可以定义比例尺与挠率,所得到的数值也如同按射线 c 而定义时的数值相同. 因此,这个定义具有更为一般的性质.

若映象(9.1)在点 M 的比例尺与挠率不依赖于方向 θ,则映象叫作在这一点是保角的.映象叫作在区域 D 内是保角的,假如它在 D 中的每一点是保角的.

不难证明,由一个在区域 D 内解析的函数所引出的映象必然是保角的.

这直接由解析函数的性质推得,这个性质可表达为下列等式

$$
\begin{cases}
u'_x = v'_y \\
u'_y = -v'_x
\end{cases}
\tag{R}
$$

当这些等式成立时,显然条件(9.3)与条件(9.4)也是满足的.

可注意的是,反过来,若条件(9.4)成立,则条件(R)也成立.事实上,从(9.4)的第一与第三个等式解出 v'_x 与 u'_x,然后代入(9.4)的第二个等式,我们得到

$$
(1 + \kappa^2)(v'_y - u'_x) = 0
$$

从这里就得到 $v'_y - u'_x = 0$,进一步就得到 $u'_y + v'_x = 0$.

因此,从挠率与方向的独立性可以推出性质(R),因而也推出比例尺与方向的独立性.

其次再看从等式(9.3)可以推出些什么,注意下列的恒等式(关于 a,b,c,d 的恒等式)

$$
(a^2 - b^2 + c^2 - d^2)^2 + 4(ab + cd)^2 =
$$
$$
\left[(a-d)^2 + (b+c)^2\right]\left[(a+d)^2 + (b-c)^2\right]
$$

我们就可以写出下列的式子

$$
(u'^2_x - u'^2_y + v'^2_x - v'^2_y)^2 + 4(u'_x u'_y + v'_x v'_y)^2 =
$$
$$
\left[(u'_x - v'_y)^2 + (u'_y + v'_x)^2\right]\left[(u'_x + v'_y)^2 + (u'_y - v'_x)^2\right]
\tag{9.5}
$$

若等式(9.3)成立,则关系(9.5)的左边变为零,右边于是也为零.因此,或者等式组(R)成立,或者下列的等式组成立

$$
\begin{cases}
u'_x = -v'_y \\
u'_y = v'_x
\end{cases}
\tag{R$'$}
$$

我们来考虑:在域 D 内由条件(R$'$)所限定的映象的集合是怎样的? 设映象系由形如

$$
w = f(\bar{z})
\tag{9.6}
$$

这样的函数作成,则此函数的实数和虚数部分即满足这一组条件,其中 f 表示一个解析函数,而 $\bar{z}(\bar{z} = x - \mathrm{i}y)$ 表示 z 的共轭复数.上述的这个事实不难从类似于 §26 的考虑得到.反之,若令 $y = -y'$,则关系(R$'$)化为下列形状

$$
\begin{cases}
u'_x = v'_{y'} \\
-u'_{y'} = v'_x
\end{cases}
$$

由这里就推出 u 与 v 是解析函数 $w = f(x + \mathrm{i}y')$ 的实数与虚数部分,也就是 $w = f(x - \mathrm{i}y)$ 或

$$
w = f(\bar{z})
\tag{9.7}
$$

的实数和虚数部分. 形式如(9.7)的函数所引出的映象与保角映象不同之处在于它是某个保角映象作用后再施行一次关于 Ox 轴的镜面反射映象: $\bar{z} = x - iy$.

这样的映象叫作反保角映象(又叫作第二类保角映象,而通常的保角映象又叫作第一类保角映象). 从几何上来看很清楚,无论是反保角或是保角映象都不依赖于方向(从解析上来看,这由关系(9.5)推出:若右方的第二个因子变为零,则左方也变为零,就是说条件(9.3)满足). 至于挠率与方向的独立性,则当然不一定成立. 但是,保角映象与反保角映象具有下列共同的"角"性质:它们使角度保持不变. 事实上,既然两条具有公共顶点的射线(曲线)在保角映象之下两条射线的像之间的交角显然等于原来射线之间的交角. 但在镜面反射之下,交角是不变的,因此,上述的性质对于反保角映象也成立.

于是,从比例尺与方向的独立性或者推出条件组(R),或者推出条件组(R′),也就是说,或者推出保角性,或者推出反保角性;因此得出挠率与方向的独立性.

保角(与反保角)映象可以形容作"在无穷小范围内的相似变换",它们推广了相似变换,并且当引出映象的函数 $f(z)$ 或 $f(\bar{z})$ 是线性函数时,化为相似变换(不带有转动或带有转动的相似变换). 比例尺与方向的独立性,以及挠率与方向的独立性相应于初等几何中所述的关于相似变换的两个性质:互相对应的线段长度成比例,以及角度保持不变.

根据以上所说的一切,可以推知映象的保角性是引出映象的那个函数具备解析性的一个特征条件.

性质 K 在区域 D 内定义的函数 $w = f(z)$($f(z) \equiv u(x,y) + iv(x,y)$)为解析函数的必要与充分条件是它所引出的由 z 平面到 w 平面的映象在区域 D 的每一点为保角的(除去那种使四个偏导数 u'_x, u'_y, v'_x 与 v'_y 都为零的点).

注意 至于在那种使 $u'_x = u'_y = v'_x = v'_y = 0$ 成立的点,那么即便是函数 $f(z)$ 在这样的点是解析的,所引出的映象在这种点也不是保角的,而具有某些奇异性,我们在这里不加细述(见 §66).

不难看出,上面所举映象保角性的条件是有些过强的. 为要使得引出映象的函数是解析函数,更弱的条件就足够了,例如,要求比例尺与方向无关就可以了. 苏联数学家闵肖夫得到了使映象为保角的更为精确的条件. 我们把他所得条件的一种陈述方式列在下面,在命题中丝毫不用假设偏导数 u'_x, u'_y, v'_x 与 v'_y 的存在.

函数 $f(z)$ 在区域 D 解析(或共轭于解析函数)的充分(当然也是必要)条件是它具备下列性质:

性质 M 函数 $f(z)$ 连续,并且(除去有限个或可数多个点)在 D 的每一点它所引出映象的比例尺沿着三条不同的射线互相一致.

§62　地图制图学问题:球面到平面的保角映象

二维图形保角映象的理论在地图制图学里有直接的应用. 在绘制地图时, 常常(虽然不是必定)要求保角性. 如果要把地球表面上比较广阔的地带画在平面上, 而又不可能保持原来图形的曲率, 那么就产生了这样的问题:寻求由球面到平面的各种保角映象.

但是, 只需列举一种这样的映象就可以了. 从几何上看, 很显然可以看出任意两个保角映象的复合映象仍然是保角映象, 因此, 如果知道了由球面到平面的一个保角映象, 那么把这个映象与由这张平面到第二张平面某保角映象作复合映象, 便得到由球面到第二张平面的一个保角映象.

从球面到平面上的最简单的保角映象是所谓球极平面投影. 以原点为中心的球面

$$x^2 + y^2 + z^2 = R^2$$

上一点 M 的坐标 (x, y, z) 可以按下列的方式以纬度 p(矢量 OM 与平面 xOy 所交的角度)与经度 q(通过点 M 的子午平面与初始子午平面 xOz 的交角)来表示

$$\begin{cases} x = R\cos p\cos q \\ y = R\cos p\sin q \\ z = R\sin p \end{cases} \tag{9.8}$$

具有地理坐标 (p, q) 的球面到具有直角坐标 (X, Y) 的平面上的球极平面投影由下列形状的公式决定

$$\begin{cases} X = q \\ Y = \varphi(p) \end{cases} \tag{9.9}$$

也就是说, 球面上的子午线等距地变为平行于 OY 轴的直线;至于纬圈则按某种规律变为平行于 OX 轴的直线, 但并不保证维持原来的长度不变. 这个规律(除差一个常数以外)由对于映象保角性的要求而确定. 在球面上以及其投影上的弧素分别是

$$\mathrm{d}s^2 = \mathrm{d}x^2 + \mathrm{d}y^2 + \mathrm{d}z^2 = R^2(\mathrm{d}p^2 + \cos^2 p\mathrm{d}q^2)$$

$$\mathrm{d}S^2 = \mathrm{d}X^2 + \mathrm{d}Y^2 = \varphi'^2(p)\mathrm{d}p^2 + \mathrm{d}q^2$$

从下列关系我们得到映象的比例尺 λ

$$\lambda^2 = \left(\frac{\mathrm{d}S}{\mathrm{d}s}\right)^2 = \frac{\varphi'^2(p)\mathrm{d}p^2 + \mathrm{d}q^2}{R^2(\mathrm{d}p^2 + \cos^2 p\mathrm{d}q^2)}$$

如果

$$\varphi'(p) = \frac{1}{\cos p}$$

那么比例尺与弧素的方向无关,但这个条件也就是下列的条件

$$\varphi(p) = \ln \cot\left(\frac{\pi}{4} + \frac{p}{2}\right) + C^{①} \qquad (9.10)$$

由球面到平面的所有其他的保角映象可以把这个映象与由平面(X,Y)到平面(U,V)的保角映象复合而得到;换句话说(见 §61),可以利用解析函数

$$W = f(Z)$$

得到,其中$Z = X + iy, W = U + iV.$

§63 导数的几何意义

再回到关于利用解析函数 $w = f(z)$ 把 z 平面映到 w 平面的保角映象.

假设在所考虑的点,函数$f(z)$是解析的,也就是说,在这一点比例尺λ及挠率ψ与方向θ无关. 则公式(9.2)右方当θ取任意值时,都具有同一数值;如果把数值$\theta = 0$代入,那么我们得到

$$\lambda = \sqrt{u_x'^2 + v_x'^2} \qquad (9.11)$$

类似地,当$\mu(\mu = \tan\theta)$取任意值时,公式(9.3)的右方具有同一数值;令$\mu = 0$,我们有

$$\kappa = \frac{v_x'}{u_x'} \qquad (9.12)$$

但是

$$f'(z) = u_x' + iv_x'$$

于是我们得到下列结果

$$\lambda = | f'(z) | = | w' |$$
$$\psi = \arctan \kappa = \arg f'(z) = \arg w' \qquad (9.13)$$

因此:

(1)解析函数导数的模$| w' |$在几何上表示映象在所考虑点处的比例尺.

(2)解析函数$w = f(z)$导数的辐角$\arg w'$(当$w' \neq 0$时)在几何上表示映象在所考虑点的挠率.

(如果不是为了其他目的)以上的结果可以从导数的定义直接而简单地得到.

事实上,根据定义,不问Δz以什么方式趋于零,我们有

---

① 　如果赤道平面通过OX轴,那么应置$C = 0$.

$$\lim_{\Delta z \to 0} \frac{\Delta w}{\Delta z} = w' \tag{9.14}$$

在这种情形之下（§8，定理 1.3′）

$$\lim_{\Delta z \to 0} \left| \frac{\Delta w}{\Delta z} \right| = |w'|$$

也就是说

$$\lim_{\Delta z \to 0} \frac{|\Delta w|}{|\Delta z|} = |w'| \tag{9.15}$$

等式（9.15）所表示的正是命题（1），因为 $|\Delta z|$ 是被映前的线段长度，$|\Delta w|$ 是映后的线段长度，方向是无所谓的.

类似地，在条件 $w' \neq 0$ 之下（见 §8）

$$\lim_{\Delta z \to 0} \arg \frac{\Delta w}{\Delta z} = \arg w'$$

也就是说

$$\lim_{\Delta z \to 0} (\arg \Delta w - \arg \Delta z) = \arg w' \tag{9.16}$$

这个等式所表示的正是命题（2），因为 $\arg \Delta z$ 是被映前线段与水平轴的交角，$\arg \Delta w$ 是被映后线段与水平轴的交角.

作为一个例子，我们来考虑关于单位圆的反演

$$w = \frac{1}{z} ① \tag{9.17}$$

计算导数，并取它的模与辐角

$$w' = -\frac{1}{z^2}$$

$$|w'| = \frac{1}{r^2}, \arg w' = \pi - 2\theta$$

因此：

（1）$\lambda = \frac{1}{r^2}$（映象的比例尺等于矢径平方的倒数，距离原点较近的图形，反演以后放大许多，距离原点很远的图形反演以后则缩小许多）.

（2）$\psi = \pi - 2\theta$（读者试参照在点 $\frac{1}{2}$，$-\frac{1}{2}$，$\frac{i}{2}$，$-\frac{i}{2}$ 处所取的短小矢量在这个关系之下的变化）（图41）.

下面是更显然的一些例子（读者不难自己验证）：

––––––––––––––––––

① 在几何里常常把形状如 $w = \frac{1}{z}$ 的变换叫作反演. 这样做的好处是每点与它的反演像位于同一射线上. 但对我们来说，重要的是保角（而不是反保角）映象.

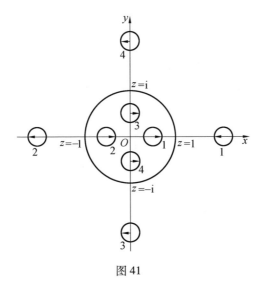

图 41

（1）$w = Az, A > 0$（同位变换,放大）.

（2）$w = e^{i\omega}z, 0 \leqslant \omega < 2\pi$（绕着原点的旋转）.

（3）$w = az$,这里 $a(a \neq 0)$ 是任意复数（同位变换与绕着原点的旋转）.

令 $a = Ae^{i\omega}$,则我们可以看出映象（3）是下列两个映象的复合映象

$$w_1 = Az, w_2 \equiv w = e^{i\omega}w_1$$

（4）$w = z - z_0$（平行移动）.

（5）$w = az + b, a \neq 0$（一般相似变换）.

令 $z_0 = -\dfrac{b}{a}$,我们看出映象（5）是下列两个映象（4）与（3）的复合

$$w_1 = z - z_0, w_2 \equiv w = aw_1$$

（6）一般的分式线性映象

$$w = \frac{az + b}{cz + d} \quad (c \neq 0, ad - bc \neq 0)$$

是由反演与相似变换组成的. 这可以从下列恒等式看出

$$w = \frac{a}{c} - \frac{m}{z + \dfrac{d}{c}}$$

其中

$$m = \frac{ad - bc}{c^2}$$

实际上,我们可以取

$$w_1 = z + \frac{d}{c}, w_2 = \frac{1}{w_1}, w_3 = -mw_2, w_4 \equiv w = w_3 + \frac{a}{c}$$

在几何学里已经知道（并且也不难直接证明）,在反演与相似变换之下,圆

223

周或直线变为圆周或直线. 因此,线性变换,无论是整式的或分式的,也都具有这个性质.

§64　保角映象的图像表示法

画出图像的目的是帮助我们去思考. 如果要用图像来表达由 z 平面到 w 平面的映象,我们需采取一种方式使得从直观上可以显出 z 平面上的每一点在映象之下变为 w 平面上的什么点. 但是这只需表明某些点在映象之下怎样变化就已够了. 最通用的方法就是在一张平面上选择一个坐标网而在另一张平面上画出与坐标网中各坐标曲线相应的曲线. 如果将这两个系统的坐标中的坐标曲线再适当地给以号码,那么最低限度所选坐标网的每个"顶点"经过映象后变成什么点是一眼可以看出的;至于其他的点则可以凭目测作一个"插入"操作而看出它们的像.

最常用的是下列四种图像:

A. 在 w 平面上取那样的坐标曲线,它们是 z 平面上直角坐标系 (x,y) 下坐标直线的像.

B. 在 w 平面上取那样的坐标曲线,它们是 z 平面上极坐标系 (θ,r) 下坐标网(由射线与同心圆组成)的像.

C. 在 z 平面上取那样的曲线系,它们映到 w 平面上去以后正好是直角坐标系 (u,v) 的坐标曲线.

D. 在 z 平面上取那样的曲线系,它们映到 w 平面上去以后正好是极坐标系 (u,v) 下的坐标网(由射线与同心圆组成).

很显然,某个函数的 C 型图像正是它的逆函数的 A 型图像,D 型与 B 型图像间的关系也是这样(图 42 所画的是函数 $w=z^2$,$z=\sqrt{w}$ 的 D,B 型图像).

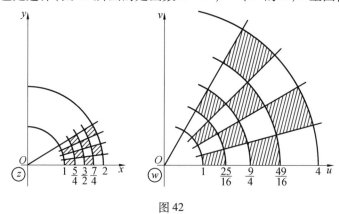

图 42

特别我们再对 D 型图像多做些考虑,这种类型的图像使得函数的某些具有特征性质的点特别容易显露出来,如像函数的零点与极点,以及函数导数的零点,等等.

z 平面上被映为 w 平面上圆周 $R = R_0$ 的曲线是那样的点 z 的轨迹,对这些点来说,函数的模为常数(等于 R_0)

$$| f(z) | = R_0 \qquad\qquad (9.18)$$

这种曲线叫作常数模曲线(简称"R 曲线").

z 平面上被映为 w 平面上射线 $\Phi = \Phi_0$ 的曲线是那样的点 z 的轨迹,对这些点来说,函数的辐角为常数(等于 Φ_0)

$$\arg f(z) = \Phi_0 \qquad\qquad (9.19)$$

这些是所谓常数辐角曲线(简称 Φ 曲线).

因为在 w 平面上以原点为中心的同心圆系与以原点为始点的射线系是正交的,而保角映象又保持角度不变,所以 R 曲线与 Φ 曲线也是互为正交的(交于直角).

除函数的零点,极点以及函数导数的零点以外,通过每一点有唯一的一条 R 曲线与唯一的一条 Φ 曲线."曲线 $R = 0$"退化为一点(零点);极点可以看作"曲线 $R = \infty$". 对于每个值 $\Phi_0 (0 \leqslant \Phi_0 < 2\pi)$,从零点(或极点)出发的曲线 $\Phi = \Phi_0$ 数目等于该零点(或极点)的重数. 至于在导数零点附近曲线 R 与曲线 Φ 的分布状况,见 §67.

例 9.1　$w = z^2 - 1$.

R 曲线的方程是

$$| z^2 - 1 | = R_0$$

也就是　　　　　$$(x^2 - y^2 - 1)^2 + 4x^2 y^2 = R_0^2$$

或　　　　　　　$$(x^2 + y^2)^2 - 2(x^2 - y^2) + 1 = R_0^2$$

当 $R_0 = 1$ 时,这是伯努利(Bernoulli)双纽线;当 $R_0 < 1$ 时是一对笛卡儿卵形线;当 $R_0 > 1$ 时是包着双纽线的闭曲线.

Φ 曲线的方程($\Phi = \Phi_0$ 与 $\Phi = \Phi_0 + \pi$ 共同)是

$$\arg(z^2 - 1) = \Phi_0$$

也就是

$$\frac{2xy}{x^2 - y^2 - 1} = \tan \Phi_0$$

这是通过点 $z = \pm 1$ 的双曲线(当 $\Phi_0 = 0$ 或 π 时是一对直线)(图 43).

例 9.2　$w = \sin z$.

R 曲线方程

$$(\sin x \operatorname{ch} y)^2 + (\cos x \operatorname{sh} y)^2 = R_0^2$$

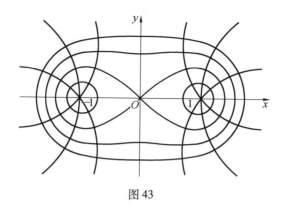

图 43

也就是

$$\mathrm{ch}^2 y - \cos^2 x = R_0^2$$

Φ 曲线方程

$$\frac{\cos x\,\mathrm{sh}\,y}{\sin x\,\mathrm{ch}\,y} = \tan \Phi_0$$

也就是

$$\frac{\mathrm{th}\,y}{\tan x} = \tan \Phi_0$$

特别, 曲线 $R = 1$ 由下列方程决定

$$y = \pm \ln(\cos x + \sqrt{1 + \cos^2 x})$$

曲线 $\Phi = \dfrac{\pi}{4}$ 由下列方程决定

$$y = \frac{1}{2}\ln \cot\left(\frac{\pi}{4} - x\right) \; (\text{图 } 44)$$

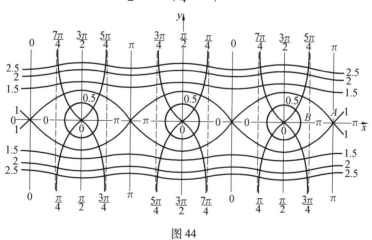

图 44

§65 黎曼关于保角映象的基本定理

黎曼曾列述了一系列的命题,讲解某些保角映象基本问题的唯一可解性.他在自己的学位论文里提出了这些命题,但并没有给出从现代观点来看称得上严格的证明,这大概是因为这些命题的正确性从他所感兴趣的物理解释来看,是非常明显的.

从下面的黎曼关于保角映象的基本定理可以看出保角映象(我们知道这是由解析函数引出的)这种工具具有怎样的灵活性. 我们不是从最一般的方面去陈述这个定理,并且还略去证明[①].

设在复变量 z 与 w 的平面上分别给了简单闭曲线 Γ_1 与 Γ_2,它们分别是区域 D_1 与 D_2 的边界,则存在函数

$$w = f(z) \tag{9.20}$$

它引出由 D_1 到 D_2 的单值保角映象. 如果边界 Γ_1 与 Γ_2 只有有限多个角点,那么映象还可以扩张到边界上去.

还需要作下列的补充:

满足以上要求的函数 $f(z)$ 并不是唯一的. 但是如果再引入某些补充条件那么所求出的映象函数将是唯一的.

下列是最简单的这种条件:

(1)在区域 D_1 中已给定的一点 O_1 必须映为区域 D_2 中给定的一点 O_2.

(2)在边界 Γ_1 上的一点 M_1 必须映为边界 Γ_2 上给定的一点 M_2(图45).

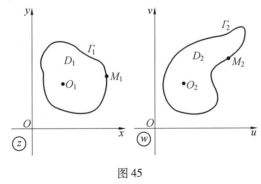

图45

---

① 严格而一般的证明直到较近的年代才出现.

§66 拉普拉斯方程·调和函数及它的应用

设 $w = f(z)$ 是在某个区域 D 中解析的函数，u 与 v 分别是它的实数部分与虚数部分. 我们知道，这时有所谓柯西 – 黎曼恒等式

$$\begin{cases} u'_x = v'_y \\ u'_y = -v'_x \end{cases} \tag{R}$$

在第七章，§46 中已经证明过解析函数是无穷多次可微分的. 因此，函数 u 与 v 关于两个变量都是无穷可微分的.

把恒等式（R）关于 x 与 y 施行微分，我们得到

$$\begin{cases} u''_{xx} = v''_{xy} \\ u''_{xy} = -v''_{xx} \end{cases}, \quad \begin{cases} u''_{xy} = v''_{yy} \\ u''_{yy} = -v''_{xy} \end{cases}$$

从这里，显然就看出

$$u''_{xx} = v''_{xy} = -u''_{yy}$$

与

$$v''_{xx} = -u''_{xy} = -v''_{yy}$$

因此

$$u''_{xx} + u''_{yy} = 0$$

以及

$$v''_{xx} + v''_{yy} = 0$$

因此，函数 u 与 v，也就是说，解析函数 $f(z)$ 的实数部分与虚数部分，满足方程

$$\Delta T = 0 \tag{9.21}$$

这里 Δ 表示"拉普拉斯微分算子"

$$\Delta \equiv \frac{\partial^2}{\partial x^2} + \frac{\partial^2}{\partial y^2}$$

微分方程（9.21）本身叫作拉普拉斯方程. 拉普拉斯方程的解[①]叫作调和函数.

于是，解析函数的实数部分与虚数部分是调和函数.

反过来：如果在平面 xOy 上的某个单连通区域 D 内已给某个调和函数，那么这个函数可以看作某个在区域 D 内解析的函数 $f(z)$ 的实数（或虚数）部分.

设若已给某个在 D 内调和的函数 $u(x,y)$；我们要来说明它是某个在区域 D 内解析的函数 $f(z)$ 的实数部分. 为了这个目的，首先我们构造一个也在 D 内调和的函数 $v(x,y)$，与 $u(x,y)$ 之间存在着关系（R）；则正是由于这种关系（"性质 R"！），函数 $f(z) \equiv u(x,y) + iv(x,y)$ 是 D 内的解析函数.

---

① 所指的是实解.

方程(R) 可以改写成下列形状

$$
\begin{cases}
\dfrac{\partial v}{\partial x} = P \\
\dfrac{\partial v}{\partial y} = Q
\end{cases}
$$

这里 $P \equiv - u'_y, Q \equiv u'_x$. 众所周知[1],假如方程组右方满足"可积分条件"

$$
\frac{\partial P}{\partial y} \equiv \frac{\partial Q}{\partial x} \tag{9.23}
$$

那么至少当 D 是单连通区域时,除加减一个常数以外,完全决定函数 v. 但这个可积分条件在现在的情形化为

$$
\frac{\partial}{\partial y}(- u'_y) = \frac{\partial}{\partial x} u'_x
$$

由于函数 $u(x,y)$ 是调和函数,这个条件是满足的.

因此,所寻求的解析函数 $f(z)$ 就可以构造出.

从类似的考虑可以证明:具有预先给定虚数部分 $v(x,y)$ 的解析函数 $f(z)$ 是可构造出来的.

由关系(R) 而互相联系着的调和函数 $u(x,y)$ 及 $v(x,y)$(因而它们的组合 $u + iv$ 是复变量 $z = x + iy$ 的解析函数)叫作互为共轭的.

调和函数有某些有趣的性质. 我们从解析函数 $f(z)$ 的性质来导出调和函数的这些性质,而此调和函数 $u(x,y)$ 就是 $f(z)$ 的实部.

1. 设 $f(z)$ 是一个在点 z_0 解析的函数,则(由"性质 W")在这一点的某个邻域 $|z - z_0| \leqslant \rho(\rho > 0)$ 内,它可以展开成一致收敛的幂级数

$$
f(z) = c_0 + c_1(z - z_0) + c_2(z - z_0)^2 + \cdots + c_n(z - z_0)^n + \cdots
$$

令 $z - z_0 = re^{i\theta}, c_n = \gamma_n e^{i\omega_n}(n = 0,1,2,\cdots)$,则上式可写成

$$
f(z) = \gamma_0 e^{i\omega_0} + \gamma_1 re^{i(\theta+\omega_1)} + \gamma_2 r^2 e^{i(2\theta+\omega_2)} + \cdots + \gamma_n r^n e^{i(n\theta+\omega_n)} + \cdots
$$

在这种情形之下,分出实数部分,我们得到在 $r \leqslant \rho$ 时成立的展开式

$$
u(x_0 + r\cos\theta, y_0 + r\sin\theta) = \gamma_0\cos\omega_0 + \gamma_1 r\cos(\theta + \omega_1) +
$$

$$
\gamma_2 r^2\cos(2\theta + \omega_2) + \cdots + \gamma_n r^n\cos(n\theta + \omega_n) + \cdots
$$

如果再引入记号

$$
\operatorname{Re} c_n = \gamma_n\cos\omega_n = a_n
$$

$$
\operatorname{Im} c_n = \gamma_n\sin\omega_n = - b_n \quad (n = 0,1,2,\cdots)
$$

那么我们得到下列当 $r \leqslant \rho(\rho > 0)$ 时一致收敛的调和函数展开式

$$
u(x_0 + r\cos\theta, y_0 + r\sin\theta) = a_0 + r(a_1\cos\theta + b_1\sin\theta) +
$$

---

[1]　见菲赫金哥尔茨,微积分学教程,第三卷,§533.

$$r^2(a_2\cos 2\theta + b_2\sin 2\theta) + \cdots +$$
$$r^n(a_n\cos n\theta + b_n\sin n\theta) + \cdots \quad (9.24)$$

注意,令 $r = 0$,我们得到

$$u(x_0, y_0) = a_0 \quad (9.25)$$

显然,θ 与 r 不是别的,正是通常的极坐标,不过极心不在点 $z = 0$,而在点 $z = z_0$ 罢了.

2. 调和函数在圆周上的算术平均值等于这个函数在圆心的值(调和函数的"积分性质")

$$\frac{1}{2\pi}\int_0^{2\pi} u(x_0 + r\cos\theta, y_0 + r\sin\theta)\,\mathrm{d}\theta = u(x_0, y_0) \quad (9.26)$$

注意当 $n = 1, 2, 3, \cdots$ 时

$$\int_0^{2\pi} \cos n\theta\,\mathrm{d}\theta = \int_0^{2\pi} \sin n\theta\,\mathrm{d}\theta = 0$$

我们看出,对展开式 (9.24) 施行积分后便立刻从等式 (9.25) 推出 (9.26).

3. 调和函数在点 (x_0, y_0) 的值不可能小于(或大于)这个函数在点 (x_0, y_0) 某个邻域内各点所取的一切值(换句话说,调和函数不具有极大与极小).

实际上,如果在点 $M_0(x_0, y_0)$ 处 u 的值小于它在点 M_0 的某个邻域内每一点 $M(x, y)$(不同于 M_0)所取的值,那么当 r 适当小时,可产生与公式 (9.26) 矛盾的结果:令 $x = x_0 + r\cos\theta, y = y_0 + r\sin\theta$,并关于 θ 自 0 到 2π 对于不等式

$$u(x_0, y_0) < u(x, y)$$

施行积分,再除以 2π 之后我们得到

$$u(x_0, y_0) < \frac{1}{2\pi}\int_0^{2\pi} u(x_0 + r\cos\theta, y_0 + r\sin\theta)\,\mathrm{d}\theta$$

这与 2 的结论矛盾!

4. 关于曲线 $u =$ 常数,$v =$ 常数的分布,从展开式 (9.24) 可以推出下列的局部性质.

与函数 $u(x, y) \equiv \mathrm{Re}\, f(z)$ 的展开式 (9.24) 并列,不难得出其共轭函数 $v(x, y) \equiv \mathrm{Im}\, f(z)$ 的类似展开式

$$v(x_0 + r\cos\theta, y_0 + r\sin\theta) = \gamma_0\sin\omega_0 + r(a_1\sin\theta - b_1\cos\theta) +$$
$$r^2(a_2\sin 2\theta - b_2\cos 2\theta) + \cdots +$$
$$r^n(a_n\sin n\theta - b_n\cos n\theta) + \cdots \quad (9.27)$$

如果我们考虑那样的点,在这种点 $f(z)$ 解析,并且既不是函数本身的零点,也不是函数导数的零点,那么我们知道,通过这一点的曲线 $u = u_0$ 与 $v = v_0$(这里 $u_0 = u(x_0, y_0), v_0 = v(x_0, y_0)$)是正交的($\S60$).

这也可以从展开式 (9.24) 与 (9.27) 看出:事实上,曲线 $u = u_0$ 与 $v = v_0$ 的方程取下列的形状

$$(a_1 \cos \theta + b_1 \sin \theta) + \sum_{n=2}^{\infty} r^{n-1} (a_n \cos n\theta + b_n \sin n\theta) = 0$$

与

$$(a_1 \sin \theta - b_1 \cos \theta) + \sum_{n=2}^{\infty} r^{n-1} (a_n \sin n\theta - b_n \cos n\theta) = 0$$

但由于系数 a_1 与 b_1 不同时为零,所以 r 等于零就相当于条件

$$a_1 \cos \theta + b_1 \sin \theta = 0 \text{ 以及 } a_1 \sin \theta - b_1 \cos \theta = 0$$

也就是说,相当于给出互相垂直方向的角 θ.

现在考虑一般的情形,这时

$$f'(z_0) = f''(z_0) = \cdots = f^{(p-1)}(z_0) = 0; f^{(p)}(z_0) \neq 0 \quad (p \geq 2)$$

以致

$$\left. \begin{aligned} a_k = 0 \\ b_k = 0 \end{aligned} \right\} \text{ 当 } k < p, \text{但 } a_p^2 + b_p^2 > 0$$

在这样的假设之下,曲线的方程取下列的形状

$$(a_p \cos p\theta + b_p \sin p\theta) + \sum_{n=p+1}^{\infty} r^{n-p} (a_n \cos n\theta + b_n \sin n\theta) = 0$$

$$(a_p \sin p\theta - b_p \cos p\theta) + \sum_{n=p+1}^{\infty} r^{n-p} (a_n \sin n\theta - b_n \cos n\theta) = 0$$

这一回,等式 $r = 0$ 相当于条件 $a_p \cos p\theta + b_p \sin p\theta$ 与 $a_p \sin p\theta - b_p \cos p\theta$. 第一个方程决定 p 个方向,互相之间隔一个角度 $\frac{\pi}{p}$;第二个方程也是这样;这时第二个方程所决定的方向与相应的由第一个方程所成的方向组成一个角度 $\frac{\pi}{2p}$(图 46 是 $p = 3$ 的情形).

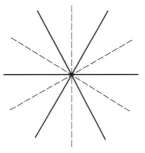

— $u = u_0$
---- $v = v_0$

图 46

于是,曲线族 $u = $ 常数,$v = $ 常数在奇点(导数 $f'(z)$ 的单重或多重零点)的近旁有下列的特征:通过每一个这样的点,这两族曲线有相同的支数(等于第一个不为零的导数 $f''(z), \cdots, f^{(n)}(z)$ 的阶数),并且相应支线之间的交角相等.

无需再列举调和函数的实例了,可以这么说,要"构造出"这样的函数是毫不困难的,只需取任意一个解析函数,分出它的实数(或虚数)部分;或者(其实完全等价地)取解析函数及其共轭函数之和的一半.

从上面所说的就可以看出,为什么复变函数论在许多涉及拉普拉斯方程与

调和函数(线性函数对于两个变量函数的自然推广①)的应用科学部门里(主要是涉及数学物理的各分支)起了很大的作用.

上面已经说了一些绘制地图的问题,我们还可列举一些需要高度利用调和函数的学科:流体与空气力学,热的传播理论,静电学以及弹性理论.关于在流体力学中的应用将在 §68 里较详细地叙述.

§67　常数模曲线与常数辐角曲线的某些性质

设 $f(z)$ 是一个在某个区域 D 内解析的函数.我们来看一下取它的对数以后所得函数

$$\varphi(z) = \ln f(z) \tag{9.28}$$

的实部与虚部有些什么性质.

根据复合函数微分法则, §24,我们知道这个函数除去在 $f(z)$ 的零点以外,凡是在 $f(z)$ 解析的点,它也是解析的. $f(z)$ 为零的点是 $\varphi(z)$ 的奇点,是"临界"或"对数"点,在这种点,函数失去单值性.

令 D_1 表示由区域 D 除去函数 $f(z)$ 的零点以后所得的区域;因此, $\varphi(z)$ 在区域 D_1 内是解析函数.

在这种情形之下,函数 $\varphi(z)$ 的实数部分与虚数部分,也就是说, $\ln|f(z)|$ 与 $\arg f(z)$,为区域 D_1 中的调和函数.

因此,对于上述的函数来说,所有在 §66 中对于调和函数已经证明的性质,在区域 D_1 中也都具备.

特别,我们应注意曲线族 $\ln|f(z)| = $ 常数与曲线族 $|f(z)| = $ 常数并无区别,因此,前面所说的关于曲线 $u = $ 常数与 $v = $ 常数的一切,对于常数模曲线与常数辐角曲线仍然有效.

仍然把眼光放在函数 $|f(z)|$,并注意它与函数 $\ln|f(z)|$ 同时增加或减少,我们就可以断言,函数 $|f(z)|$ 在区域 D 内没有极大值(在一个不包含 $f(z)$ 的零点的区域 D_1 内,它也没有极小值;但对于极大值来说,即使对 $f(z)$ 的零点也不必除外,因为零点不可能是取极大值的地方).这个命题又可按下列方式陈述:

---

① 这是鉴于方程 $\dfrac{\mathrm{d}^2 u}{\mathrm{d} x^2} = 0$ 在推广到平面上的情形是

$$\frac{\partial^2 u}{\partial x^2} + \frac{\partial^2 u}{\partial y^2} = 0$$

并且还值得注意的是调和函数的性质,在某种程度上是线性函数性质的推广(例如 2 与 3).

在一切闭区域(就是连边界在内的区域)里,不恒等于常数的解析函数,它的模仅在区域的边界上达到极大值.

这就是所谓"极大值原理".

如果函数$f(z)(\neq$常数$)$在闭曲线Γ内部解析,在曲线Γ上满足$|f(z)|=$常数,并且也只有在Γ上这样,那么$f(z)$在Γ内部至少有一个零点.

事实上,在Γ内部函数$|f(z)|$不可能有异于零的极小值:若不然,则函数$\ln|f(z)|$也将有极小值.

沿着这个方向,我们可以证明下列出人意料的定理(高斯-卢卡):

设函数$f(z)$在闭曲线Γ内部正则,在曲线Γ上$|f(z)|=$常数,并且也只有在Γ上才这样;又设导数$f'(z)$在Γ上不为零(当然函数$f(z)$本身也如此),则导数$f'(z)$在Γ内部零点的数目比函数$f(z)$在Γ内部零点的数目少一个.

证明是以§58的定理为根据. 令N与N'分别表示在Γ内部$f(z)$与$f'(z)$的零点的数目,我们有

$$N = \frac{1}{2\pi i} \int_\Gamma \frac{f'(z)}{f(z)} dz \tag{9.29}$$

$$N' = \frac{1}{2\pi i} \int_\Gamma \frac{f''(z)}{f'(z)} dz \tag{9.30}$$

由这里就得到

$$N - N' = \frac{1}{2\pi i} \int_\Gamma \left[\frac{f'(z)}{f(z)} - \frac{f''(z)}{f'(z)} \right] dz = -\frac{1}{2\pi i} \int_\Gamma \frac{d}{dz} \ln \frac{f'(z)}{f(z)} dz$$

从这里就看出,差数$N-N'$等于积分号下函数沿着曲线Γ走一周以后的变动

$$N - N' = \left[-\frac{1}{2\pi i} \ln \frac{f'(z)}{f(z)} \right]_\Gamma$$

但因为

$$\ln \frac{f'(z)}{f(z)} = \ln \left| \frac{f'(z)}{f(z)} \right| + i \arg \frac{f'(z)}{f(z)}$$

而右方第一项显然与在Γ上的走动无关,因此我们可以写

$$N - N' = \frac{1}{2\pi} \left[-\arg \frac{f'(z)}{f(z)} \right]_\Gamma \tag{9.31}$$

另外,注意到$f(z) = u + iv, f'(z) = u'_x + iv'_x$,我们得到

$$\frac{f'(z)}{f(z)} = \frac{u'_x + iv'_x}{u + iv} = \frac{(uu'_x + vv'_x) + i(uv'_x - vu'_x)}{u^2 + v^2}$$

因而

$$\tan \arg \frac{f'(z)}{f(z)} = \frac{uv'_x - vu'_x}{uu'_x + vv'_x} \tag{9.32}$$

另外，在曲线 Γ 上我们有 $|f(z)|$ = 常数，也就是

$$u^2 + v^2 = \text{常数}$$

因此 $\qquad\qquad (uu'_x + vv'_x) + (uu'_y + vv'_y)y' = 0$

于是 Γ 的切线的角系数可写为下列形状

$$y' = -\frac{uu'_x + vv'_x}{uu'_y + vv'_y}$$

或者（用柯西 – 黎曼条件）

$$y' = \frac{uu'_x + vv'_x}{uu'_y - vv'_y} \qquad\qquad (9.33)$$

这样，在周界 Γ 上的每一点，我们有

$$\tan \arg \frac{f'(z)}{f(z)} = \frac{1}{y'}, \arg \frac{f'(z)}{f(z)} = \arctan \frac{1}{y'} = \frac{\pi}{2} - \arctan y'$$

从这里就很明显地可以看出

$$N - N' = \left[\frac{1}{2\pi}\left(\arctan y' - \frac{\pi}{2}\right)\right]_\Gamma = \frac{1}{2\pi}[\arctan y']_\Gamma = 1 \qquad (9.34)$$

这是由于沿着闭周界走一周时，周界切线与定方向所成的角增加 2π.

§68　复变函数论的流体力学表示

对于一个实变量的实函数 $y = f(x)$ 存在着非常简单、合适，又很流行的直观解释，那就是它在两个实变量 x, y 的平面上的图像.

对于复变量 $z \equiv x + iy$ 的复函数 $w = f(z)$，那么一个非常自然的解释就是一个平面到另一个平面的保角映象（见 §7 与 §61）. 但是，把这样的纯几何表示予以具体实现是有些困难的，这是因为我们在想象的时候需要知道某些外在的对象在映象之下怎样变化. 例如，某些图、模型、甚至坐标网（坐标系的选择多多少少是带有任意性的）在映象下的变化.

基于上面所说的情况，应当设法用另外的方式来解释复变量的函数. 然而，解析函数可以解释为，或直观地表示为自变量平面上某种稳定的，"无旋的" 不可压缩的液流.

可以按照下述的方式来达到这种解释. 设 $w = f(z)$ 是已给的函数，在区域 D 中解析. 我们把 $u \equiv \operatorname{Re} f(z)$ 理解为流的速度位[①]：换句话说，导数

$$u'_x \equiv p \text{ 与 } u'_y \equiv q$$

[①]　速度位的存在等价于运动是"无旋的".

被看作流在已给点的速度分量,而设这些分量是与时间无关的;因此,速度向量由下列公式给出

$$V = u'_x + \mathrm{i}u'_y \equiv p + \mathrm{i}q \qquad (9.35)$$

流体微粒当运动时所沿的曲线叫作流线;它们组成一个单参数族曲线;这个曲线族的微分方程是

$$y' = \frac{u'_y}{u'_x} \qquad (9.36)$$

或者更对称地写作

$$\frac{\mathrm{d}x}{u'_x} = \frac{\mathrm{d}y}{u'_y} \qquad (9.37)$$

既然函数 $f(z)$ 是解析的,那么由性质 R,我们有条件

$$\begin{cases} u'_x = v'_y \\ u'_y = -v'_x \end{cases} \qquad (\mathrm{R})$$

因此,流线的方程取下列的形状

$$\frac{\mathrm{d}x}{v'_y} = \frac{\mathrm{d}y}{-v'_x}$$

或者

$$v'_x\mathrm{d}x + v'_y\mathrm{d}y = 0$$

对这样的("全微分")方程可以立刻施行积分,得到

$$v = 常数 \qquad (9.38)$$

这就是流线的有限方程. 函数 v 本身,也就是说 $f(z)$ 的虚数部分,叫作流函数.

由流体力学知道,对于更一般的空间液流来说,如果速度分量是 p,q,r,那么"不可压缩性"方程可以写为下列的形状

$$p'_x + q'_y + r'_z = 0 \qquad (9.39)$$

在我们的情形,因为运动是平面的,所以 $r \equiv 0$,上面的方程取下列的形状

$$p'_x + q'_y = 0$$

或者

$$u''_{xx} + u''_{yy} = 0 \qquad (9.40)$$

因为解析函数的实数部分必然是调和函数,所以上面的等式恒等地成立,这就证明了我们所考虑的流体的不可压缩性.

等位线

$$u = 常数$$

正交于流线,这由解析函数的性质可以推知. 反之,正交条件

$$u'_x v'_x + u'_y v'_y = 0$$

直接由柯西 - 黎曼条件可以推出.

因此,在区域 D 内解析的函数 $f(z)$ 唯一地对应于区域 D 内的一个稳定的、不可压缩的无旋液流;这个液流可以作为函数 $f(z)$ 的流体力学表示.

反过来,在区域 D 内的任何液流,如果具有以上所列举的那些性质,那么

（除去加减一个常数以外）唯一地对应一个在 D 内解析的函数 $f(z)$.

事实上,设在区域内已给一个无旋的不可压缩液流. 在这种情形,速度向量

$$V = p + iq$$

的分量应作为已知的.

因为液流是无旋的,(除去加减一个常数 C_1 以外）存在确定的速度位 u

$$u'_x = p, v'_y = q \tag{9.41}$$

另外,因为该液体是不可压缩的,所以

$$p'_x + q'_y = 0$$

也就是说

$$u''_{xx} + u''_{yy} = 0$$

换句话说,函数 u 是调和的.

对于一个调和函数,可以作它的共轭函数(除去加减一个任意常数 C_2 以外,唯一确定);它们之间满足关系

$$\begin{cases} u'_x = v'_y \\ u'_y = -v'_x \end{cases} \tag{R}$$

曲线 $v =$ 常数就是流线. 实际上,沿着这种曲线,我们有

$$y' = -\frac{v'_x}{v'_y}$$

也就是说,由于条件(R)

$$y' = \frac{u'_y}{u'_x}$$

或者,由关系(9.41) 有

$$y' = \frac{q}{p}$$

于是,在每一点,流线的方向与速度的方向重合.

这样所得到的函数 $f(z) \equiv u + iv$(按关系 R) 是区域 D 中的解析函数.

与液流有上述关系的函数 $f(z)$ 叫作液流的复位能或特征函数.

注意一下在上述的流体力学解释之下的导数 $f'(z)$ 的意义是有益的.

(1) 导数的模等于速度向量的长度.

实际上

$$|f'(z)| = |u'_x + iv'_x| = \sqrt{u'^2_x + v'^2_x} = \sqrt{u'^2_x + u'^2_y} =$$
$$\sqrt{p^2 + q^2} = |V|$$

特别,在导数 $f'(z)$ 的零点(并且也只有在这种点),速度为零(临界点).

(2) 令 α 表示速度向量与 Ox 轴正方向的交角,则导数的辐角等于 $-\alpha$.

事实上

$$\sin \arg f'(z) = \frac{v'_x}{\sqrt{u'^2_x + v'^2_x}} = -\frac{q}{|V|} = -\sin \alpha$$

$$\cos \arg f'(z) = \frac{u'_x}{\sqrt{u'^2_x + v'^2_x}} = \frac{p}{|V|} = \cos \alpha$$

从这里就显然可以看出

$$\arg f'(z) = -\alpha \tag{9.42}$$

(1) 与 (2) 的结论可以合并为一个公式

$$f'(z) = \bar{V} \tag{9.43}$$

我们假设液流的特征函数可表示为

$$f(z) = \ln F(z) \tag{9.44}$$

并设存在一点 a, 使得在这一点的邻域内, 函数

$$\varphi(z) \equiv \frac{F(z)}{(z-a)^m}$$

是解析的, 并且不等于零(m 是一个异于零的实数). 则我们得到

$$F(z) = (z-a)^m \varphi(z)$$

$$f(z) = m\ln(z-a) + \ln \varphi(z)$$

此外还有

$$f'(z) = \frac{m}{z-a} + \frac{\varphi'(z)}{\varphi(z)} \tag{9.45}$$

看一看在点 a 的邻域内液流的情况. 令 $z - a = \rho e^{i\omega}$, 我们有

$$f'(a + \rho e^{i\omega}) = \frac{m}{\rho} e^{-i\omega} + \frac{\varphi'(a + \rho e^{i\omega})}{\varphi(a + \rho e^{i\omega})} \tag{9.46}$$

从这里, 首先就得到

$$\lim_{\rho \to 0} \rho \,|\, f'(a + \rho e^{i\omega}) \,| = |\, m \,| \tag{9.47}$$

可以换一句话来说:在点 a 的邻域中, 流速 $|V| = |f'(a + \rho e^{i\omega})|$ (当 $\rho \to 0$ 时)与到点 a 的距离渐近地成反比

$$|V| \sim \frac{|m|}{\rho} \tag{9.48}$$

其次, 我们看一看速度向量 V 的方向是怎样的. 从公式 (9.41), (9.42) 我们得到

$$\alpha = -\arg f'(z) = -\left\{ \arg\left(\frac{m}{\rho} e^{-i\omega}\right) + \arg\left[1 + \frac{m}{\rho} e^{-i\omega} \frac{\varphi'(a + \rho e^{i\omega})}{\varphi(a + \rho e^{i\omega})}\right] \right\}$$

从这里就推出

$$\lim_{\rho \to 0} \alpha = -\arg\left(\frac{m}{\rho} e^{-i\omega}\right) = \omega - \arg m = \begin{cases} \omega, & \text{当 } m > 0 \\ \omega \pm \pi, & \text{当 } m < 0 \end{cases} \tag{9.49}$$

于是,若 $m > 0$,则在点 a 的邻域内,速度向量 V 的方向同向量 $\overrightarrow{az}$,若 $m < 0$,则速度向量 V 的方向与上面的情形相反.

因此,在第一种情形,液体从点 a(沿各个方向)流出:点 a 是流源;在第二种情形,液体(沿各个方向)流向点 a:点 a 是流汇.

正数 $|m|$ 可以叫作强度:在第一种情形是流源强度,第二种情形是流汇强度.

当然,随着特征函数结构的不同,可以存在任意数目的流源与流汇. 它们的强度不一定是整数($F(z)$ 是有理函数时,强度是整数).

在流源与流汇处,函数 $f(z)$ 并非解析函数(这种点是"对数点");因此,这些点在形式上不应看作是属于我们考虑液流的那个区域内的.

例 9.3 $f(z) = z$.

速度位:$u = x$.

速度向量:$V = 1$.

流函数:$v = y$. 流线:$y = $ 常数.

液体所有的微粒自左至右以等于单位的速度作平行移动(图 47).

例 9.4 $f(z) = z^2$.

速度位:$u = x^2 - y^2$.

速度向量:$V = \overline{f'(z)} = 2\bar{z} = 2x - \mathrm{i}2y$.

这个向量的长度:$|V| = 2|z| = 2r$.

这个向量的方向:$\cos \alpha = \dfrac{x}{r}, \sin \alpha = \dfrac{-y}{r}, \tan \alpha = -\dfrac{y}{x}$.

流函数:$v = 2xy$. 流线:双曲线 $xy = $ 常数.

微粒沿着流线由上方与下方接近实数轴,并在实数轴附近向左右两方发散,速度的绝对值与到原点的距离成比例(图 48).

原点是个临界点,速度等于零:$f'(0) = 0$.

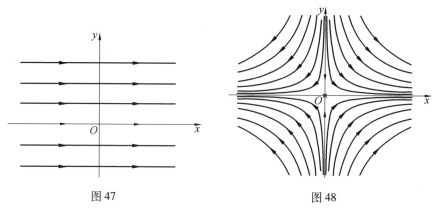

图 47　　　　　　　　　　图 48

例 9.5 $f(z) = \mu \ln z(\mu > 0)$.

速度位: $u = \mu \ln r = \dfrac{1}{2}\mu \ln(x^2 + y^2)$.

速度向量: $V = \mu \dfrac{z}{r^2}$.

这个向量的长度: $\mid V \mid = \dfrac{\mu}{r}$.

这个向量的方向: $\alpha = -\arg f'(z) = \theta$.

流函数: $v = \mu \theta$. 流线: 射线 $\theta = $ 常数.

原点是一个流源, 强度为 $m = \mu$. 微粒由这一点沿着各个方向的射线运动, 具有与强度成正比, 与到原点距离成反比的速度 (图 49(a)).

例 9.6 $f(z) = -\mu \ln z(\mu > 0)$.

速度位与流函数 (与例 9.5 里的比较) 变了正负号, 速度向量指向相反的方向. 确定这个方向的角 α 由下列公式表述

$$\alpha = -\arg f'(z) = -\arg \frac{(-1)\mu}{z} = \theta \pm \pi$$

速度向量的长度以及流线保持不变.

这里, 原点是强度为 $m = \mu$ 的流汇. 微粒沿着各个方向加速地趋于这一点 (图 49(b)).

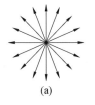

(a)　　　　　(b)

图 49

例 9.7 $f(z) = \ln(z^2 - 1)$.

速度位

$$u = \ln \sqrt{(x^2 - y^2 - 1)^2 + 4x^2 y^2}$$

速度向量

$$V = \frac{2\bar{z}}{z^2 - 1} = 2 \frac{\bar{z}(z^2 - 1)}{(z^2 - 1)(\bar{z}^2 - 1)} = 2 \frac{x(x^2 + y^2 - 1) + iy(x^2 + y^2 + 1)}{(x^2 - y^2 - 1)^2 + 4x^2 y^2}$$

流函数: $v = \arctan \dfrac{2xy}{x^2 - y^2 - 1}$.

流线: $x^2 - y^2 - 1 = 2Cxy$.

图 50 画出了流的分布, 有两个流源位于 ± 1, 一个临界点位于 0.

239

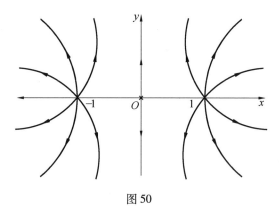

图 50

例 9.8 $f(z) = \ln \sin z.$

速度位: $u = \ln \sqrt{(\sin x \, \mathrm{ch} \, y)^2 + (\cos x \, \mathrm{sh} \, y)^2}.$

速度向量: $V = \dfrac{1}{\tan \bar{z}} = \dfrac{\sin x \cos x + \mathrm{i} \mathrm{sh} \, y \, \mathrm{ch} \, y}{(\sin x \, \mathrm{ch} \, y)^2 + (\cos x \, \mathrm{sh} \, y)^2}.$

流函数: $v = \arctan \dfrac{\cos x \, \mathrm{sh} \, y}{\sin x \, \mathrm{ch} \, y}.$

流线: $\mathrm{th} \, y = C \tan x.$

图 51 上画出了流的分布状况, 具有无穷多个流源, 位于点 $n\pi$ 处, 具有同样多的临界点, 位于点 $n\pi + \dfrac{\pi}{2}$ 处.

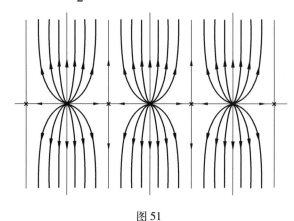

图 51

不难看出, 对于以

$$f(z) = \ln F(z)$$

为特征函数的液流, 它的流线相当于函数 $F(z)$ 的常数辐角曲线; 这个函数的常数模曲线则相当于"等位线", 它们是流线的正交轨线.

例 9.9 $f(z) = \dfrac{1}{z}$.

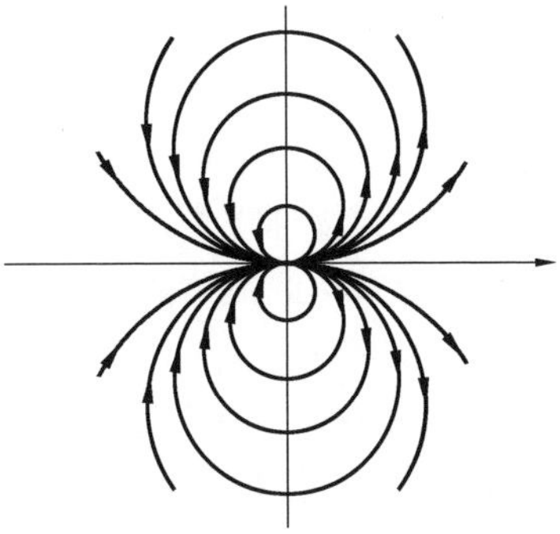

速度位：$u = \dfrac{x}{x^2 + y^2}$.

速度向量：$V = -\dfrac{1}{z^2} = \dfrac{(y^2 - x^2) - 2\mathrm{i}xy}{(x^2 + y^2)^2}$.

流函数：$v = -\dfrac{y}{x^2 + y^2}$.

流线是在原点切于实数轴的圆：$x^2 + y^2 + Cy = 0$（图 52）.

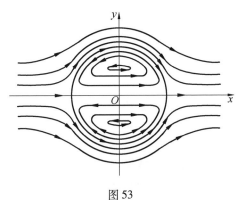

图 52

例 9.10 $f(z) = z + \dfrac{1}{z}$.

速度位：$u = x + \dfrac{x}{x^2 + y^2}$.

速度向量：$V = 1 - \dfrac{1}{z^2} = 1 + \dfrac{(y^2 - x^2) - 2\mathrm{i}xy}{(x^2 + y^2)^2}$.

临界点：$z = \pm 1$.

流函数：$v = y - \bar{z}\,\dfrac{y}{x^2 + y^2}$.

流线：$y(x^2 + y^2 - 1) = C$，当 $C = 0$ 时，这由圆周 $x^2 + y^2 = 1$ 与直线 $y = 0$ 组成（图 53）.

图 53

复变解析函数与理想平面液体①间的关系已足以使人想起更为普遍知道的实变函数与它的图像（平面曲线）之间的关系，在短短的曲线方程里实际上

---

① 我们用"理想液体"这个词来简略地表示液体具有前面所列举的那些性质. 实际的液体与气体仅在某种程度上近似于理想液体.

已经决定地蕴含了曲线的一切性质,这些可以很好地利用方程来加以研究,同样的道理,理想液体的一切性质已经包含在所对应的复变特征函数里. 关于这种函数的数学研讨就可以很适当地用关于实际物理现象的研究来代替,但实际地表现出这种物理现象比起在方格纸上画出函数图像来是要复杂多了,企图依靠解析工具来考虑流体的理论家不可以忽略由于假定流体的"理想性"而产生的误差.

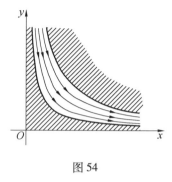

图 54

"俄罗斯航空之父",近代流体与空气力学的奠基者,H. E. 儒柯夫斯基用复变函数论研究了绕着飞机机翼的气流. 我们可以用很少的几句话来说明事情的大概,首先注意,当假定了流体是理想的以后,完全可以不必考虑流体微粒在整个平面上的运动,而只考虑在平面上包含足够多流线的某部分里的运动,而把平面其余部分看作是"硬化"了的,例如,在例 9.4 中,函数 z^2 在第一象限决定了理想的"河"流,它的"两岸"由方程 $xy = C_1$ 与 $xy = C_2 (0 < C_1 < C_2)$ 决定(图 54).

类似地,在例 9.10 中可以把单位圆的内部 $|z| < 1$ 看作是"硬化"了的,而函数 $z + \dfrac{1}{z}$ 可以看作刻画出在区域 $|z| > 1$ 中绕着这个单位圆的流动.

设想有一个无穷长的柱体,它的轴垂直于图 54 的平面,则在每一张平行于上述平面的平面里,流体绕着柱体的流动正如同绕着柱面的母圆(在图 54 平面上的单位圆)的流动,若柱体的长度为有限,但也适当长,则以上的考虑可以作为某种程度的逼近.

从数学的观点看来,飞机的机翼是相当正与相当长的柱体;但却远不是圆柱体. 机翼的侧影(柱面的母线)具有很典型的外形,如同图 55 所画的样子. 为了要明了绕着这张图上周界 Γ 外围的流动状况,只需把圆外的区域保角地映为曲线 Γ 外的区域(见 §64),再把所得到的映象公式代入液流的特征函数. 有了这些以后,就可以用解析工具(复变函数论)来研究在理想流体里,绕着飞机机翼的流动.

图 55

关于 H. E. 儒柯夫斯基把解析函数论应用于空气动力学的想法比较详细的论述,则不是本书任务以内的事.

习　　题

1. 单位圆 $|z| < 1$ 被函数

$$w = \frac{1}{1 - z}$$

映为 w 平面上什么样的区域？特别：(1) 圆周 $|z| = r(0 < r < 1)$ 与(2) 半径 $\arg z = \theta(0 \leqslant \theta \leqslant 2\pi)$ 被映为什么？

2. 证明，函数

$$w = \frac{z - a}{1 - \bar{a}z} \quad (|a| < 1) \tag{9.50}$$

把圆 $|z| < 1$ 映满圆 $|w| < 1$，把点 $z = a$ 映为点 $w = 0$. 说明圆周 $|z| = r(0 < r < 1)$ 与半径 $\arg z = \theta(0 \leqslant \theta < 2\pi)$ 被映为什么？

证明函数

$$w = e^{i\omega}\frac{z - a}{1 - \bar{a}z}$$

与函数(9.50) 有相同的性质.

3. 函数 $\qquad\qquad w = e^z$

把带形 $-\infty < x < +\infty$，$-\pi < y \leqslant \pi$ 映满整个 w 平面. 这时，(1) 线段 $x = x_0$，$-\pi < y \leqslant \pi$；(2) 直线 $y = y_0(-\pi < y_0 < \pi)$；(3) 圆周 $r = r_0$ $(0 < r_0 < \pi)$；(4) 射线 $\theta = \theta_0(-\pi < \theta_0 \leqslant \pi)$，被映为什么？

4. 给出以下列函数为特征函数的液流的流体力学解释：

$(1)z^3$；$(2)\ln\frac{z + 1}{z - 1}$；$(3)\ln(z^4 - 1)$；$(4)i\ln z$；$(5)e^z$；$(6)\ln\tan z$.

5. 当特征函数 $f(z)$ 改变为 $(1) -f(z)$，$(2)if(z)$，$(3) -if(z)$ 时，液流的图示怎样变动？

6. 设特征函数为

$$f(z) = \ln\frac{z}{(z + 1)^\alpha(z - 1)^\beta} \quad (\alpha,\beta > 0;\alpha + \beta = 1)$$

找出流源与流汇，以及相应的强度，有没有临界点？

7. 构造液流，使得在点 $+1$，-1，$+i$，$-i$ 处是流源，并都有同一的强度，但在点 $z = 0$ 处是流汇，并具有强度是上述强度的四倍.

8. 阐明(比 §68，例 9.10 所考虑的更为一般的) 特征函数

$$f(z) = z + \frac{1}{z} + 2i\mu\ln z \quad (0 < \mu < 1)$$

也可以给出"绕着圆柱的流动"的图示.

找出临界点.

9. 阐明 §67 定理的下列流体力学解释:

设特征函数为

$$f(z) = \ln P(z) \qquad (9.51)$$

这里 $P(z)$ 是无重根的多项式,则在每一条直交于流线族的闭周线内部所包含的临界点比流源少一个.

把结果更精确化,推广到有重根多项式的情形.

10. 对于具有特征函数(9.51),而其中 $P(z)$ 为任意多项式的情形,宜于引入"在无穷远点的流汇". 适当地定义"无穷远流汇的强度",并阐明代数学基本定理的下列流体力学解释:

无穷远流汇的强度等于各有限流源强度的总和.

中国近代科学语言的形成是在西方近代科学向中国的移植和展开过程中实现的. 正如古代知识从希腊语向拉丁语世界的流动中遇到了困难一样, 西方近代科学向中国的移植和传播一开始便遇到了语言方面的障碍和问题. 早在翻译《几何原本》的年代, 利玛窦(Matteo Ricci) 就曾发出"东西文理又自绝殊, 字义相求, 仍多阙略"的感叹. 19 世纪华蘅芳在与玛高温(Daniel Jerome Macgowan) 合作翻译《金石识别》时也曾发出"书中所论之物, 有中土有名者, 有中土无名者, 有中土虽有名而余不知其名, 一时不易访究者. 每译一物, 必辩论数四"的叹息.

首先, 面对西方近代科学中涌现的大量新概念, 传统汉语根本没有足够的词汇来应对, 诸如"algebra(代数学)""calculus(微积分)""chemistry(化学)""quantity(数量)""energy(能量)""experiment(实验)""gas(气体)"等概念, 传统汉语中就不存在, 大量的术语创造工作亟待解决. 其次, 面对传统汉语中所没有, 而西方近代科学中存在的大量符号语言, 比如数量符号(阿拉伯数字、圆周率 π、自然常数 e、……)、运算符号($+$, $-$, $\times$, $\div$, $\sqrt{\ }$, $\log x$, $\mathrm{d}x$, $\int x$, ……)、关系符号(= , ≠ , > , < ,……)、省略符号(⊥ , ∥ , ∠ , △ , $f(x)$, ∵ , ∴ , ∷ , sin A , ∞ ,……)、组合符号(( ) , 〔 〕, ｜｜)、字母符号(a,b,c ,……; α,β , γ ,……)、化学元素符号(H , O , He ,……)、化学式(H_2O , H_2CO_3 ,……), 等等. 如何将这些符号引入汉语也不是一件一蹴而就的事情. 再者, 科学著述中经常使用的外文词汇、数字、符号和运算, 以及科学公式等, 通常采用横排的方式, 如何解决这种排列方式与传统汉语的竖排习惯之间的冲突, 不仅是页面排版的整洁和美观问题, 还须考虑横排的文字和符号的表现逻辑与竖排汉字的阅读习惯之间的文化融合问题.

本书也是一部译著.

据《求是》1999 年总第 24 期中一篇悼念吴恕三的文章中记载, 中共十一大代表, 黑龙江省委委员, 黑龙江省机械工业厅副厅长兼总工程师吴恕三在逝世后, 其家人将其收藏的一套五十多册的苏联大百科全书赠送给母校浙江大学. 笔者也在收集这套书, 但目前只收集到了三十几册. 必须承认在科学领域苏联曾经是中国学习的楷模, 我国最早的一套数学百科全书就是翻译苏联的. 本书也是一部苏联人写的数学教程, 作者为冈恰洛夫(Гончаров Василий Леонкдович).

冈恰洛夫, 苏联人. 1896 年 9 月 24 日生于基辅. 1919 年毕业于哈尔科夫大学. 1921 年起在哈尔科夫和莫斯科几所高等学校工作. 1925 年成为教授. 1935 年获数学物理学博士学位. 1943 年起在俄罗斯联邦教育科学院数学部工作. 1944 年成为俄罗斯联邦教育科学院院士. 1955 年 10 月 30 日逝世. 冈恰洛夫主要研究复变函数论、函数逼近论、组合论和数学方法论, 主要著作有《内插法和函数逼近论》(1934 年第一版, 1954 年再版) 等. 他还为中学数学教师编写了《初等代数》, 是苏联出版的优秀数学教学法书籍之一. 冈恰洛夫曾获 1 枚列宁勋章.

关于复变函数的著作有许多种, 各有千秋. 处理同样的一个题材, 手法各不相同. 如对任意给定的复数 $z_1,\cdots,z_m$, 三角不等式(triangle inequality) 是

$$| z_1 + \cdots + z_m | \leqslant | z_1 | + \cdots + | z_m |$$

有一本书就是这样处理的!

证明 设 θ 是满足 $e^{-i\theta}(z_1 + \cdots + z_m) = | z_1 + \cdots + z_m |$ 的一个实数. 那么就有

$$| z_1 + \cdots + z_m | \leqslant \operatorname{Re} | z_1 + \cdots + z_m |$$
$$= \operatorname{Re}[e^{-i\theta}(z_1 + \cdots + z_m)]$$
$$= \operatorname{Re}(e^{-i\theta}z_1) + \cdots + \operatorname{Re}(e^{-i\theta}z_m)$$
$$\leqslant | e^{-i\theta}z_1 | + \cdots + | e^{-i\theta}z_m |$$

$$= |z_1| + \cdots + |z_m|$$

其中等式当且仅当对每个 $k = 1, \cdots, m$ 都有 $\mathrm{Re}[\,\mathrm{e}^{-\mathrm{i}\theta}(z_k)\,] = |\,\mathrm{e}^{-\mathrm{i}\theta}z_k|$ 时,即当且仅当每个 $z_k = \mathrm{e}^{\mathrm{i}\theta}|z_k|$ 都位于同一条射线 $\{re^{\mathrm{i}\theta} \mid r \geqslant 0\}$ 上时成立.

由于本书的目标读者是大学生,所以我们举一道第 65 届美国大学生数学竞赛试题说明一下复分析的"威力".

试题 令 n 是一个正整数,满足 $n \geqslant 2$,并且 $\theta = 2\pi/n$. 在 xy - 平面上对 $k = 1, 2, \cdots, n$ 定义 n 个点 $P_k = (k, 0)$. 令 R_k 是围绕点 P_k 在平面上作逆时针旋转 θ 角度的映射. 令 R 表示依次作 $R_1, R_2, \cdots, R_n$ 所得到的映射. 对于一个任意的点 (x, y),求出并且简化 $R(x, y)$ 的坐标.

解 复合映射 R 是沿 x 方向移动 n 个单位长度的一个平移.

把 xy - 平面上的点 (x, y) 对应于复平面上的点 $z = x + \mathrm{i}y$. 关于原点旋转角度 θ 等价于乘以 $\zeta = \exp(\mathrm{i}\theta)$. 关于一个点 P 旋转把 z 映为

$$\zeta(z - p) + p = \zeta z + (1 - \zeta)p$$

因而

$$R_1(z) = \zeta z + (1 - \zeta)$$

$$R_2[R_1(z)] = \zeta(\zeta z + 1 - \zeta) + 2(1 - \zeta) = \zeta^2 z + 2 - (\zeta + \zeta^2)$$

并且,由归纳法

$$R_k[R_{k-1}(\cdots\{R_2[R_1(z)]\}\cdots)] = \zeta^k z + k - (\zeta + \zeta^2 + \cdots + \zeta^k)$$

因为 ζ 是 n 次单位根,并且 $\zeta + \zeta^2 + \cdots + \zeta^n = 0$(因为 $n > 1$),取 $k = n$,并逐次施行映射就把 z 映为

$$\zeta^n z + n - (\zeta + \zeta^2 + \cdots + \zeta^n) = z + n$$

用坐标的语言,(x, y) 被映为 $(x + n, y)$,这就是我们的断言.

再举一个复分析方法在代数中应用的例子. 用极具代表性的复分析方法可以证明:$n \geqslant 1$ 次复系数多项式的零点连续地依赖于其系数.

对于 $z \in \mathbf{C}^n$,设 $f(z) = [f_1(z) \cdots f_m(z)]^\mathrm{T}$,其中 $f: \mathbf{C}^n \to \mathbf{C}$,$i = 1, \cdots, m$. 函数 $f: \mathbf{C}^n \to \mathbf{C}^m$ 在 z 是连续的,如果每个 f_i 在 z 都是连续的,$i = 1, \cdots, m$. 函数 $f_i: \mathbf{C}^n \to \mathbf{C}$ 在 z 是连续的,如果对 $\mathbf{C}^n$ 上给定的向量范数 $\|\cdot\|$ 以及每个 $\varepsilon > 0$,都存在一个 $\delta > 0$,使得只要 $\|z - \xi\| < \delta$,就有 $\|f_i(z) - f_i(\xi)\| < \varepsilon$.

有人可能会很想来通过要求函数 $f: \mathbf{C}^n \to \mathbf{C}^n$ 的连续性来描述多项式的零点对于其系数的连续依赖性. 这个函数将一个 n 次首一多项式的 n 个系数(除去首项系数 1 之外的所有系数)变成该多项式的 n 个零点. 然而这里有一个问题. 由于没有自然的方法来定义 n 个零点的排序,所以就没有明显的方法来定义这个函数. 作为多项式的零点对于系数的连续依赖性的定量的命题. 我们可

以给出如下的定理.

定理 1　设 $p(t) = t^n + a_1 t^{n-1} + \cdots + a_{n-1} t + a_n$ 以及 $q(t) = t^n + b_1 t^{n-1} + \cdots + b_{n-1} t + b_n$ 是 $n \geq 1$ 次复系数多项式. 设 $\lambda_1, \cdots, \lambda_n$ 是 p 的按照某种次序排列的零点, 而 $\mu_1, \cdots, \mu_n$ 是 q 的按照某种次序排列的零点(在两种情形都计入重数). 定义

$$\gamma = 2 \max_{1 \leq k \leq n} \{ |a_k|^{\frac{1}{k}}, |b_k|^{\frac{1}{k}} \}$$

那么就存在 $\{1, 2, \cdots, n\}$ 的一个置换 τ, 使得

$$\max_{1 \leq j \leq n} |\lambda_j - \mu_{\tau(j)}| \leq 2^{\frac{2n-1}{n}} \Big(\sum_{k=1}^n |a_k - b_k| \gamma^{n-k} \Big)^{\frac{1}{n}}$$

用同样的想法. 我们可以用如下显式给出的界来确保矩阵特征值的连续性.

定理 2　设给定 $A, B \in M_n$, 设 $\lambda_1, \cdots, \lambda_n$ 是 A 的按照某种次序排列, 而 $\mu_1, \cdots, \mu_n$ 则是 B 按照某种次序排列的特征值(在两种情形均计入重数), 那么就存在 $\{1, \cdots, n\}$ 的一个置换 τ, 使得

$$\max_{1 \leq j \leq n} |\lambda_j - \mu_{\tau(j)}| \leq 2^{\frac{2n-1}{2}} (\|A\|_2 + \|B\|_2)^{\frac{n-1}{n}} \|A - B\|_2^{\frac{1}{n}}$$

这两个定理出现在 R. Bhatia, L. Elsner 以及 G. Krause, *Bounds on the variation of the roots of a polynomial and the eigenvalues of a matrix*, Linear Algebra Appl., 1990(142):195-209 中.

笔者由于中学时代喜舞文弄墨(20 世纪 80 年代初在中国是有一阵全民文学热的),所以后来虽误入数学"泥潭",但总不忘"文青"之过往. 总时不时喜欢借前言、后记、编辑手记等机会胡邹几句,聊慰文艺之心. 虽屡受读者诟病,但一直"不思悔改". 直到不久前在《传记文学》(2022 年第 11 期) 中读到中国海洋大学熊明教授的学术自传《遇见美好 —— 我的学问之路》后,惊奇地发现,对于我们这个年龄段的人. 这种"病"属于"常见病、多发病". 熊教授写道:翻看自己每一本小书的"后记",发现自己一直都在感叹时光流逝,不待斯人. 2004 年辽海出版社版《杂传与小说:汉魏六朝杂传研究》"后记"说"岁月如流,不经意之间,已步入而立之年 …… 面对镜中的自己,有时,我茫然不知所措:年少与青春的岁月,我在哪里?"2014 年中华书局版《汉魏六朝杂传研究》"后记"说:"初游津门,余尚未及而立,于今不惑矣. 每灯下困怠,举目暂望,寂然长夜,月隐矮墙,常生落落之思. 昔青春年少 ……"2015 年上海古籍出版社版《唐人小说与民俗意象研究》"后记"说:"冬去春来,季节变换,总让人心常恨恨. 时光流逝,年华老去,却发现镜中的自己,智慧不增,学问未成,而鬓发已疏,怎不让人

嘻嘘."2017 年中华书局版《汉魏六朝杂传集》"又记"云:"余去蜀北来,僻居关外,二十又三年矣,而乡音犹存 …… 余多感,常恨花飞叶落,日迁月替,而岁月之不待斯人."2020 年上海古籍出版社版《唐人小说与民俗意象研究》(修订本)"又记"云:"时光荏苒,每回望那些已经逝去的岁月,总让人惊悚诧异:这么漫长的一段岁月,竟然就这么无声无息地过去了!"毕竟人生即使百年,和无尽时间的逝川相比,也是短暂而微茫的,面对一天一天时光的流逝而读书有限、所成无几,焦虑自然是不可避免的了.

对抗焦虑的方法是承认它,坚持做自己喜欢的事,比如出版此书!

刘培杰
2024 年 5 月 22 日
于哈工大